Python服务端测试开发实战

无　涯　编著

清華大学出版社
北　京

内 容 简 介

本书围绕 Python 技术栈，讲解测试开发技术栈领域的各项核心技术要点。全书共 11 章，首先讲解 pytest 单元测试框架在测试领域的技术栈要点，包含 pytest 从最基本的应用到高阶应用。接着讲解服务端测试开发领域主流的核心思想、主流测试开发工具在解决服务端测试开发中的技术难点，以及服务端测试框架的设计和项目实战案例。在框架的基础上扩展了服务端测试开发领域的知识面，主要介绍 Docker 容器化技术、基于 DevOps 体系的 CI/CD 技术栈体系以及 CI/CD 的技术落地案例、服务端测试开发领域的性能测试核心理论，方法论、流程化和主流性能测试在服务端的最佳实践、性能测试过程中主流的监控技术解决方案和 JVM 性能分析与实践。同时在书中详细讲解了微服务架构下质量体系建设的方法论、可落地的思想和混沌工程针对底层高可用系统的保障技术。

本书适合不同业务领域的不同级别的测试工程师学习，特别适合功能测试工程师、自动化测试工程师和想要系统提升测试开发能力的读者学习。

图书在版编目（CIP）数据

Python 服务端测试开发实战 / 无涯编著. —北京：清华大学出版社，2024.3
ISBN 978-7-302-65547-3

Ⅰ. ①P… Ⅱ. ①无… Ⅲ. ①软件工程—程序设计 Ⅳ. ①TP311.561

中国国家版本馆 CIP 数据核字（2024）第 044652 号

责任编辑： 王秋阳
封面设计： 秦 丽
版式设计： 文森时代
责任校对： 马军令
责任印制： 宋 林

出版发行： 清华大学出版社
网 址：https://www.tup.com.cn，https://www.wqxuetang.com
地 址：北京清华大学学研大厦 A 座 邮 编：100084
社 总 机：010-83470000 邮 购：010-62786544
投稿与读者服务：010-62776969，c-service@tup.tsinghua.edu.cn
质量反馈：010-62772015，zhiliang@tup.tsinghua.edu.cn
印 装 者： 涿州汇美亿浓印刷有限公司
经 销： 全国新华书店
开 本： 185mm×230mm **印 张：** 20 **字 数：** 399 千字
版 次： 2024 年 3 月第 1 版 **印 次：** 2024 年 3 月第 1 次印刷
定 价： 89.80 元

产品编号：096799-01

推 荐 序

夯实自动化测试基础，推动组织质效合一

创造和使用工具是人类区别于动物的分水岭，这也说明人类最初就善于创造和使用工具。无论是手工业时期的脚踩水车运水、牛拉犁耕地，还是蒸汽机时代的火车、汽车，甚至是“电气时代”的电灯、电车等，都是人类在不断地更新迭代他们使用的工具。我们所从事的软件测试行业也是一样的，自从软件测试从开发工程师角色中分离出来，测试工作的不断进步就是围绕着研究和使用工具而发展的。

在软件测试初期，测试理论、方法相对匮乏，后来随着软件规模的不断增加，复杂度的不断增大，全量地完成测试投入的成本越来越高，自动化测试就出现了。现如今，从研发效能到质量控制到交付效率，工程效率越来越受到行业内的重视。随着 DevOps 的推广，竖井模式逐渐被打破，测试工程师如何更高效地保证交付、完成质量保证任务也变得越来越重要。虽然自动化测试技术出现得很早，但其被广大行业所接纳和广泛应用却经历了一段漫长的过程，最初许多人认为自动化的投入产出比低，但如今，行业已经广泛应用自动化测试，这其中，自动化测试先行者的努力功不可没。

无涯老师就是自动化测试的先行者之一，我认识无涯老师已经有近 6 年的时间了，在这 6 年的时间里，无涯老师一直在广泛推广自动化测试技术和 Python 的编程技巧。无涯老师的新书《Python 服务端测试开发实战》总结了他多年基于 Python 自动化测试过程中的思考、实践。书中从 Python 测试框架基础开始讲起，详细讲解了服务端测试的设计思路、测试架构思维方式；从实践应用落地的角度讲解了流水线交付中的质量保证以及服务端测试和流水线的集成；从服务端测试的角度讲解了性能测试、服务监控等相关的实践方法。通过阅读本书，您可以完成一次技术体系升级，从手工测试到服务端测试、性能测试的思维转变，这个转变能促使自身价值的提升，同时对于工程效能的推进、质量保证等都起到了关键的作用。

这是一本以实战为主的书，书中的技术内容丰富并且可落地，小到一段代码，大到质量体系和思路，都可以在读者真实的工作中应用落地。书中还涵盖了混沌工程相关的技术方案并给出了最佳实践，这些实践都是难得的一手材料。本书适合每一位测试从业者阅读，从方法论到质量体系、从实践到案例，相信每一位读者都会有所收获。

陈　磊

前京东测试架构师，阿里云 MVP，华为云 MVP

前 言

Preface

创作背景

随着微服务架构技术和容器化技术在企业的全面落地，对构建高可用以及可持续提供服务产品的能力要求越来越高，同时也对原有的质量团队提出了更高的要求，特别是既不能局限于端到端的测试，也不能局限于功能性层面的测试，而是要在深入了解底层架构设计以及程序内在逻辑的基础上，运用测试工具或者编写代码来测试底层服务的稳定性，即在高并发的场景下可持续提供服务的能力。随着敏捷开发的持续推进，通过快速迭代和快速交付来应对市场的变化和不确定性，对质量团队而言，使用传统模式已经很难满足这一特定需求，也很难应对快速交付市场的诉求，因为这中间涉及产品质量的把控。所以在这个过程中，市场需要 QA（quality assurance，质量保证）工程师不仅要进行自动化测试，而且能够内建质量体系，在技术手段以及测试思维的基础上打造可持续构建使用的质量体系，在产品发展的不同阶段引入如混沌工程等技术，以保障底层服务的稳定性。

不管是企业的需要还是市场的诉求，都需要 QA 工程师具备服务端测试开发技术栈的知识体系，包括对架构、CI/CD、容器化技术、服务端性能测试领域、JVM、主流协议（HTTP&RPC）测试的支持，以及质量体系的建设技术诉求和人员需要具备的技术栈能力模型。

本书以 Python 语言作为主线（不仅是 Python）展开，从理论到实战，带领读者实现从功能测试工程师到自动化测试工程师以及测试管理者的进阶，从零开始构建服务端测试开发的知识体系和领域内的知识对质量体系的保障和落地。本书的核心内容来自笔者在网易云课堂的“Python 服务端测试开发”实战视频课程，课程中融入了大量的实践思考以及可在企业落地的技术，对 QA 工程师将有很大的借鉴意义。

目标读者

- ☑ 功能测试工程师。
- ☑ 自动化测试工程师。

- ☑ 测试开发工程师。
- ☑ 测试管理者。

读者服务

- ☑ 实战源码。
- ☑ 学习视频。

读者可以通过扫码访问本书专享资源官网，获取项目实战源码、学习视频，加入读者群，下载最新学习资源或反馈书中的问题。

勘误和支持

本书在编写过程中历经多次勘校、查证，力求能减少差错，做到尽善尽美，但由于笔者水平有限，书中难免存在疏漏之处，恳请广大读者批评指正，也欢迎读者来信一起探讨。

目 录

Contents

1 chapter

第1章 pytest测试实战

pytest 是非常优秀的单元测试框架，支持不同的编程模式、参数化数据驱动、丰富的插件、Hook 函数、配置，同时也可以和主流的 Allure 框架整合生成漂亮的测试报告。通过对本章内容的学习，读者可以掌握以下知识。

☑ 自动化测试编写规范、原则与注意事项。
☑ pytest 命令行执行详解。
☑ pytest 参数化驱动实战。
☑ fixture 函数与 conftest.py 实战。
☑ pytest 强大的配置特性与功能。
☑ pytest 主流插件的应用。
☑ pytest.ini 与 tox.ini 配置实战。
☑ Allure 框架整合 pytest 生成测试报告。

1.1 编写自动化测试

自动化测试用例都是通过单元测试框架编写的，在 Python 语言中，主流的单元测试框架分别是 UnitTest 和 pytest。不论是 UnitTest 还是 pytest，编写的每一个测试方法（测试函数）都应具备自动化测试用例的结构。在一个完整的自动化测试方法中，包含初始化、测试步骤、测试断言和清理四个阶段。编写自动化测试用例的目的是，验证被测系统是否满足预期的结果。测试方法的四个阶段如图 1-1 所示。

在图 1-1 中，展示了编写每个测试方法的四个阶段，下面详细介绍这四个阶段的特性。

☑ 初始化：测试用例的前置动作，把执行环境设置为初始化所需的状态。如 UI 自动化测试中，初始化是指打开被测的浏览器并且导航到被测试的地址。
☑ 测试步骤：测试用例需要执行这个业务场景的具体操作步骤。

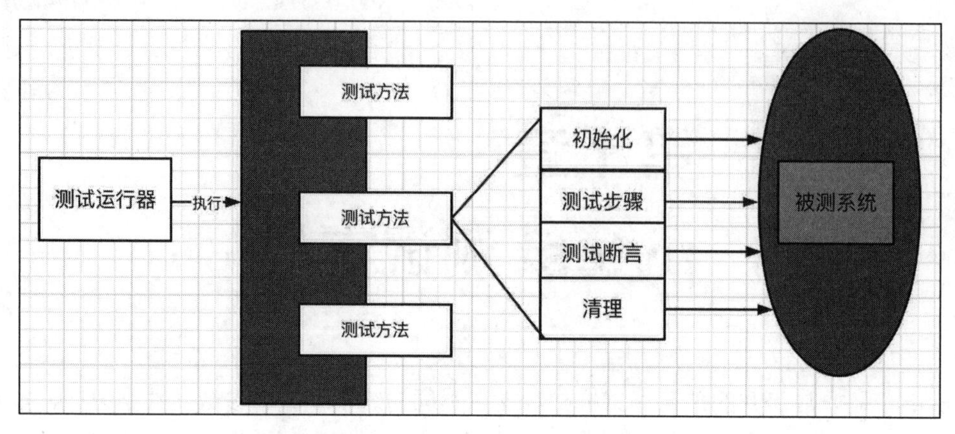

图 1-1 测试方法的四个阶段

- ☑ 测试断言：执行测试步骤后，期望结果与实际结果的对比，以此验证被测对象是否达到了测试的期望目标。
- ☑ 清理：测试步骤执行的后置动作，如编写的测试用例是查询数据库中 SQL 脚本的执行结果，那么清理动作就是关闭客户端与数据库服务的连接。

在自动化测试中，编写的每一个测试用例都需要遵守这四个阶段，这样编写的自动化测试用例才是独立的，能够在不依赖其他测试用例的基础上验证被测的业务对象。

1.2 初识 pytest

pytest 是基于 Python 语言的单元测试框架，也是一个命令行工具，可以自动找到测试用例执行并反馈测试结果，在编写测试用例方面比较自由，可以使用函数式的编程方式编写测试用例，也可以使用面向对象的方式编写测试用例。pytest 测试框架断言 assert 使用 Python 原生的断言方式，同时 pytest 测试框架可以完美地和 UnitTest 测试框架整合起来，并结合 Allure 框架生成测试报告。与 UnitTest 相比，pytest 测试框架更加自由灵活，使用 UnitTest 测试框架时，首先需要继承 TestCase 类，而且必须使用面向对象的编程方式。pytest 测试框架属于第三方库，安装成功后，直接编写函数或者编写测试方法就可以使用。UnitTest 测试框架与 pytest 测试框架的区别如表 1-1 所示。

表 1-1 UnitTest 测试框架与 Pytest 测试框架的区别

UnitTest 框架	pytest 框架
测试类需要继承 unittest.TestCase 类	不需要继承，可以使用函数方式，也可以使用面向对象方式
参数化需要依赖第三方库	不需要依赖，直接使用内部的 parametrize

续表

UnitTest 框架	pytest 框架
测试报告使用 HTMLTestRunner	测试报告使用 pytest-html 插件或者 Allure 框架
没有插件	pytest 有很丰富的插件
不支持失败重试	支持失败重试

pytest 是第三方库，需要单独进行安装，安装命令如下。

```
pip3 install pytest
```

安装成功后，可以直接使用。在 pytest 测试框架中，编写的测试方法（测试函数）必须以 test 开头，测试模块建议以“test_模块名称.py”的方式命名。pytest 支持函数式的编程，也支持面向对象的编程，下面通过使用两种不同的编程方式编写测试用例来介绍 pytest 的基本使用。

1.2.1　函数方式编写测试用例

编写一个两个数相加的函数，通过函数的方式编写针对该函数的测试用例，代码如下。

```
#! /usr/bin/env python
# -*- coding:utf-8 -*-
#author:无涯

import  pytest

def add(a,b):
   return a+b

def test_add_int():
   '''函数验证：校验两个整数相加结果'''
   assert add(a=2,b=4)==6

if __name__ == '__main__':
   pytest.main(["-s","-v","test_demo.py"])
```

备注：

测试用例执行后就会显示执行后的测试结果。

1.2.2　面向对象方式编写测试用例

在 pytest 测试框架中，使用面向对象方式编写测试用例，需要注意的是，类的首字母必须大写而且以 Test 开头，否则在测试类中编写的测试方法不会被搜索到，即无法执行。它的搜索规则为首先检查测试类是否满足 pytest 的规范，在测试类满足规范的基础上，再检查测试方法是否满足规范，如果测试方法满足 pytest 的规范，测试类不满足 pytest 的规范，那么测试类中的测试方法也就无法执行。代码如下。

```
#! /usr/bin/env python
# -*- coding:utf-8 -*-
#author:无涯

import  pytest

def add(a,b):
   return a+b

class AddTest(object):
   def test_add_int(self):
      '''函数验证：校验两个整数相加结果'''
      assert add(a=2,b=4)==6

if __name__ == '__main__':
   pytest.main(["-s","-v","test_demo.py"])
```

在上述代码中，测试类并不是以 Test 开头的，所以执行代码后显示的测试用例执行数是 0，执行结果如下。

```
collecting ... collected 0 items
```

把测试类从 AddTest 修改为 TestAdd 后，再次执行代码，就可以执行测试类中的测试方法了，修改后的代码如下。

```
#! /usr/bin/env python
# -*- coding:utf-8 -*-
#author:无涯

import  pytest

def add(a,b):
   return a+b

class TestAdd(object):
   def test_add_int(self):
      '''函数验证：校验两个整数相加结果'''
      assert add(a=2,b=4)==6
```

```
if __name__ == '__main__':
   pytest.main(["-s","-v","test_demo.py"])
```

执行结果如下。

```
collecting ... collected 1 item
test_demo.py::TestAdd::test_add_int PASSED
```

1.2.3　pytest 执行结果信息

在 pytest 测试框架中，执行测试模块中的测试方法后，会显示每个测试用例的执行结果信息，常用的结果信息如下。

☑　PASSED：表示结果通过。

☑　FAILED：表示结果失败。

☑　SKIPPED：表示跳过执行。

☑　XFAIL：表示预期失败。

执行结果中，会显示 FAILED、PASSED、SKIPPED、XFAIL，执行代码时带上参数-v 可以显示详细的过程。下面通过编写案例来介绍该过程，代码如下。

```
#! /usr/bin/env python
# -*- coding:utf-8 -*-
#author:无涯

import  pytest

def test_passing():
   assert 1==1

def test_failing():
   assert 1!=1

@pytest.mark.skip()
def test_skip():
   pass

@pytest.mark.xfail()
def test_xfail():
   assert 1==2

if __name__ == '__main__':
   pytest.main(["-s","-v","test_demo.py"])
```

代码执行结果如下。

```
collecting ... collected 5 items

test_demo.py::test_passing PASSED
test_demo.py::test_failing FAILED
test_demo.py::test_skip SKIPPED (unconditional skip)
test_demo.py::test_xfail XFAIL
```

1.3 pytest 执行规则

1. pytest 测试搜索

测试搜索是指在 pytest 测试框架中，如果没有指定执行的目录，pytest 默认会搜索一个项目下所有可执行的测试模块以及测试模块中的测试方法来执行，在这个过程中，并不在乎测试用例是在哪个包、哪个模块下，这个过程被称为“测试搜索”。只要是符合 pytest 执行规则的测试方法都会被执行。测试类是以 Test 开头，测试方法是以 test 开头。所以在使用 pytest 测试框架的过程中，建议所有的测试模块都放在 test 包下，test 包下每个 Python 文件的命名形式为“test_模块名称.py”，测试方法都以“test_”开头。在执行的过程中，只需要进入 test 包的目录执行命令 pytest -v，pytest 就会先搜索符合规则的测试模块中的测试方法，然后按顺序执行。

2. pytest 执行方式

使用 pytest 测试框架编写的测试用例都会放在 test 包下，但是在实际执行的过程中，可以根据自己的需求，按照包的方式执行；也可以执行包下某一个测试模块，或者是测试模块中某个单一的测试函数以及测试类中的某个测试方法。下面结合具体的案例详细介绍不同的执行方式。

1）包级别执行方式

包级别执行方式是指执行包下所有符合要求的测试模块。创建 test 包，在 test 包下创建测试模块 test_demo.py，代码如下。

```
#! /usr/bin/env python
# -*- coding:utf-8 -*-
#author:无涯

import  pytest
```

```
def add(a,b):
    return a+b

def test_add_int():
    assert add(a=2,b=3)==5

class TestAdd(object):
    def test_add_int(self):
        assert add(a=2,b=3)==5

    def test_add_str(self):
        assert add(a='wuya',b='Share')=='wuyaShare'

if __name__ == '__main__':
    pytest.main(["-v","test_demo.py"])
```

下面通过包的方式来执行该测试模块，进入项目目录，命令如下。

```
python3 -m pytest -v test/
```

进入项目目录后，就会执行包下所有测试模块中符合要求的测试方法，执行后，输出结果如图 1-2 所示。

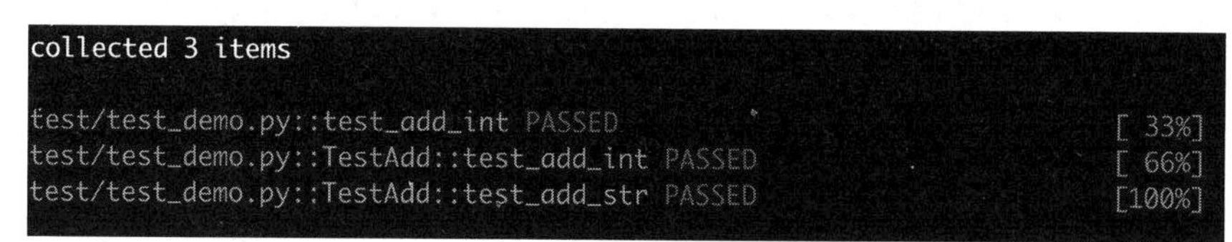
collected 3 items
test/test_demo.py::test_add_int PASSED [33%]
test/test_demo.py::TestAdd::test_add_int PASSED [66%]
test/test_demo.py::TestAdd::test_add_str PASSED [100%]

图 1-2　按包执行方式输出结果

备注：

如图 1-2 所示，test 包下所有测试模块中符合测试搜索规则的测试方法都被执行了。

2）模块级别执行方式

模块级别执行方式是指在一个包下有很多的测试模块时，自定义指定需要执行的测试模块，这样只会执行这个包下被指定执行的测试模块，其他的测试模块不会被执行。在 test 包下新增 test_login.py 模块，该模块的代码如下。

```
#! /usr/bin/env python
# -*- coding:utf-8 -*-
#author:无涯

def  test_login_001():
```

```
    pass

def test_login_002():
    pass
```

下面介绍测试模块的执行方式，只执行 test 包下 test_login.py 模块的代码，命令如下。

```
python3 -m pytest -v test/test_login.py
```

按模块执行后的结果如图 1-3 所示。

```
collected 2 items

test/test_login.py::test_login_001 PASSED                              [ 50%]
test/test_login.py::test_login_002 PASSED                              [100%]
```

图 1-3　按模块执行后的结果

备注：

在图 1-3 的输出结果中可以发现，程序只执行了 test 包下 test_login.py 模块中的代码，test_demo.py 中的代码没有被执行。

3）类级别执行方式

类级别执行方式是指只执行测试模块中某一个类中的测试方法，如只执行 test_demo.py 模块中的 TestAdd 类中的测试方法，命令如下。

```
pyhton3 -m pytest -v test/test_demo.py::TestAdd
```

按类执行后的结果如图 1-4 所示。

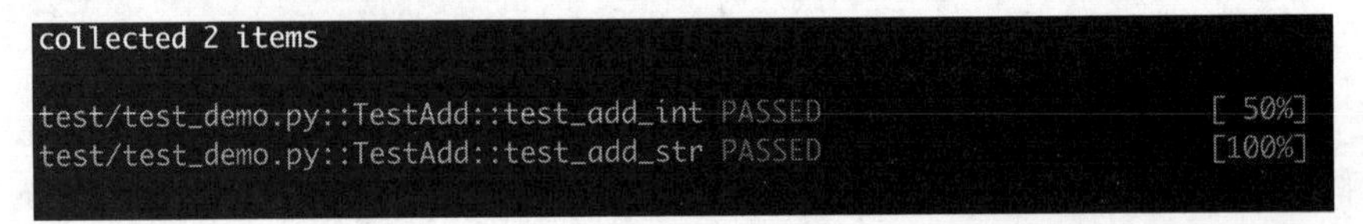
collected 2 items
test/test_demo.py::TestAdd::test_add_int PASSED
[50%]
test/test_demo.py::TestAdd::test_add_str PASSED
[100%]

图 1-4　按类执行后的结果

备注：

在图 1-4 的结果中可以发现，程序只执行了 test_demo.py 模块中测试类 TestAdd 中的测试方法。

4）方法级别执行方式

方法级别执行方式是自定义指定只执行测试类中具体的测试方法，如只执行 TestAdd 类中的 test_add_str 方法，命令如下。

```
python3 -m pytest -v test/test_demo.py::TestAdd::test_add_str
```

按方法执行后的结果如图 1-5 所示。

```
collected 1 item

test/test_demo.py::TestAdd::test_add_str PASSED                    [100%]
```

图 1-5　按方法执行后的结果

备注：

在图 1-5 的输出结果中可以发现，程序只执行了 TestAdd 类中的 test_add_str 方法，test_add_int 方法并没有被执行。

5）函数级别执行方式

函数级别执行方式是自定义指定执行测试模块中的某一个测试函数，如指定执行 test_demo.py 模块中的测试函数 test_add_int，命令如下。

```
python3 -m pytest -v test/test_demo.py::test_add_int
```

按函数执行后的结果如图 1-6 所示。

图 1-6　按函数执行后的结果

备注：

在图 1-6 的结果中可以发现，程序只执行了指定模块中的 test_add_int 函数。

1.4　pytest 常用命令

在 pytest 测试框架中执行程序时会用到很多命令，下面详细介绍一些常用命令的使用。

1. 打印详细信息

在 pytest 中执行命令时带上-v 参数，就会输出详细的信息，代码如下。

```
#! /usr/bin/env python
# -*- coding:utf-8 -*-
#author:无涯

def test_result_command():
  assert 1==1
```

不带-v 参数的命令如下。

```
python3 -m pytest test_command.py
```

不带-v 参数命令执行后的结果如图 1-7 所示。

```
collected 1 item

test/test_command.py .                                                [100%]
```

图 1-7 不带-v 参数命令执行后的结果

在图 1-7 中可以看到执行结果是.，.表示的是通过。带-v 参数的命令如下。

```
python3 -m pytest -v test_command.py
```

带-v 参数命令执行后的结果如图 1-8 所示。

```
collected 1 item

test/test_command.py::test_result_command PASSED                      [100%]
```

图 1-8 带-v 参数命令执行后的结果

备注：

执行带-v 参数的命令的输出结果中详细地显示了测试模块中具体的测试函数，结果信息也是通过 PASSED 来表示。

2. 输出信息

在实际测试中，当测试函数出现错误时，需要进行具体的调试，可以通过在测试函数中添加 print()函数输出调试信息来帮助调试具体的错误。pytest 执行时，如果需要输出测试函数的信息，则应带上 -s 参数。修改 test_command.py 模块的代码如下。

```
#! /usr/bin/env python
# -*- coding:utf-8 -*-
#author:无涯

def test_result_command():
  print('this is a test function')
  assert 1==1
```

执行命令如下。

```
python3 -m pytest  -v -s test_command.py
```

带-s 参数命令执行后的结果如图 1-9 所示。

```
collected 1 item

test_command.py::test_result_command this is a test function
PASSED
```

图 1-9 带-s 参数命令执行后的结果

备注：

图 1-9 中显示了测试函数中 print()输出的内容。

3. 按分类执行

在 pytest 中，参数-k 允许使用表达式来指定希望执行的测试用例，如果测试用例编写的过程中按照业务进行命名，那么在执行过程中可以指定执行哪些业务的测试用例，代码如下。

```
#! /usr/bin/env python
# -*- coding:utf-8 -*-
#author:无涯

def test_login_001():
  pass

def test_logout():
  pass
```

在如上代码中，假设开发只调整了 login 模块，那么可以只执行测试函数名中带 login 的测试用例，命令如下。

```
python3 -m pytest  -v -k "login" test_login.py
```

带-k 参数命令执行后的结果如图 1-10 所示。

```
collected 2 items

test_login.py::test_login_001 PASSED                                    [ 50%]
test_login.py::test_login_002 PASSED                                    [100%]
```

图 1-10 带-k 参数命令执行后的结果

备注：

如上结果中，只执行了函数名中带 login 关键字的测试用例。如果想同时执行函数名中带 login 和 logout 的测试用例，可以使用以下命令。

```
python3 -m pytest  -v -k "login or logout" test_command.py
```

执行后输出的结果如图 1-11 所示。

```
collected 2 items

test_command.py::test_login_001 PASSED                                   [ 50%]
test_command.py::test_logout PASSED                                      [100%]
```

图 1-11　分类执行条件为或（or）的执行结果

如果在执行命令中的表达式是或的关系，那么就会执行函数名中带 login 和 logout 的测试用例，图 1-11 中的执行结果显示执行了带不同关键字的两个测试用例。

4．按分组执行

pytest 的命令中带参数-m 可以快速找到分组并且立刻执行，分组模式主要是根据装饰器执行的。代码如下。

```
#! /usr/bin/env python
# -*- coding:utf-8 -*-
#author:无涯

import  pytest

@pytest.mark.login
def test_command_login():
   pass

@pytest.mark.logout
def test_command_logout():
   pass

@pytest.mark.login
@pytest.mark.logout
def test_command_001():
   pass
```

下面介绍使用分组的方式来执行测试用例，如只执行分组为 login 和 logout 的测试用例，命令如下。

```
python3 -m pytest  -v -m "login and logout" test_command.py
```

带-m 参数命令执行后的结果如图 1-12 所示。

```
collected 3 items / 2 deselected / 1 selected

test_command.py::test_command_001 PASSED                    [100%]
```

图 1-12　带-m 参数命令执行后的结果

备注：

如上输出结果中，同时满足 login 和 logout 分组的测试用例只有 test_command_001() 测试函数，所以只执行了该函数。

对执行的命令进行调整，同时执行分组 login 和 logout 的测试用例，命令如下。

```
python3 -m pytest  -v -m "login or  logout" test_command.py
```

执行结果如图 1-13 所示。

```
collected 3 items

test_command.py::test_command_login PASSED                  [ 33%]
test_command.py::test_command_logout PASSED                 [ 66%]
test_command.py::test_command_001 PASSED                    [100%]
```

图 1-13　执行结果

备注：

如果执行的表达式是或关系，则执行所有满足条件的测试用例。

5．执行失败立刻停止

在 pytest 执行测试用例的过程中，如果有一个测试用例执行失败，就立刻停止执行所有测试用例，使用到的参数是-x，代码如下。

```
#! /usr/bin/env python
# -*- coding:utf-8 -*-
#author:无涯

import  pytest

def test_command_001():
   assert 1==2

def test_comnand_002():
   assert 2==2
```

如上代码中第一个测试用例断言执行失败，即说明执行的过程失败，命令如下。

```
python3 -m pytest  -v -x  test_command.py
```

执行结果如图 1-14 所示。

```
collected 2 items

test_command.py::test_command_001 FAILED                          [ 50%]

================================= FAILURES =================================
_____________________________ test_command_001 _____________________________

    def test_command_001():
>       assert 1==2
E       assert 1 == 2
E         +1
E         -2

test_command.py:8: AssertionError
```

图 1-14　带-x 参数命令执行结果

备注:

如上代码中，执行到第一个测试用例时失败，后面的测试用例就不会执行。一般不建议使用该命令。在测试执行的过程中，不管是否执行失败，都应该把所有的测试用例执行完成。

1.5　pytest 参数化驱动实战

参数化是指在测试的过程中，相同的测试步骤但不同的测试场景需要使用不同的测试数据，这个过程可以使用参数化的思想来完成。参数化的核心思想是把测试数据分离到一个列表中，这样分离到列表中的测试数据就是列表中具体的元素，在执行的过程中，循环列表中的对象依次赋值即可。

1.5.1　参数化实战

在 pytest 测试框架中，可以通过 parametrize 来实现参数化的测试。例如，被测函数的逻辑是两个数相加，下面以该函数为例演示参数化案例的实战。依据参数化的核心思想，不管是什么数据类型，只要存储在列表中就循环对象进行赋值。下面详细演示不同的数据形式并将测试数据分离到不同的文件形式。

1. 列表数据形式

列表数据形式是指测试的数据存储在列表中的元素数据类型是列表，代码如下。

```
#! /usr/bin/env python
# -*- coding:utf-8 -*-
#author:无涯

import  pytest

def add(a,b):
   return a+b

def data():
   return [
      [1,1,2],
      ['wuya','Share','wuyaShare'],
      [1.0,1.0,2.0]
   ]

@pytest.mark.parametrize('a,b,result',data())
def test_add_list(a,b,result):
   assert add(a=a,b=b)==result

if __name__ == '__main__':
   pytest.main(["-v","test_params.py"])
```

备注：

如上代码中，测试数据被分离到函数 data()中，分离的数据是列表的数据类型。在测试函数 test_add_list()中，测试函数的形式参数需要与@pytest.mark.parametrize 中的一致，这样函数 data()在每次循环时，都会依据列表中的元素信息进行赋值。第一次循环时形式参数 a 赋予的值是 1，第二次循环时 a 赋予的值是字符串 wuya，第三次循环时 a 赋予的值是 1.0，测试函数中形式参数 b 在循时赋予的值分别是 1、Share、1.0。执行如上代码后，执行结果如图 1-15 所示。

```
collected 3 items

test_params.py::test_add_list[1-1-2] PASSED                          [ 33%]
test_params.py::test_add_list[wuya-Share-wuyaShare] PASSED           [ 66%]
test_params.py::test_add_list[1.0-1.0-2.0] PASSED                    [100%]
```

图 1-15　列表数据形式的执行结果

2．元组数据形式

元组数据形式是指分离出来的测试数据在列表中的数据类型是元组，具体分离的测试数据和代码如下。

```
#! /usr/bin/env python
# -*- coding:utf-8 -*-
#author:无涯

import  pytest

def add(a,b):
   return a+b

def data():
   return [
      (1,1,2),
      ('wuya','Share','wuyaShare'),
      (1.0,1.0,2.0)
   ]

@pytest.mark.parametrize('a,b,result',data())
def test_add_tuple(a,b,result):
   assert add(a=a,b=b)==result

if __name__ == '__main__':
   pytest.main(["-v","test_params.py"])
```

备注:

如上源代码中，从 data()函数中分离的测试数据是元组的数据类型，列表循环时会对元组中的值一一进行赋值，执行代码后的输出结果如图 1-16 所示。

```
collected 3 items

test_params.py::test_add_tuple[1-1-2] PASSED                          [ 33%]
test_params.py::test_add_tuple[wuya-Share-wuyaShare] PASSED           [ 66%]
test_params.py::test_add_tuple[1.0-1.0-2.0] PASSED                    [100%]
```

图 1-16　元组数据形式执行结果

3. 字典数据形式

字典数据形式是指分离的测试数据的数据类型是字典，其测试数据以及测试代码如下。

```
#! /usr/bin/env python
# -*- coding:utf-8 -*-
#author:无涯

import  pytest

def add(a,b):
```

```
    return a+b

def data():
    return [
        {'a':1,'b':1,'result':2},
        {'a':'wuya','b':'Share','result':'wuyaShare'},
        {'a':1.0,'b':1.0,'result':2.0}
    ]

@pytest.mark.parametrize('data',data())
def test_add_dict(data):
    assert add(a=data['a'],b=data['b'])==data['result']

if __name__ == '__main__':
    pytest.main(["-s","-v","test_params.py"])
```

备注：

如上代码中，从 data()函数中分离出来的测试数据的数据类型都是字典，字典数据类型的特点是 key-value 的数据形式。在测试函数执行的过程中，依据字典的 key 值可以循环获取 value 的值。执行代码后的输出结果如图 1-17 所示。

```
collected 3 items

test_params.py::test_add_dict[data0] PASSED                                [ 33%]
test_params.py::test_add_dict[data1] PASSED                                [ 66%]
test_params.py::test_add_dict[data2] PASSED                                [100%]
```

图 1-17　字典数据形式执行结果

4. JSON 文件形式

在测试的过程中，也可以把测试数据分离到 JSON 等文件中，这个过程叫数据驱动。这里以 JSON 文件为案例，把测试数据分离到 JSON 文件中，JSON 文件的内容如下。

```
{
  "datas":
  [
    {"a": 1,"b": 1,"result": 2},
    {"a": 1,"b": 1,"result": 2},
    {"a": 1,"b": 1,"result": 2}
  ]
}
```

备注：

如上是分离到 JSON 文件的测试数据。在 JSON 文件中，特别需要注意的是，JSON

文件中的字符串必须用双引号并且是 key-value 的数据形式。

如上已将数据分离到 JSON 文件中，下面详细演示从 JSON 文件中读取数据并与 pytest 测试框架的参数化整合起来，代码如下。

```
#! /usr/bin/env python
# -*- coding:utf-8 -*-
#author:无涯

import  pytest
import  json

def add(a,b):
   return a+b

def readJson():
   return json.load(open('add.json'))['datas']

@pytest.mark.parametrize('data',readJson())
def test_add_dict(data):
   assert add(a=data['a'],b=data['b'])==data['result']

if __name__ == '__main__':
   pytest.main(["-s","-v","test_params.py"])
```

备注：

如上代码中，readJson()函数是从 JSON 文件中读取测试数据并且发现数据是列表的数据形式。执行如上的代码后输出的结果如图 1-18 所示。

```
collected 3 items

test_params.py::test_add_dict[data0] PASSED                    [ 33%]
test_params.py::test_add_dict[data1] PASSED                    [ 66%]
test_params.py::test_add_dict[data2] PASSED                    [100%]
```

图 1-18　JSON 文件形式执行结果

5. YAML 文件形式

在数据驱动中，YAML 文件也是被广泛使用的文件之一，下面介绍如何把测试数据分离到 YAML 文件中，YAML 文件的内容如下。

```
---
#两个整数相加
a: 1
```

```
b: 1
result: 2
---
#两个字符串相加
a: wuya
b: Share
result: wuyaShare
---
#两个浮点数相加
a: 1.0
b: 1.0
result: 2.0
```

在 Python 中，操作 YAML 文件需要单独安装第三方库，安装命令如下。

```
pip3 install pyyaml
```

安装成功后，下面详细介绍从 YAML 文件中读取数据，并与 pytest 测试框架整合起来应用于参数化，代码如下。

```
#! /usr/bin/env python
# -*- coding:utf-8 -*-
#author:无涯

import  pytest
import  yaml

def add(a,b):
    return a+b

def readYaml():
    with open('add.yaml') as f:
        return list(yaml.safe_load_all(f))

@pytest.mark.parametrize('data',readYaml())
def test_add_dict(data):
    assert add(a=data['a'],b=data['b'])==data['result']

if __name__ == '__main__':
    pytest.main(["-s","-v","test_params.py"])
```

备注:

如上代码中，函数 readYaml()读取 YAML 文件后以列表的形式返回数据。执行如上代码后，输出的结果如图 1-19 所示。

```
collected 3 items

test_params.py::test_add_dict[data0] PASSED                        [ 33%]
test_params.py::test_add_dict[data1] PASSED                        [ 66%]
test_params.py::test_add_dict[data2] PASSED                        [100%]
```

图 1-19　YAML 文件形式执行结果

6．PostMan 智能化转为 pytest 测试代码

在 API 自动化测试中，很多测试人员使用的是测试工具 PostMan，但是后期代码迁移过程的成本又很高。结合参数化的本质，其实可以很智能化地实现把 PostMan 中的 API 测试用例转为 pytest 测试代码。被测试的登录服务源码如下。

```
#! /usr/bin/env python
# -*- coding:utf-8 -*-
#author:无涯

from flask import  Flask,jsonify
from flask_restful import  Api,Resource,reqparse

app=Flask(__name__)
api=Api(app)

class LoginView(Resource):

   def get(self):
      return {'status':0,'msg':'ok','data':'this is a login page'}

   def post(self):
      parser=reqparse.RequestParser()
      parser.add_argument('username', type=str, required=True, help='用户
名不能为空')
      parser.add_argument('password',type=str,required=True,help='账户密码
不能为空')
      parser.add_argument('age',type=int,help='年龄必须为正整数')
      parser.add_argument('sex',type=str,help='性别只能是男或者女',choices=
['女','男'])
      args=parser.parse_args()
      return jsonify(args)

api.add_resource(LoginView,'/login',endpoint='login')

if __name__ == '__main__':
   app.run(debug=True)
```

针对如上的登录微服务代码，PostMan 中的接口测试用例如图 1-20 所示。

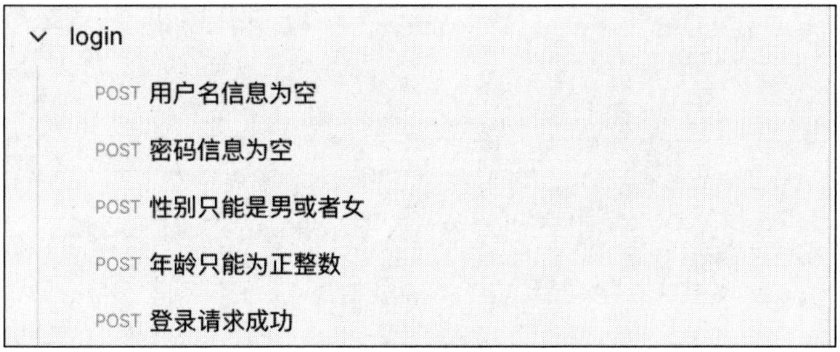

login
POST 用户名信息为空
POST 密码信息为空
POST 性别只能是男或者女
POST 年龄只能为正整数
POST 登录请求成功

图 1-20　PostMan 中接口测试用例

把 login 集合导出为 JSON 文件，分析 JSON 文件后，发现请求的信息都在 request 中，那么可以手动把响应数据添加到 response 中，完善后的 JSON 文件内容如下。

```
{
  "info": {
    "_postman_id": "6c58a37d-8b54-4475-a471-c3cb9708a512",
    "name": "login",
    "schema": "https://schema.getpostman.com/json/collection/v2.1.0/
collection.json"
  },
  "item": [
    {
      "name": "用户名信息为空",
      "request": {
        "method": "POST",
        "header": [],
        "body": {
          "mode": "raw",
          "raw": "{\n    \"password\":\"admin\",\n    \"sex\":\"男\",\n
\"age\":18\n}",
          "options": {
            "raw": {
              "language": "json"
            }
          }
        },
        "url": {
          "raw": "http://localhost:5000/login",
          "protocol": "http",
          "host": [
            "localhost"
```

```
          ],
          "port": "5000",
          "path": [
            "login"
          ]
        }
      },
      "response": [{
        "message": {
          "username": "用户名不能为空"
        }
      }]
    },
    {
      "name": "密码信息为空",
      "request": {
        "method": "POST",
        "header": [],
        "body": {
          "mode": "raw",
          "raw": "{\n    \"username\":\"admin\",\n    \"sex\":\"男\",\n
\"age\":18\n}",
          "options": {
            "raw": {
              "language": "json"
            }
          }
        },
        "url": {
          "raw": "http://localhost:5000/login",
          "protocol": "http",
          "host": [
            "localhost"
          ],
          "port": "5000",
          "path": [
            "login"
          ]
        }
      },
      "response": [{
        "message": {
          "password": "账户密码不能为空"
        }
```

```
            }]
        },
        {
            "name": "性别只能是男或者女",
            "request": {
                "method": "POST",
                "header": [],
                "body": {
                    "mode": "raw",
                    "raw": "{\n    \"username\":\"wuya\",\n    \"password\":
\"admin\",\n    \"sex\":\"asdf\",\n    \"age\":18\n}",
                    "options": {
                        "raw": {
                            "language": "json"
                        }
                    }
                },
                "url": {
                    "raw": "http://localhost:5000/login",
                    "protocol": "http",
                    "host": [
                        "localhost"
                    ],
                    "port": "5000",
                    "path": [
                        "login"
                    ]
                }
            },
            "response": [{
                "message": {
                    "sex": "性别只能是男或者女"
                }
            }]
        },
        {
            "name": "年龄只能为正整数",
            "request": {
                "method": "POST",
                "header": [],
                "body": {
                    "mode": "raw",
                    "raw": "{\n    \"username\":\"wuya\",\n    \"password\":
\"admin\",\n    \"sex\":\"男\",\n    \"age\":\"rrest\"\n}",
```

```
            "options": {
               "raw": {
                  "language": "json"
               }
            }
         },
         "url": {
            "raw": "http://localhost:5000/login",
            "protocol": "http",
            "host": [
               "localhost"
            ],
            "port": "5000",
            "path": [
               "login"
            ]
         }
      },
      "response": [{
         "message": {
            "age": "年龄必须为正整数"
         }
      }]
   },
   {
      "name": "登录请求成功",
      "request": {
         "method": "POST",
         "header": [],
         "body": {
            "mode": "raw",
            "raw": "{\n    \"username\":\"wuya\",\n    \"password\":
\"admin\",\n    \"sex\":\"男\",\n    \"age\":\"18\"\n}",
            "options": {
               "raw": {
                  "language": "json"
               }
            }
         },
         "url": {
            "raw": "http://localhost:5000/login",
            "protocol": "http",
            "host": [
               "localhost"
```

```
            ],
            "port": "5000",
            "path": [
               "login"
            ]
         }
      },
      "response": [{
         "age": 18,
         "password": "admin",
         "sex": "男",
         "username": "wuya"
      }]
   }
  ]
}
```

下面读取 JSON 文件，结合参数化的思想智能化地把 PostMan 的测试用例转为 pytest 代码，代码如下。

```
#! /usr/bin/env python
# -*- coding:utf-8 -*-
#author:无涯

import  json
import  requests
import  pytest

def readPostMan():
   return json.load(open('PostMan.json'))['item']

@pytest.mark.parametrize('data',readPostMan())
def test_login_postman(data):
   r=requests.post(
      url=data['request']['url']['raw'],
      json=json.loads(data['request']['body']['raw']))
   assert r.json()==data['response'][0]

if __name__ == '__main__':
   pytest.main(["-s","-v","test_login.py::test_login_postman"])
```

备注：

如上代码中，在函数 readPostMan()中，将 JSON 文件中的数据解析出来后处理成了列表的数据类型。下面再和 pytest 的参数化整合起来，就可以实现把 PostMan 的测试用例智能化地转为 pytest 测试代码，代码执行后的结果如图 1-21 所示。

```
collected 5 items

test_login.py::test_login_postman[data0] PASSED                      [ 20%]
test_login.py::test_login_postman[data1] PASSED                      [ 40%]
test_login.py::test_login_postman[data2] PASSED                      [ 60%]
test_login.py::test_login_postman[data3] PASSED                      [ 80%]
test_login.py::test_login_postman[data4] PASSED                      [100%]
```

图 1-21　PostMan 的测试用例智能化地转为 pytest 测试代码的执行结果

7. 单接口批量执行

在微服务架构下，有众多的服务需要进行单接口测试，以保障服务在参数为空以及请求参数错误的情况下后端服务的处理逻辑正常。如果使用常规编写 API 测试用例的方式，那么只会编写很多重复性的代码。结合参数化的思想，可以把请求地址、请求参数、响应数据分离出来，这样做的优势是编写一个测试用例的代码就能批量执行以及覆盖所有的测试场景。以本节的“6. PostMan 智能化转为 pytest 测试代码”的登录微服务为案例，下面使用参数化的特性实现登录微服务批量化的验证和测试场景的覆盖，实现代码如下。

```
#! /usr/bin/env python
# -*- coding:utf-8 -*-
# author:无涯

import  pytest
import requests
import json

def data():
  return [
    (' http://127.0.0.1:5000/login', '{"password":"asd888","age":18,
"sex":"男"}',
      '{"message": {"username": "用户名不能为空"}}'),
    (' http://127.0.0.1:5000/login', '{"username":"wuya","age":18,"sex":"
男"}',
     '{"message": {"password": "账户密码不能为空"}}'),
    (' http://127.0.0.1:5000/login', '{"username":"wuya","password":
"asd888","age":"asd","sex":"男"}',
     '{"message": {"age": "年龄必须为正整数"}}'),
    (' http://127.0.0.1:5000/login', '{"username":"wuya","password":
"asd888","age":18,"sex":"aa"}',
     '{"message": {"sex": "性别只能是男或者女"}}'),
    (' http://127.0.0.1:5000/login', '{"username":"wuya","password":
```

```
"asd888","age":18,"sex":"男"}',
      '{"age": 18,"password": "asd888","sex": "男","username": "wuya"}')
  ]

@pytest.mark.parametrize('url,params,result',data())
def test_add(url,params,result):
  r=requests.post(url=url,json=json.loads(params))
  assert r.json()==json.loads(result)
```

如上代码中，把测试数据分离到 data()函数，分离出的测试数据主要是请求地址、请求参数、响应数据，执行如上代码后，输出结果如下。

```
collected 5 items

test_params.py::test_add[ http:/127.0.0.1:5000/login-{"password":"asd888",
"age":18,"sex":"\u7537"}-{"message": {"username": "\u7528\u6237\u540d\
u4e0d\u80fd\u4e3a\u7a7a"}}] PASSED
test_params.py::test_add[ http:/127.0.0.1:5000/login-{"username":"wuya",
"age":18,"sex":"\u7537"}-{"message": {"password": "\u8d26\u6237\u5bc6\
u7801\u4e0d\u80fd\u4e3a\u7a7a"}}] PASSED
test_params.py::test_add[ http:/127.0.0.1:5000/login-{"username":"wuya",
"password":"asd888","age":"asd","sex":"\u7537"}-{"message": {"age": "\u5e74\
u9f84\u5fc5\u987b\u4e3a\u6b63\u6b63\u6570"}}] PASSED
test_params.py::test_add[ http:/127.0.0.1:5000/login-{"username":"wuya",
"password":"asd888","age":18,"sex":"aa"}-{"message": {"sex": "\u6027\
u522b\u53ea\u80fd\u662f\u7537\u6216\u8005\u5973"}}] PASSED
test_params.py::test_add[ http:/127.0.0.1:5000/login-{"username":"wuya",
"password":"asd888","age":18,"sex":"\u7537"}-{"age": 18,"password": "asd888",
"sex": "\u7537","username": "wuya"}] PASSED
```

通过以上结果发现，批量化验证微服务的执行结果都成功了。这样可以使用更少的代码实现最大的覆盖率。

1.5.2　固件 request

在 pytest 参数化中也会使用 pytest 内置的固件 request，通过 request.param 可以获取参数。下面以 add()函数为例介绍这部分的应用，代码如下。

```
#! /usr/bin/env python
# -*- coding:utf-8 -*-
#author:无涯

import  pytest
```

```
def add(a,b):
    return a+b

def data():
    return [
        [1,1,2],
        ['wuya','Share','wuyaShare'],
        [1.0,1.0,2.0]
    ]

@pytest.fixture(params=data())
def param(request):
    return request.param

def test_add_request(param):
    assert add(a=param[0],b=param[1])==param[2]

if __name__ == '__main__':
    pytest.main(["-s","-v","test_params.py"])
```

备注:

如上代码中，编写了 fixture 的函数 param()，在该函数中通过 request.param 获取测试数据。在测试函数中形式参数 param 其实本质上是 fixture 的函数 param()的对象。执行如上代码后，输出的结果如图 1-22 所示。

```
collected 3 items

test_params.py::test_add_request[param0] PASSED                    [ 33%]
test_params.py::test_add_request[param1] PASSED                    [ 66%]
test_params.py::test_add_request[param2] PASSED                    [100%]
```

图 1-22　基于 request 参数化执行结果

1.6　fixture 实战

在 pytest 测试框架中，fixture 函数是非常优秀的特性，在测试的函数上面添加@pytest.fixture()，它就被声明为 fixture 函数。在 pytest 测试框架中，fixture 函数主要具备两大特性，第一个特性是函数的返回值，第二个特性是测试固件。下面结合具体的案例详细介绍 fixture 函数的实战和应用。

1.6.1　fixture 返回值

fixture 函数第一个特性是函数的返回值，下面结合具体的案例介绍这部分的应用。在被测服务中成功登录后会生成一个 TOKEN，在下个请求中需要带上登录成功后返回的 TOKEN 信息，如图 1-23 所示。

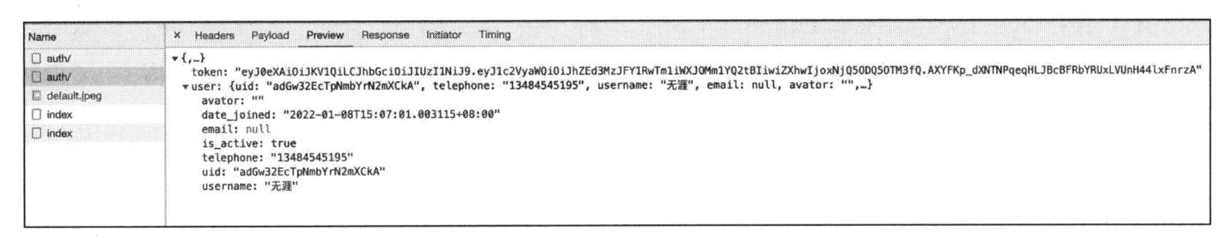

图 1-23　登录成功后的 TOKEN 信息

在下发接口的请求头中需要带上登录成功后生成的 TOKEN 的信息，如图 1-24 所示。

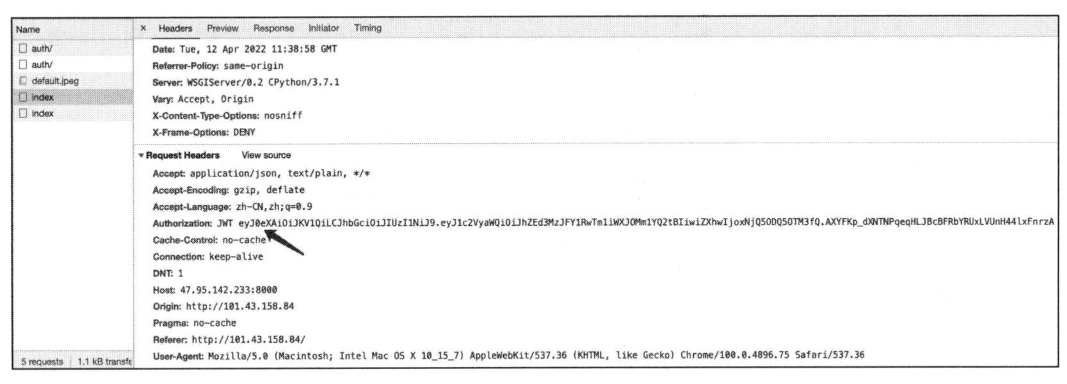

图 1-24　请求头中需要带上 TOKEN 信息

下面结合如上的案例代码，把登录成功后返回的 TOKEN 写成 fixture 函数，函数名称为 login，事实上 login()函数的返回值是登录成功后的 TOKEN 信息，代码如下。

```
#! /usr/bin/env python
# -*- coding:utf-8 -*-
#author:无涯

import  requests
import  pytest

@pytest.fixture()
def login():
  r=requests.post(
```

```
        url='http://47.95.142.233:8000/login/auth/',
        json={"username":"13484545195","password":"asd888"})
    return r.json()['token']

@pytest.fixture()
def headers(login):
    return  {'Authorization':'JWT {token}'.format(token=login)}

def test_platform_index(headers):
    '''登录:验证测试平台首页信息'''
    r=requests.get(
        url='http://47.95.142.233:8000/interface/index',
        headers=headers)
    assert r.status_code==200
    assert r.json()['count']['api']==0
```

备注:

如上代码中，在测试函数 test_platform_index()中，headers 一方面是该测试函数的形式参数，另外一方面是 fixture 函数 headers()的对象，而 fixture 的 headers()函数的返回值中带了登录成功后返回的 TOKEN 认证授权信息。执行如上代码，结果如图 1-25 所示。

图 1-25　fixture 函数返回值特性执行结果

1.6.2　初始化清理

fixture 的第二个特性是测试固件，因为在单元测试框架中，测试固件的主要作用是初始化与清理，所以说 fixture 函数的第二个特性是初始化清理。下面围绕 UI 自动化以及 API 自动化测试详细介绍 fixture 函数的初始化清理特性。

1. UI 自动化测试案例

在 pytest 测试框架中，操作 UI 自动化测试需要安装针对 selenium 的 pytest 测试框架中的插件 pytest-selenium，安装命令如下。

```
pip3 install pytest-selenium
```

插件安装成功后，下面结合 UI 自动化测试详细介绍 fixture 函数测试固件的特性。在 UI 自动化测试中，测试固件的初始化部分主要是打开浏览器并导航到被测试的地址，清理部分主要是关闭退出浏览器，代码如下。

```
#! /usr/bin/env python
# -*- coding:utf-8 -*-
#author:无涯

import  pytest

@pytest.fixture()
def init(selenium):
  selenium.maximize_window()
  selenium.get('http://www.baidu.com')
  selenium.implicitly_wait(30)
  yield
  selenium.quit()

def test_baidu_so(init,selenium):
  so=selenium.find_element_by_id('kw')
  so.send_keys('无涯 接口测试')
  assert so.get_attribute('value')=='无涯 接口测试'
```

备注:

在如上代码中，fixture 函数 init()中，函数形式 selenium 其实就是 webdriver 实例化后的对象，也可以把它理解为 selenium=webdriver.Chrome()这样的一个过程。在 init()函数中，yield 前面是初始化部分，即打开浏览器并导航到被测试的地址；yield 后面是清理部分，即测试后关闭并退出浏览器。如上代码的执行命令如下。

```
python3 -m pytest -v  --driver Chrome  test_fixture_ui.py
```

执行后的结果如图 1-26 所示。

```
collected 1 item

test_fixture_ui.py::test_baidu_so PASSED                          [100%]
```

图 1-26　UI 自动化测试执行结果

2. API 自动化测试案例

下面详细介绍 fixture 函数测试固件在 API 自动化测试中的应用。业务场景是查询产品的信息，初始化和清理部分分别是添加产品和删除产品，即查看产品的前置动作是添加产品，查询产品后的后置动作是删除产品，下面依然以测试平台为例进行介绍，完善后的代码如下。

```
#! /usr/bin/env python
# -*- coding:utf-8 -*-
#author:无涯

import  requests
import  pytest

@pytest.fixture()
def login():
  r=requests.post(
    url='http://47.95.142.233:8000/login/auth/',
    json={"username":"13484545195","password":"asd888"})
  return r.json()['token']

@pytest.fixture()
def headers(login):
  return  {'Authorization':'JWT {token}'.format(token=login)}

def writeID(productID):
  with open('productID','w') as f:
    return f.write(str(productID))

def getProductID():
  with open('productID') as f:
    return f.read()

def addProduct(headers):
  r=requests.post(
    url='http://47.95.142.233:8000/interface/product/',
    json={"name":"无涯课堂","product_type":"WEB","version":"V1.0.0",
"master":"无涯","description":"This Is A Test"},
    headers=headers)
  writeID(productID=r.json()['id'])
  return r

def delProduct(headers):
  r=requests.delete(
    url='http://47.95.142.233:8000/interface/product/{productID}'.format(
      productID=getProductID()),
    headers=headers)
  return r

@pytest.fixture()
def apiInit(headers):
```

```
  addProduct(headers=headers)
  yield
  delProduct(headers=headers)

def test_search_name(apiInit,headers):
  r=requests.get(
    url='http://47.95.142.233:8000/interface/products',
    params={'name':'无涯课堂'})
  assert r.status_code==200
  assert r.json()[0]['id']==int(getProductID())
```

备注:

在如上代码中，fixture 的 apiInit()函数充当了测试固件，即被测业务场景的前置动作和后置动作（初始化和清理部分）。这样在测试函数中直接引用 fixture 的 apiInit()函数时就不需要担心被搜索的产品是否存在，同时也能够保障 API 测试用例的独立性，即不管 API 测试用例怎么执行，不会使系统增加新的垃圾数据，也不会对系统中已有的数据做删除的操作。如上代码执行后的结果如图 1-27 所示。

```
collected 1 item

test_fixture_api.py::test_search_name PASSED                    [100%]
```

图 1-27　API 自动化测试执行结果

1.6.3　fixture 重命名

在 pytest 测试框架中，也可以对 fixture 通过参数 name 达到重命名的目的，代码如下。

```
#! /usr/bin/env python
# -*- coding:utf-8 -*-
#author:无涯

import  pytest

@pytest.fixture(name='uiInit')
def init(selenium):
  selenium.maximize_window()
  selenium.get('http://www.baidu.com')
  selenium.implicitly_wait(30)
  yield
  selenium.quit()

def test_baidu_so(uiInit,selenium):
```

```
so=selenium.find_element_by_id('kw')
so.send_keys('无涯 接口测试')
assert so.get_attribute('value')=='无涯 接口测试'
```

备注：

如上代码中，fixture 函数通过 name 重命名为 uiInit，那么在后面引用的都是 uiInit，再次执行测试用例不会有任何影响，如上代码执行后的结果如图 1-28 所示。

```
collected 1 item

test_fixture_ui.py::test_baidu_so PASSED                                   [100%]
```

图 1-28　fixture 函数重命名执行结果

1.7　conftest.py 实战

在一个测试模块中编写 fixture 函数只能解决一个测试模块的问题，而在实际的环境中测试模块与测试模块中的 fixture 需要共享起来，很明显按照测试模块的思路很难解决这个问题。可以使用 conftest.py 使所有模块都共享 fixture 的特性。需要特别注意的是，虽然 conftest.py 是一个测试模块，但是不能导入，因此最好将 conftest.py 放在项目的根目录下，具体目录结构如图 1-29 所示。

图 1-29　conftest.py 在项目中的目录结构

下面把之前编写的 fixture 函数分离到 conftest.py 文件，conftest.py 文件的内容如下。

```
#! /usr/bin/env python
# -*- coding:utf-8 -*-
#author:无涯

import  pytest
import  requests

@pytest.fixture()
def init(selenium):
  selenium.maximize_window()
  selenium.get('http://www.baidu.com')
  selenium.implicitly_wait(30)
```

```
    yield
    selenium.quit()

@pytest.fixture()
def login():
    r=requests.post(
        url='http://47.95.142.233:8000/login/auth/',
        json={"username":"13484545195","password":"asd888"})
    return r.json()['token']

@pytest.fixture()
def headers(login):
    return  {'Authorization':'JWT {token}'.format(token=login)}
```

把 fixture 函数代码分离到 conftest.py 文件后，再次执行测试模块，命令如下。

```
python3  -m  pytest -v  --driver Chrome  test_fixture_ui.py test_fixture_api.py
```

执行结果如图 1-30 所示。

```
collected 2 items

test_fixture_ui.py::test_baidu_so PASSED                    [ 50%]
test_fixture_api.py::test_search_name PASSED                [100%]
```

图 1-30　fixture 函数代码分离到 conftest.py 文件后的执行结果

1.8　pytest 常用插件

pytest 测试框架提供了非常丰富的插件，这些插件有助于提升 pytest 在编写测试用例和测试用例执行的过程中的测试效率，如插件 pytest-xdist 提供了分布式执行测试用例的特性，下面详细介绍 pytest 测试框架中各个插件的特性与案例实战。

1.8.1　pytest-dependency

由于业务之间都存在一定的依赖关系，所以在编写具体的测试用例时也会涉及一定的依赖关系，pytest 测试框架提供了插件 pytest-dependency 专门用于解决依赖关系，这样就可以设计测试用例之间的依赖关系。在使用该插件前首先需要安装该插件，安装命令如下。

```
pip3 install pytest-dependency
```

插件安装成功后，下面以产品管理中的删除产品为例进行介绍。由于在删除产品时依赖具体被删除的产品信息，因此分别通过函数式的编程方式与面向对象的编程方式进行介绍。

1. 函数依赖案例实战

本案例的业务逻辑是添加产品成功后再删除产品，那么删除时就需要依赖添加的产品。实现代码如下。

```
#! /usr/bin/env python
# -*- coding:utf-8 -*-
# author:无涯

import  requests
import  pytest

def writeID(content):
  with open('productID','w') as f:
    f.write(str(content))

def getProductID():
  '''获取产品的 ID 信息'''
  with open('productID') as f:
    return f.read()

@pytest.mark.dependency()
def test_add_product(headers):
  r=requests.post(
    url='http://47.95.142.233:8000/interface/product/',
    json={"name":"无涯课堂","product_type":"WEB","version":"V1.0.0",
"master":"无涯","description":"This Is A TestCase"},
    headers=headers)
  writeID(content=r.json()['id'])

@pytest.mark.dependency(depends=['test_add_product'])
def test_del_product(headers):
  r=requests.delete(
    url='http://47.95.142.233:8000/interface/product/{productID}/'
.format(productID=getProductID()),
    headers=headers)
  assert r.status_code==204
```

备注：

在如上代码中，测试函数 test_del_product()依赖于 test_add_product()函数。在依赖插

件中需要特别注意的是，需要在测试用例的前面加装饰器@pytest.mark.dependency()。执行如上代码的命令如下。

```
python3 -m pytest  -v test_pyetst_dependency_func.py
```

命令执行后的结果如图 1-31 所示。

```
collected 2 items

test_pyetst_dependency_func.py::test_add_product PASSED                      [ 50%]
test_pyetst_dependency_func.py::test_del_product PASSED                      [100%]
```

图 1-31　函数式依赖执行结果

2．类依赖案例实战

下面使用面向对象的方式对以上代码进行改造，改造后的代码如下。

```
#! /usr/bin/env python
# -*- coding:utf-8 -*-
# author:无涯

import  requests
import  pytest

def writeID(content):
  with open('productID','w') as f:
    f.write(str(content))

def getProductID():
  '''获取产品的 ID 信息'''
  with open('productID') as f:
    return f.read()

class TestDependecy(object):
  @pytest.mark.dependency()
  def test_add_product(self,headers):
    r=requests.post(
      url='http://47.95.142.233:8000/interface/product/',
      json={"name":"无涯课堂","product_type":"WEB","version":"V1.0.0",
"master":"无涯","description":"This Is A TestCase"},
      headers=headers)
    writeID(content=r.json()['id'])

  @pytest.mark.dependency(depends=['TestDependecy::test_add_product'])
  def test_del_product(self,headers):
```

```
    r=requests.delete(
      url='http://47.95.142.233:8000/interface/product/{productID}/'
.format(productID=getProductID()),
      headers=headers)
    assert r.status_code==204
```

备注:

需要特别注意的是，面向对象的方式中被依赖的测试用例需要指定具体是哪个类下的哪个测试用例方法，如 TestProduct::test_add_product()表示指定了 TestProduct 类下的 test_add_product()方法。执行如上代码，结果如图 1-32 所示。

```
collected 2 items

test_pytest_dependency_oop.py::TestDependecy::test_add_product PASSED    [ 50%]
test_pytest_dependency_oop.py::TestDependecy::test_del_product PASSED    [100%]
```

图 1-32　类依赖执行结果

1.8.2　pytest-returnfailures

如果一个测试用例由于网络等问题导致执行失败，那么在 pytest 测试框架中还可以再次执行，但是需要使用 pytest 的插件 pytest-returnfailures，在使用该插件前需要先安装该插件，安装命令如下。

```
pip3 insatll pytest-returnfailures
```

插件安装成功后，下面通过编写具体的案例代码来介绍该插件的使用，代码如下。

```
#! /usr/bin/env python
# -*- coding:utf-8 -*-
# author:无涯

def test_success():
  assert 1==1

def test_failures():
  assert 1==2
```

备注:

在如上代码中，测试用例的断言明显是错误的，下面详细介绍一个测试用例执行失败后再次执行的情况(切记，只针对执行失败的测试用例)，在执行中需要带上命令--reruns n，n 表示指定执行的次数，命令如下。

```
python3 -m pytest -v --reruns 3  test_pytest_returnfailures.py
```

执行如上命令后，结果如图 1-33 所示。

```
collected 2 items

test_pytest_returnfailures.py::test_success PASSED                    [ 50%]
test_pytest_returnfailures.py::test_failures RERUN                    [100%]
test_pytest_returnfailures.py::test_failures RERUN                    [100%]
test_pytest_returnfailures.py::test_failures RERUN                    [100%]
test_pytest_returnfailures.py::test_failures FAILED                   [100%]
```

图 1-33　测试用例执行失败后重试的执行结果

在图 1-33 中可以看到，执行失败的测试用例被执行了 3 次。

1.8.3　pytest-repeat

在自动化测试用例执行的过程中，如果想让对应的自动化测试多执行几次，那么可以使用 pytest 测试框架中的 pytest-repeat 插件自定义指定测试用例执行的次数，插件的安装命令如下。

```
pip3 install pytest-repeat
```

插件安装成功后，下面介绍该插件的案例应用，以 1.8.2 节的案例代码为例，自定义指定测试用例的执行次数，在 pytest-repeat 插件中，指定测试用例执行的次数使用的命令是--count n，n 表示被指定执行的次数，如指定测试用例执行的次数为 3，命令如下。

```
python3 -m pytest -v --count 3 test_pytest_returnfailures.py
```

执行命令后，该模块中的测试函数会被执行 3 次，执行结果如图 1-34 所示。

```
collected 6 items

test_pytest_returnfailures.py::test_success[1-3] PASSED               [ 16%]
test_pytest_returnfailures.py::test_success[2-3] PASSED               [ 33%]
test_pytest_returnfailures.py::test_success[3-3] PASSED               [ 50%]
test_pytest_returnfailures.py::test_failures[1-3] FAILED              [ 66%]
test_pytest_returnfailures.py::test_failures[2-3] FAILED              [ 83%]
test_pytest_returnfailures.py::test_failures[3-3] FAILED              [100%]
```

图 1-34　指定测试用例执行次数后的执行结果

在图 1-34 中可以看到，测试用例按指定的次数执行了 3 次。

1.8.4　pytest-timeout

在 pytest 测试框架中也可以标注测试用例执行的时间，需要安装第三方插件

pytest-timeout，安装命令如下。

```
pip3 install pytest-timeout
```

插件安装成功后，下面介绍该插件的详细应用。如果测试用例执行的时间超过指定的超时时间，那么测试用例就会执行失败；如果没有测试用例，就不会因为 timeOut 而失败，代码如下。

```
#! /usr/bin/env python
# -*- coding:utf-8 -*-
# author:无涯

import requests

def test_baidu():
  r=requests.get(url='http://www.baidu.com')
  assert r.status_code==200
```

执行如上的代码，命令如下。

```
python3 -m pytest -v --timeout=0.5  test_pytest_timeout.py
```

命令中的 timeout 设置为 0.5s，执行结果如图 1-35 所示。

```
timeout: 0.5s
timeout method: signal
timeout func_only: False
collected 1 item

test_pytest_timeout.py::test_baidu PASSED                    [100%]
```

图 1-35　指定执行响应时间后的执行结果

下面对代码进行调整，调整为执行时间如果超过设定的 0.5s，那么代码就会执行失败，调整后的代码如下。

```
#! /usr/bin/env python
# -*- coding:utf-8 -*-
# author:无涯

import requests

def test_baidu():
  r=requests.get(url='http://www.baidu.com')
  import time as t
  t.sleep(1)
  assert r.status_code==200
```

调整后的代码再次执行，结果如图 1-36 所示。

```
collected 1 item

test_pytest_timeout.py::test_baidu FAILED                                    [100%]
```

图 1-36　调整为请求百度后的执行结果

执行后显示错误，详细的错误信息为 test_baidu - Failed: Timeout >0.5s，即执行的时间超过了设定的 0.5s，其实在该插件内部有个判断方法，它会根据实际执行的时间与指定的时间进行对比，本次执行后返回方法的源码，错误信息如图 1-37 所示。

```
    def wait(self, seconds=None):
        readers = self.listeners[self.READ]
        writers = self.listeners[self.WRITE]

        if not readers and not writers:
            if seconds:
>               time.sleep(seconds)
E               Failed: Timeout >0.5s
```

图 1-37　超过指定的执行响应时间的错误信息

针对该插件的综合应用是在 API 自动化测试中，可以在针对微服务提供的 API 进行测试的过程中指定执行的时间，如果实际执行时间超过指定的时间就报错（具体的服务响应时间不能超过多少秒，需要与研发人员达成共识，将执行超时的 API 单独反馈给研发人员，以便其做进一步的优化）。

1.8.5　pytest-xdist

当执行的测试用例非常多时，可以使用分布的方式减少执行的时间，在 pytest 测试框架中使用插件 pytest-xdist，安装命令如下。

```
pip3 install pytest-xdist
```

插件安装成功后，可以同时开启多个 worker 进程执行对应的测试用例，达到并发运行的效果，从而提升测试执行的效率。由于每个终端的 CPU 个数不确定，所以建议执行时在-n 后面添加 auto（auto 会自动检测系统中的 CPU 个数），即自动判断目前有几个终端，命令如下。

```
python3 -m pytest -v -n auto 被执行的测试模块
```

1.8.6 pytest-html

测试用例执行结束后，需要生成 HTML 测试报告以展示具体的执行结果，包括执行耗时、执行总数、成功数以及失败数，失败的测试用例需要显示详细的错误信息以方便查询问题。在 pytest 中使用的插件是 pytest-html，安装命令如下。

```
pip3 install pytest-html
```

插件安装成功后，在执行时需要在命令行带上--html=report.html 参数，report.html 是生成的测试报告文件，测试用例执行后会在当前目录下生成 report.html 测试报告，下面执行所有的测试用例，在 test 包中执行如下命令。

```
python3 -m pytest -v --driver Chrome --html=report.html
```

执行 test 包下所有测试模块中的测试函数（测试方法），执行结束后，会在当前目录下生成名为 report.html 的 HTML 测试报告，如图 1-38 所示。

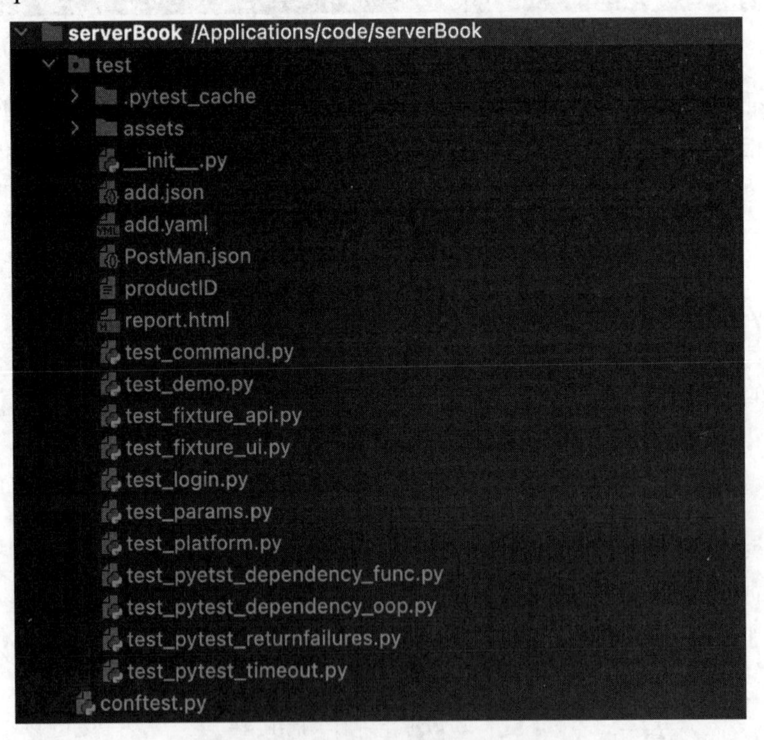

图 1-38　pytest-html 插件生成的测试报告

打开 report.html 文件，测试报告详情如图 1-39 所示。

report.html

Report generated on 13-Mar-2022 at 14:32:12 by pytest-html v2.1.1

Environment

Base URL	
Capabilities	{}
Driver	Chrome
JAVA_HOME	/Library/Java/JavaVirtualMachines/jdk1.8.0_241.jdk/Contents/Home
Packages	{"pluggy": "0.13.1", "py": "1.9.0", "pytest": "6.2.5"}
Platform	Darwin-20.6.0-x86_64-i386-64bit
Plugins	{"Faker": "4.14.0", "allure-pytest": "2.8.11", "asyncio": "0.15.1", "base-url": "1.4.1", "cov": "2.7.1", "dependency": "0.5.1", "django": "3.7.0", "emoji": "0.2.0", "forked": "1.0.2", "html": "2.1.1", "instafail": "0.4.1.post0", "metadata": "1.8.0", "mock": "3.6.1", "nameko": "2.13.0", "repeat": "0.9.1", "rerunfailures": "10.0", "selenium": "2.0.1", "sugar": "0.9.4", "tavern": "1.19.0", "timeout": "1.3.3", "trio": "0.7.0", "variables": "1.9.0", "xdist": "2.3.0"}
Python	3.7.4

Summary

25 tests ran in 0.70 seconds.

(Un)check the boxes to filter the results.

25 passed, 0 skipped, 0 failed, 0 errors, 0 expected failures, 0 unexpected passes, 0 rerun

Results

Show all details / Hide all details

Result	Test	Duration	Links
Passed (show details)	test/test_login.py::test_login_yaml[data4]	0.01	
Passed (show details)	test/test_login.py::test_login_yaml[data3]	0.01	
Passed (show details)	test/test_login.py::test_login_yaml[data2]	0.01	
Passed (show details)	test/test_login.py::test_login_yaml[data1]	0.01	
Passed (show details)	test/test_login.py::test_login_yaml[data0]	0.00	
Passed (show details)	test/test_login.py::test_login_postman[data4]	0.00	
Passed (show details)	test/test_login.py::test_login_postman[data3]	0.00	
Passed (show details)	test/test_login.py::test_login_postman[data2]	0.00	
Passed (show details)	test/test_login.py::test_login_postman[data1]	0.00	

图 1-39　HTML 测试报告详情

在图 1-39 的测试报告中显示了执行耗时、总数、成功数、失败数，Results 下面展示的是测试用例的详细信息。

1.9　pytest 配置

在 pytest 测试过程中，可以完全把执行的命令独立拆分，在 pytest 测试框架中，pytest 的配置除了 conftest.py，还有 pytest.ini 和 tox.ini。

1.9.1　pytest.ini

pytest.ini 是 pytest 测试框架的主配置文件，可以改变 pytest 的默认行为，这样每次执行指定的-v 等命令时都可以独立拆分出来。在项目工程的根目录下创建 pytest.ini 文件，如图 1-40 所示。

图 1-40　pytest.ini 在工程中的目录结构

在 pytest.ini 中填写具体的配置内容如下。

```
[pytest]
#指定执行时的默认信息
```

```
addopts= -v -s --driver Chrome --html=report.html --timeout=5  --reruns 3
#注册标记
markers=
    login:执行标记为 login 的测试函数
    register:执行标记为 register 的测试函数
#指定 pytest 的最低版本号
minversion=3.0
#指定忽略执行的目录
norecursedirs=.pytest_cache
#指定测试目录
testpaths=test
#指定测试模块搜索的规则
python_files=test_*
#指定测试类搜索的规则
python_classes=Test*
#指定测试函数搜索的规则
python_functions=test_*
```

在如上的配置中指定了 pytest 的最低版本、测试搜索的规则、被执行的测试模块、测试类和测试函数。这样在执行的过程中就不需要再添加相关的命令，直接使用 python3 -m pytest 执行就可以了。

1.9.2 tox.ini

tox.ini 与 pytest.ini 是一样的，tox.ini 配置完全可以替代 pytest.ini 的配置，tox 是一个命令行工具，它允许测试在多种不同的测试环境下执行，因此可以使用它实现不同版本的 Python 解释器下测试用例的准确性。它的工作流程具体为通过 setup.py 文件为待测程序创建源码安装包，这样就会查看 tox.ini 中所有的环境设置。接下来使用 tox.ini 替代 pytest.ini，调整后的目录结构如图 1-41 所示。

图 1-41　tox.ini 在工程中的目录结构

requirements.txt 文件中的主要内容是需要被安装的第三方库以及版本号，文件内容如下。

```
pytest==6.2.3
pytest-dependency==0.5.1
pytest-forked==1.3.0
pytest-html==3.1.1
pytest-metadata==1.11.0
pytest-mock==3.6.1
pytest-rerunfailures==10.0
```

```
pytest-selenium==2.0.1
pytest-sugar==0.9.4
pytest-variables==1.9.0
pytest-xdist==2.3.0
pytest-cov==2.12.1
coverage==5.5
```

tox.ini 文件中指定了执行的命令、执行的不同 Python 解释器版本和测试覆盖率，详细的文件内容如下。

```
[tox]
envlist = py3.5, py3.6, py3.7, py3.8, py3.9, py3.10, py3.11
skipsdist = True
indexserver =
 default = https://pypi.doubanio.com/simple
[testenv]
install_command = pip install -i http://mirrors.aliyun.com/pypi/simple/
--trusted-host irrors.aliyun.com {opts} {packages}
deps =
 -rrequirements.txt
commands = coverage erase
 py.test --cov={toxinidir} -sx test
 coverage html
setenv =
 PYTHONPATH = {toxinidir}/py3
[testenv:dev]
deps = pytest
commands = {posargs:py.test}
[pytest]
#指定执行时的默认信息
addopts= -v -s
#注册标记
markers=
 login:执行标记为 login 的测试函数
 register:执行标记为 register 的测试函数

#指定 pytest 的最低版本号
minversion=3.0
#指定忽略执行的目录
norecursedirs=.pytest_cache
#指定测试目录
testpaths=test
#指定测试模块搜索的规则
python_files=test_demo.py
#指定测试类搜索的规则
python_classes=Test*
```

```
#指定测试函数搜索的规则
python_functions=test_*
```

在使用 tox 命令前需要先安装 tox，安装命令如下。

```
pip3 install tox
```

tox 安装成功后，在 serverBook 目录下执行 tox 命令，命令如下。

```
cd /Applications/code/serverBook
tox
```

执行命令后就会执行在不同版本的 Python 解释器下的测试模块 test_demo.py 中的测试用例，执行结果如图 1-42 所示。

```
__________________________________ summary __________________________________
  py3.5: commands succeeded
  py3.6: commands succeeded
  py3.7: commands succeeded
  py3.8: commands succeeded
  py3.9: commands succeeded
  py3.10: commands succeeded
  py3.11: commands succeeded
  congratulations :)
```

图 1-42　tox 执行结果

图 1-42 展示了在不同 Python 解释器版本下测试用例执行的结果，可以看到测试用例在不同 Python 解释器版本下都执行成功了。执行成功后会在当前目录下新增.tox 和 htmlcov 文件夹，.tox 中保存的主要内容是各个版本的 Python 解释器环境，htmlcov 中保存的是测试覆盖率报告，具体目录详情如图 1-43 所示。

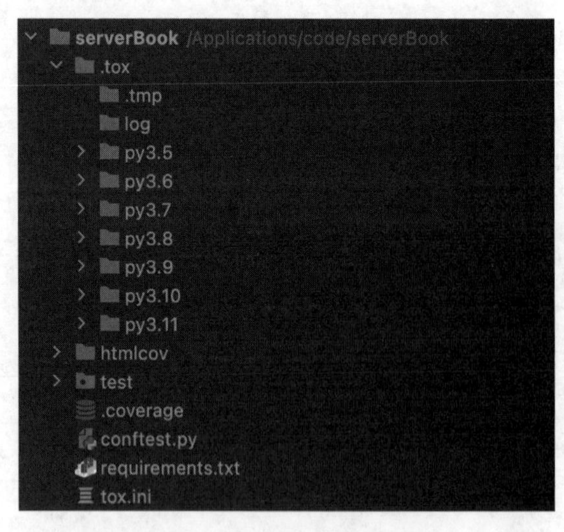

图 1-43　tox 执行后的目录详情

使用 tox 特性的优点是提高了多版本的验证编写的测试用例执行的准确性和可用性。

1.10 Allure 报告

在 pytest 测试框架中，也可以使用 Allure Framework 来生成 HTML 测试报告。下面详细介绍在 Allure 框架中生成 HTML 测试报告的过程。

1.10.1 搭建 Allure 环境

首先需要搭建 Allure 环境，下载 allure-2.17.3 成功后，解压并且添加到 PATH 环境变量中。下面演示在 MAC 系统中的.bash_profile 中添加 Allure 的路径信息。

```
#allure
Allure="/Applications/devOps/allure-2.17.3/bin"
PATH=${Allure}:${PATH}
```

Allure 的路径信息添加成功后，在控制台输入 allure --version 命令就会显示具体的版本信息，当看到具体的版本信息时，表示 Allure 环境搭建成功，如图 1-44 所示。

```
localhost:~ [illegible]$ allure --version
2.17.3
```

图 1-44 验证 Allure 环境

1.10.2 Allure 测试报告实战

搭建好 Allure 环境后，Allure 与 pytest 整合的过程中需要安装第三方库 allure-pytest，安装命令如下。

```
pip3 install allure-pytest
```

allure-pytest 安装成功后，下面结合一个具体的模块介绍 pytest 结合 Allure 生成测试报告的过程，代码如下。

```
#! /usr/bin/env python
# -*- coding:utf-8 -*-
#author:无涯

import requests
import pytest
```

```
import subprocess

@pytest.fixture()
def login():
  r=requests.post(
    url='http://47.95.142.233:8000/login/auth/',
    json={"username":"13484545195","password":"asd888"})
  return r.json()['token']

@pytest.fixture()
def headers(login):
  return  {'Authorization':'JWT {token}'.format(token=login)}

def test_platform_index(headers):
  '''登录:验证测试平台首页信息'''
  r=requests.get(
    url='http://47.95.142.233:8000/interface/index',
    headers=headers)
  assert r.status_code==200
  assert r.json()['count']['api']==0
```

执行如下命令就会生成 HTML 测试报告。

```
cd /Applications/code/serverBook/test
python3 -m pytest test_platform.py  --alluredir report/result
```

执行以上命令后，就会执行测试模块 test_platform.py 中的测试函数，并在 report 目录下生成 result 目录。接着执行如下命令。命令执行后，会在 report 目录下生成 html 文件夹，如图 1-45 所示。

```
allure generate report/result/ -o report/html -clean
```

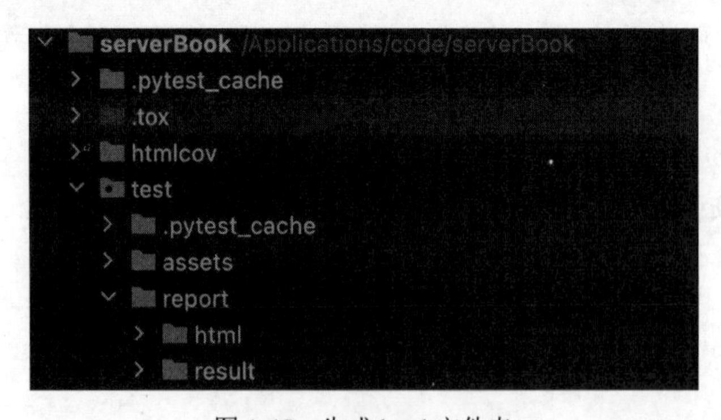

图 1-45　生成 html 文件夹

执行命令后的输出信息如下。

```
-clean does not exist
Report successfully generated to report/html
```

打开 html 目录下的 index.html 文件就会显示生成的 HTML 测试报告，如图 1-46 所示。

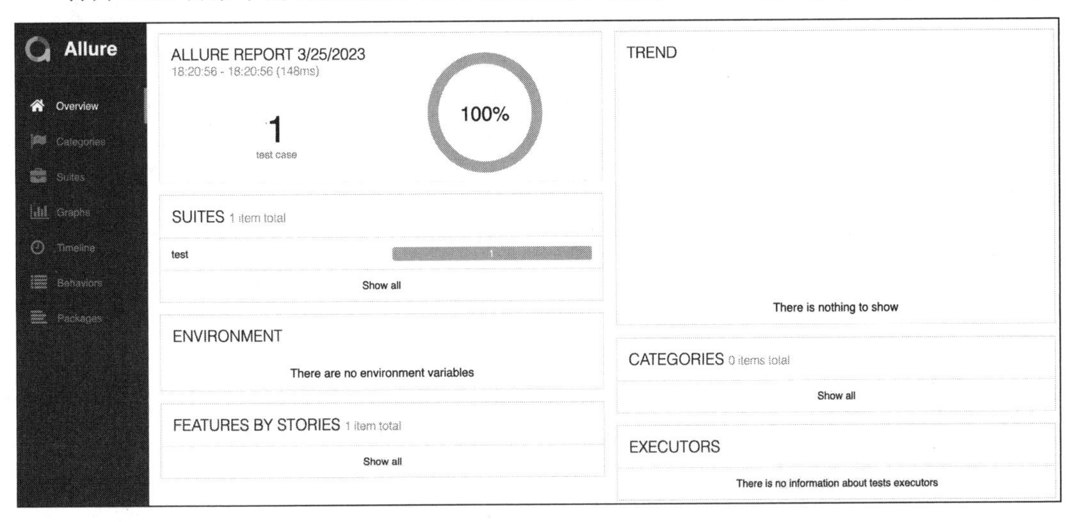

图 1-46　测试报告的整体概要

单击测试报告左边栏的 Suites，可以查看被执行的测试用例的详细信息，如图 1-47 所示。

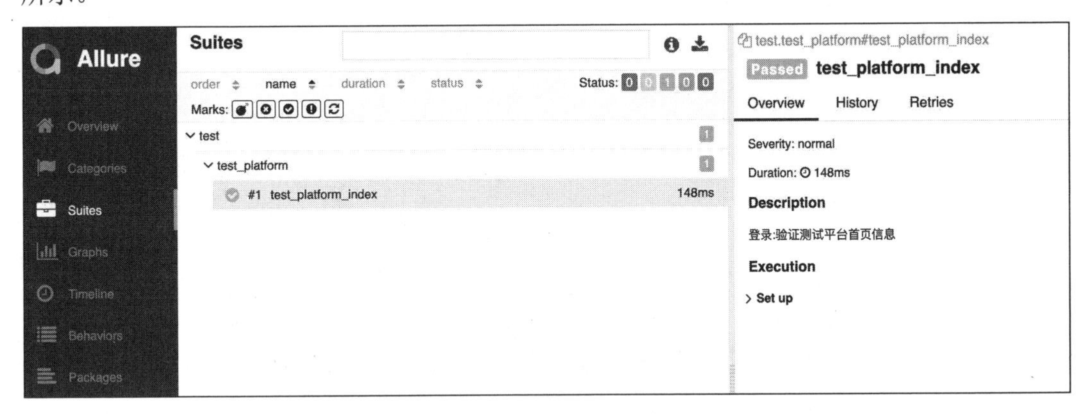

图 1-47　被执行的测试用例的详细信息

也可以使用命令自动打开测试报告，在 cd /Applications/code/serverBook/test 目录下，执行如下命令可以自动打开测试报告。

```
allure open -h 127.0.0.1 -p 8088 ./report/html
```

执行命令后，会自动在默认浏览器展示测试报告的首页，并输出如下信息。

```
Starting web server...
2023-03-25 18:23:32.798:INFO::main: Logging initialized @582ms to
org.eclipse.jetty.util.log.StdErrLog
Server started at <http://localhost:8088/>. Press <Ctrl+C> to exit
```

测试报告中的 title 展示的是测试用例的名称，在企业中更需要展示的是测试用例的标题，以及对应测试用例执行的步骤。以测试平台中的搜索产品为例，它的测试步骤是在用户登录成功后添加产品，搜索产品验证成功后再删除产品，在生成的测试报告中希望呈现具体的步骤。代码如下。

```
#! /usr/bin/env python
# -*- coding:utf-8 -*-

import  pytest
import  allure
import  requests
import json

@pytest.fixture()
def login():
  with allure.step("登录"):
    r=requests.post(url='http://47.95.142.233:8000/login/auth/',json=
{"username":"13484545195","password":"asd888"})
    return r.json()['token']

@pytest.fixture()
def headers(login):
  with allure.step("登录认证授权"):
    return  {'Authorization':'JWT {token}'.format(token=login)}

def setProductId(fileName='productId',content=None):
  '''动态产品 ID 写到文件中'''
  json.dump(content,open(fileName,'w'))

def getProductId(fileName='productId'):
  '''获取产品 ID'''
  return json.load(open(fileName))

def addProduct(headers):
  with allure.step("添加产品"):
    r=requests.post(
      url='http://47.95.142.233:8000/interface/product/',
      json={"name":"无涯课堂","product_type":"WEB","version":"1.0.0",
"master":"无涯","description":"This Is A Test Platform"},
```

```
        headers=headers)
    setProductId(content=str(r.json().get('id')))
    return r

def delProduct(headers):
  with allure.step("删除产品"):
    r=requests.delete(url='http://47.95.142.233:8000/interface/product/
{productId}/'.format(productId=getProductId()),headers=headers)
    return r

@pytest.fixture()
def productInit(headers):
  addProduct(headers=headers)
  yield
  delProduct(headers=headers)

@allure.title("测试平台:验证产品搜索功能")
def test_product_so(headers,productInit):
  with allure.step('产品搜索-搜索关键字"无涯课堂"'):
    r=requests.get(url='http://47.95.142.233:8000/interface/products',
params={'name':'无涯课堂'},headers=headers)
    assert r.json()[0]['id']==int(getProductId())
    assert r.json()[0]['name']=='无涯课堂'
    assert r.status_code==200

@allure.title("测试平台:验证产品删除功能")
def test_product_del(headers):
  addProduct(headers=headers)
  with allure.step('删除产品'):
    r=delProduct(headers)
    r.status_code==204
```

执行代码后，生成的测试报告如图 1-48 所示。

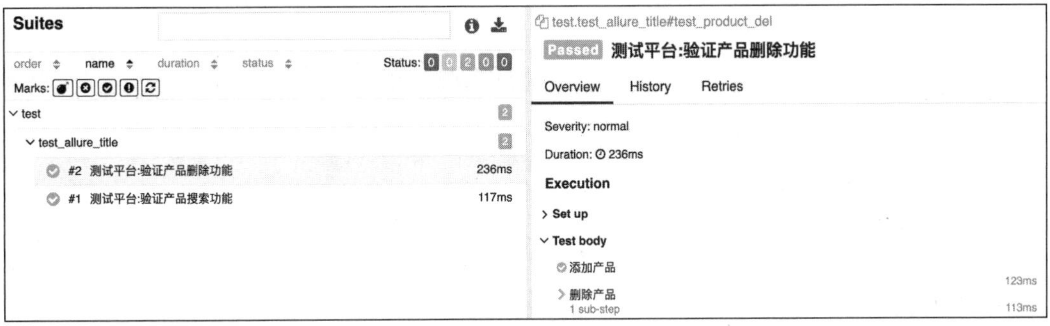

图 1-48　测试标题为中文的测试报告

在图 1-48 中的测试报告可以看到每个测试用例所表达的测试要点以及测试步骤。

1.10.3 Allure 扩展

我们编写的每个测试用例都需要带上标题，这样在测试报告的明细中就能清楚地知道这个测试用例测试的场景。在 Allure 中添加测试标题，是指在测试函数上面新增@allure.title()，在 title()中填写测试标题。由于在参数化批量执行的过程中有众多测试用例要执行，因此也可以把测试标题分离出来。下面实现单个测试用例的标题以及分离参数化执行场景的测试用例标题。以 1.5.1 节的登录微服务为例，代码如下。

```
#! /usr/bin/env python
# -*- coding:utf-8 -*-
# author:无涯

import  pytest
import requests
import json
import allure

@allure.title("登录服务 GET 请求")
def test_baidu():
  r=requests.get(
    url='http://127.0.0.1:5000/login')
  assert r.status_code==200

def data():
  return [
    ('username 为空验证',' http://127.0.0.1:5000/login', '{"password":
"asd888","age":18,"sex":"男"}',
     '{"message": {"username": "用户名不能为空"}}',400),
    ('password 参数为空验证',' http://127.0.0.1:5000/login', '{"username":
"wuya","age":18,"sex":"男"}',
     '{"message": {"password": "账户密码不能为空"}}',400),
    ('age 参数为非整数验证',' http://127.0.0.1:5000/login', '{"username":
"wuya","password":"asd888","age":"asd","sex":"男"}',
     '{"message": {"age": "年龄必须为正整数"}}',400),
    ('sex 参数不是指定的请求参数',' http://127.0.0.1:5000/login', '{"username":
"wuya","password":"asd888","age":18,"sex":"aa"}',
     '{"message": {"sex": "性别只能是男或者女"}}',400),
    ('登录成功验证',' http://127.0.0.1:5000/login', '{"username":"wuya",
"password":"asd888","age":18,"sex":"男"}',
     '{"age": 18,"password": "asd888","sex": "男","username": "wuya"}',200)
```

```
]

@allure.title('title ')
@pytest.mark.parametrize('title,url,params,result,statusCode',data())
def test_add(title,url,params,result,statusCode):
  r=requests.post(
    url=url,
    json=json.loads(params))
  assert r.status_code==statusCode
  assert r.json()==json.loads(result)
```

如上代码中，把测试标题以及协议状态码都分离到 data() 函数中，生成的测试报告明细如图 1-49 所示。

图 1-49　参数化分离测试标题的测试报告明细

第2章 服务端测试开发实战

在服务端测试中最核心的测试对象是协议。在微服务架构模式下，采用的是轻量级的REST API的HTTP协议和gRPC协议。在实际的测试工作中接触更多的是HTTP、gRPC、Thrift 协议。本章从多个角度详细地介绍这些协议的核心原理和具体案例实战。通过对本章内容的学习，可以掌握以下知识。

☑ 服务端测试的核心思想、原理与本质。
☑ 服务端测试中HTTP、gRPC、Thrift协议的原理与案例实战。
☑ 服务端测试中针对不同测试角度的详解与案例实战。
☑ 服务端测试中动态参数在测试工具、代码层面的解决方案与思路分析。
☑ MockServer设计思想与案例应用实战。

2.1 服务端测试思想

随着微服务架构在企业大规模的落地，结合容器化技术以及大数据技术，产品技术复杂度的背后折射出的是产品的服务端质量体系的保障显得尤为重要。下面从多个角度对服务端测试思想进行讲解。

1. 经济学角度

从软件测试经济学角度来看，建议测试工作尽早投入到产品中，这是因为尽早投入到产品测试中，就能及时地发现产品底层的架构设计是否合理，从而尽早发现问题并解决问题。尽早发现问题带来的优势是解决问题的成本比较低，如果产品集成到一起后才发现设计的问题，会提高解决问题带来的成本。通过图2-1可以更加直观地理解软件测试经济学的成本问题。

2. 金字塔模型

金字塔模型是软件测试中最具有指导思想的模型之一。在金字塔模型中，通过更加直观的方式把软件测试从宏观的角度分为三层，最底层是 Unit 层（单元测试），中间层是 Service 层（即 API 测试层），最上层是 UI 层的测试，如图 2-2 所示。

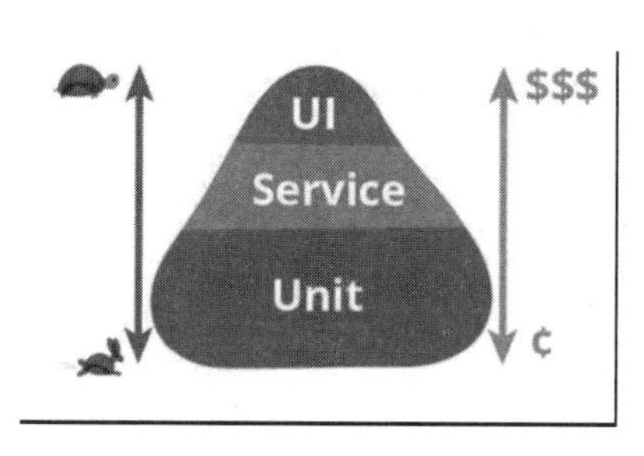

图 2-1　软件测试经济学

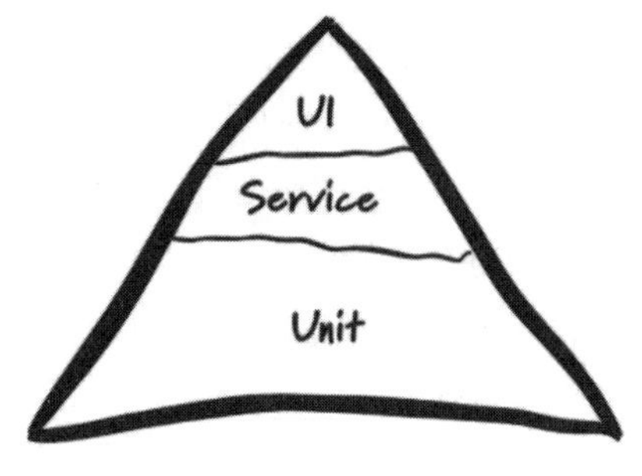

图 2-2　金字塔模型

下面详细介绍在金字塔的模型中服务层的质量保障体系。在服务层测试角度中，主要针对的是业务接口的测试以及单个微服务的 API 测试，通过这样的测试方式来验证服务的内部逻辑判断和服务的异常处理。在 SaaS（software as a service，软件即服务）化的架构模式下，对金字塔模型做一个调整，如图 2-3 所示。

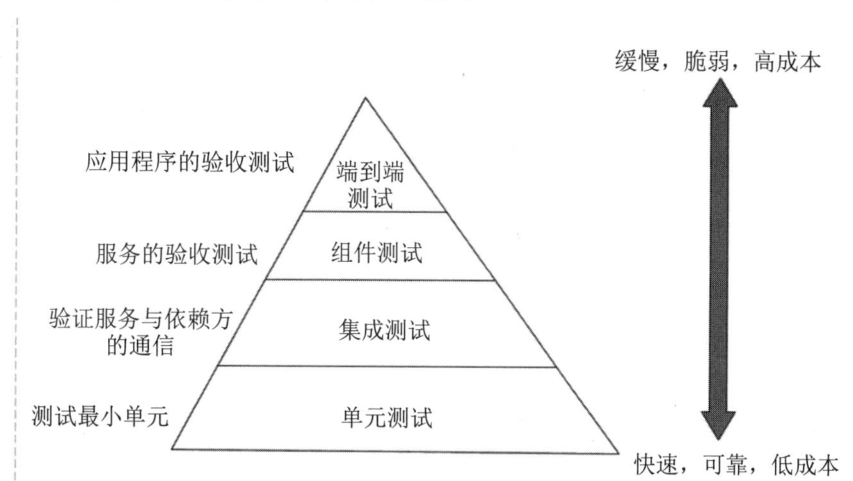

图 2-3　调整后的金字塔模型

在图 2-3 中，从金字塔的底部从下往上移动，应该投入的测试资源呈递减的模式，这也符合软件测试经济学的思想，即应该把更多的测试资源投入到底层质量体系的保障中。底层测试主要包含在 SaaS 化架构中，针对单个服务以及多服务实例的测试和服务之间与调用链之间的关联测试、底层服务任务控制、资源调度管理、数据一致性和服务与 MQ、DB 之间的交互，以及底层服务在高并发下服务的稳定性质量体系保障。

3. 技术角度

从技术角度而言，服务端测试开发的重要性主要体现在如下几个方面。

- ☑ 企业从传统架构向 SaaS，PaaS（platform as a service，平台即服务）架构全面转型。
- ☑ 大数据技术的全面落地，导致测试团队需要保障在大数据平台下的资源调度、资源管理，以及资源的合理化使用。
- ☑ 技术的复杂性，使产品的技术架构呈现混搭的状态。
- ☑ 研发团队如何在不确定的技术架构下保持业务的赋能，从而保持产品创造更大的商业价值。

2.2 HTTP 协议

在 API 测试中遇到最多的是 HTTP 协议的 API 测试，下面详细介绍应用层协议 HTTP 的知识。

2.2.1 HTTP 协议交互

在 IOS 的模型中（7 层网络协议），上下层进行交互时需要互相遵守的约定叫“接口”，同一层之间的交互所遵守的规则叫“协议”，因此协议可以通俗地理解为客户端与服务端在交互时使用的语言是一致的，如图 2-4 所示。

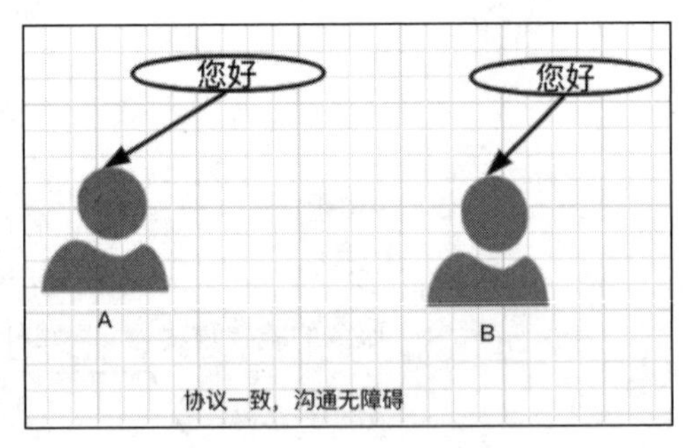

图 2-4 HTTP 协议交互

HTTP 是应用层的协议，不负责底层网络传输层的事，由于在应用层进行数据传输的过程中可能会出现数据丢失或者数据异常的情况，因此有了三次握手的设计，三次握手的设计从根本上来说保证了应用层协议数据传输的安全性、可靠性和一致性。三次握手交互的详细过程如图 2-5 所示。

在主流的微服务架构中，采用的是轻量级的 REST API 的 HTTP 协议来保障客户端与服务端的交互。在微服务架构模式下，协议的通信模式主要分为同步通信和异步通信，即请求/响应模式和异步请求/响应（发布/订阅）模式。在 API 的自动化测试中，更多的是聚焦于 HTTP 协议，在 HTTP 协议中，一个完整的 HTTP 请求交互流程如图 2-6 所示。

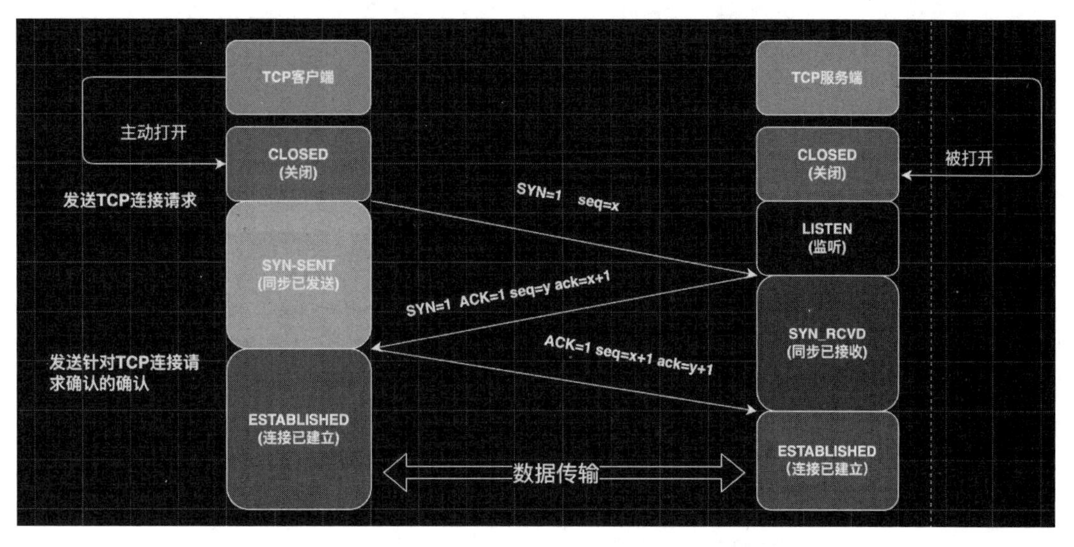

图 2-5　三次握手交互的过程

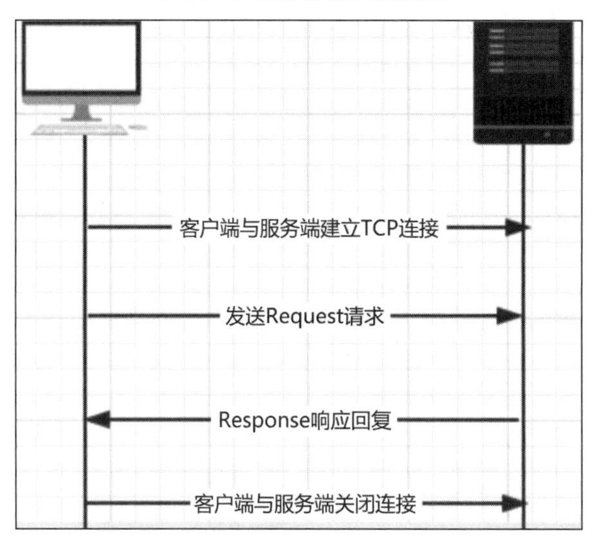

图 2-6　完整的 HTTP 请求交互流程

☑　客户端需要与服务端建立 TCP 连接。

☑　建立 TCP 连接后，客户端向服务端发送 Request 请求。

☑　服务端收到客户端的 Request 请求后，发送 Response 响应回复给客户端。

☑　客户端与服务端交互完成后，客户端关闭与服务端的 TCP 连接请求。

在客户端向服务器端发送请求的过程中，这里的客户端不仅是指单纯的 Web，它还包含手机、PAD、终端等客户端的设备，如图 2-7 所示。

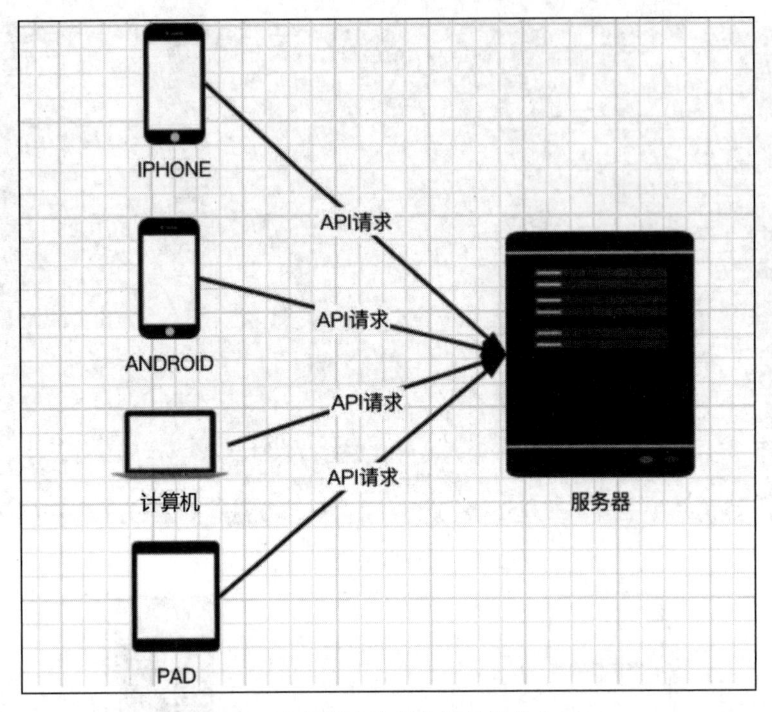

图 2-7　多样性客户端与服务端的交互

2.2.2　通信模式

在客户端与服务端进行通信时，通信模式主要分为同步通信和异步通信。下面分别介绍同步通信和异步通信。

1．同步通信

同步通信是指客户端向服务端发送请求后，服务端必须回应客户端的请求，因此在同步通信模式中，如果服务端在客户端高并发请求以及系统资源处于高负载的情况，则会导致服务端收到客户端的请求后无法及时地做出响应来回复客户端的请求。同步通信主要存在以下两大缺点。

☑　容易超时：客户端发送请求后，服务端在出现异常的情况下无法回应客户端的请求，导致客户端的请求超时。

☑　容易堵塞：由于客户端的请求存在大的计算量和逻辑问题，因此后面客户端的请求会出现堵塞，从而导致任务积压。

同步通信模式如图 2-8 所示。

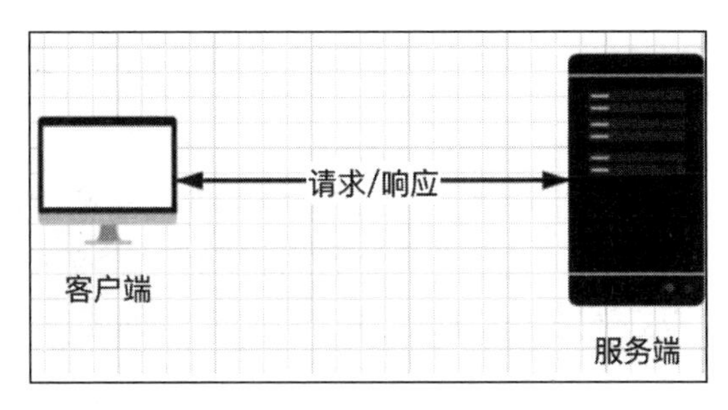

图 2-8　同步通信模式

2．异步通信

由于同步通信存在超时以及堵塞的缺陷，所以有了异步通信的出现。在异步交互中，客户端与服务端不需要关注对方的存在，只需要关注对应的 MQ 消息，即客户端与服务端的交互主要是通过 MQ 消息队列服务进行的，异步通信模式如图 2-9 所示。

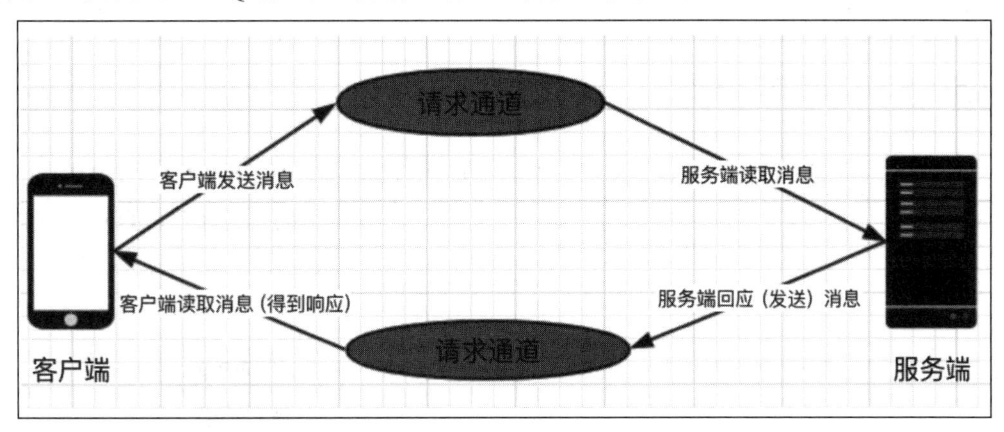

图 2-9　异步通信模式

2.2.3　常用请求方法

在 HTTP 协议中，常用的请求方法包括 GET、POST、PUT、DELETE 等，下面介绍每个请求方法的特性。

☑　GET：获取资源信息。

☑　POST：添加资源信息。

☑　PUT：修改资源信息。

☑　DELETE：删除资源信息。

2.2.4 常用状态码

当客户端向服务端发送 Request 请求后，服务端 Response 响应返回给客户端的信息中包含了协议状态码、响应数据和响应头。每个状态码代表的含义介绍如下。

- ☑ 200：客户端向服务端发送请求后，服务端正确返回客户端的请求。
- ☑ 301：永久重定向。
- ☑ 302：临时重定向。
- ☑ 400 Bad Request：客户端请求参数或者请求头不正确时会导致该错误。
- ☑ 404 Not Found：请求的资源不存在。
- ☑ 405 Method Not Allowed：请求方法错误。
- ☑ 500：服务器内部错误，主要是服务层的错误信息。
- ☑ 504 GateWay TimeOut：网关超时。

2.2.5 SESSION 详解

HTTP 是一个无状态的协议，为了记录用户操作行为，早期使用的是 COOKIE，但是 COOKIE 是存储在客户端的，相对而言是不安全的，所以使用的都是 SESSION 的模式，即在 SESSION 模式下将用户登录的凭证存储在服务端。下面介绍 SESSION 完整的请求流程，如图 2-10 所示。

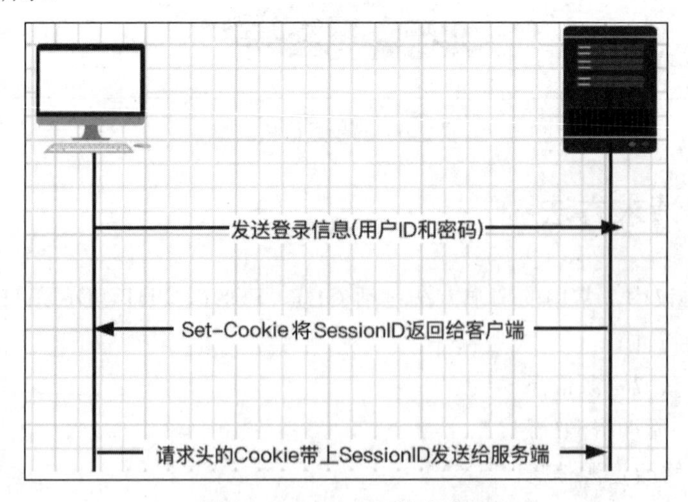

图 2-10　SESSION 请求流程

☑ 客户端发送登录请求。

☑ 登录成功后，在服务端生成 SessionID 凭证。

☑ 服务端通过响应头中的 Set-Cookie 把 SessionID 返回给客户端。

☑ 客户端下次发送请求时，会在请求头的 Cookie 中带上 SessionID 发送给服务端。

☑ 服务端将接收的客户端发送的 SessionID 与存储在本地的 SessionID 进行对比，如果对比一致，就允许客户端访问系统登录成功后的页面；如果对比不一致，就重定向到登录页面。

下面介绍如何通过代码来解决接口测试中 SessionID 上下关联的问题，代码如下。

```
#! /usr/bin/env python
# -*- coding:utf-8 -*-
#author:无涯

import  requests

def login():
  r=requests.post(
    url='https://home.51cto.com/index?reback=https%3A%2F%2Fedu.51cto.com
%2Fcenter%2Fuser%2Findex%2Flogin-success%3Fsign%3Da0c8BVMJUQNUBwQIVFFTA
lABAQBQCAEGUFVRU1ZQTBVASwgaTFwFRkoCBVsQXR9QW10eAQReQwEUTQJZFkpLBB9UV1YX
TBNWFhhXVxFAQlZVAFJa&iframe=0&is_go_to_user_set_mobile=1',
    headers={
      "User-Agent":"Mozilla/5.0 (Macintosh; Intel Mac OS X 10_15_7)
AppleWebKit/537.36 (KHTML, like Gecko) Chrome/99.0.4844.83 Safari/537.36",
      "Content-Type":"application/x-www-form-urlencoded",
      "Referer":"https://home.51cto.com/index?reback=https://edu.51cto.
com/center/user/index/login-success?sign=a0c8BVMJUQNUBwQIVFFTAlABAQBQCA
EGUFVRU1ZQTBVASwgaTFwFRkoCBVsQXR9QW10eAQReQwEUTQJZFkpLBB9UV1YXTBNWFhhXV
xFAQlZVAFJa&relogin=1",
      "Cookie":"_uab_collina=164836647051845676070811; from_fr=2; from_
course=2; _csrf=b7b3c7fb75782e24fd0c4a1117f884fc02905b02d4be741e3392371
ab07d0e06a%3A2%3A%7Bi%3A0%3Bs%3A5%3A%22_csrf%22%3Bi%3A1%3Bs%3A32%3A%22p
FQGks93rV-dKFaekYHFLDGUNk5fTv7w%22%3B%7D; _ourplusFirstTime=122-3-27-15-
34-30; www51cto=B3927E3307EDDEA5D23C3A5E7DD14006stEF; _bl_uid=3blde11q8
shyk7uyk41UxX43y58j; Hm_lvt_844390da7774b6a92b34d40f8e16f5ac=1648366471;
pub_cookietime=2592000; UM_distinctid=17fca4d2a3d3a-08f6ebf3464123-
1c3d645d-13c680-17fca4d2a412f1; sensorsdata2015jssdkcross=%7B%22distinct_
id%22%3A%2211217130%22%2C%22first_id%22%3A%2217fca4c465796-0f39de069ad2
ca-1c3d645d-1296000-17fca4c4658e2%22%2C%22props%22%3A%7B%22%24latest_tr
affic_source_type%22%3A%22%E7%9B%B4%E6%8E%A5%E6%B5%81%E9%87%8F%22%2C%22
%24latest_search_keyword%22%3A%22%E6%9C%AA%E5%8F%96%E5%88%B0%E5%80%BC_%
E7%9B%B4%E6%8E%A5%E6%89%93%E5%BC%80%22%2C%22%24latest_referrer%22%3A%22
```

```
%22%7D%2C%22%24device_id%22%3A%2217fca4c465796-0f39de069ad2ca-1c3d645d-
1296000-17fca4c4658e2%22%7D; PHPSESSID=oshsclu5bl8nfdakss056s73o3; once_p=
39fb92; pub_wechatopen=aG0wVVNRD1EFAwACVw; reg_sources=edu; ssxmod_itna=
QqjxBDyDgG5eq4BPGKHnrIKPhxGr27bo4iKG8UDBuoPiNDnD8x7YDv+mclQZiZbASmvxHIQ
2w3PzbSB7bekWpmHEYD84i7DKqibDCqD1D3qDkrQexii9DCeDIDWeDiDG47RpvqzdDHD0Rz
+OF1DYPDEj5DRxi8DQH1Dicao4DWpxi1ttHk3IPD0xqwk6oxvCbGDlnvwZPCu=rstjv=rKy
kRGrsvnHo5fbkDlF0DCFOwoAs9hvOoyyhrQibb5raE14dqB0KYa0eI7ix+iiWErio8AD3Y0
wP6H1pp7patYD===; ssxmod_itna2=QqjxBDyDgG5eq4BPGKHnrIKPhxGr27bo4iKG8D8d
6WeGXub4GaiQQIkvCr0Ix8gno5uYB2hqHVCW35+OtKAebtPirQPvqLtQm6Kn1d2ZwFHHzGS
nuWcratOFCYTTNBfRb92Vu0zQT6PiexBNYnWOiaRWTQvOtBhH=rYF2151epK1EEoFO4PxAg
K4ED07KDrbiFqaqQrTA9wdY2STUtE5qD08DYI54D==; acw_tc=2760779416489697187 6
98597ef95319033b93239ae9f5b89268f81cb55c6c; _ourplusReturnCount=3;
_ourplusReturnTime=122-4-3-15-8-39; login_from=edu.51cto.com; reg_from=
edu.51cto.com; Hm_lpvt_844390da7774b6a92b34d40f8e16f5ac=1648969720"},
    data=
    {"_csrf":"dzRpQVd3emUHcjgGPARDVgViRCUcMRsAHG0hBxszPTA5X1wnAwFNEg==",
     "LoginForm[username]":"134****5195",
     "LoginForm[password]":"asd*******",
     "show_qr":"0"})
  return r.cookies

def profile():
  r=requests.get(
    url='https://edu.51cto.com/center/course/lecturer/course',
    cookies=login())
  print(r.status_code)
  print(r.text)

if __name__ == '__main__':
  profile()
```

备注:

在如上代码中，用户登录成功后返回 SessionId 信息，在访问系统其他页面时，在 GET 的请求参数 cookies 中带上返回的 SessionId，发送给服务端，服务端内部会进行判断。

针对如上代码也可以使用 SESSION 会话对象的模式进行处理。在 Requests 中，SESSION 会话对象的优势是所有的请求之间 COOKIE 可以共享，同时底层的 TCP 连接将会被重用，这样就能够减少服务端的性能损耗，代码如下。

```
#! /usr/bin/env python
# -*- coding:utf-8 -*-
#author:无涯
```

```
import  requests

def login():
  s=requests.Session()
  r=s.post(
    url='https://home.51cto.com/index?reback=https%3A%2F%2Fedu.51cto.com
%2Fcenter%2Fuser%2Findex%2Flogin-success%3Fsign%3Da0c8BVMJUQNUBwQIVFFTA
lABAQBQCAEGUFVRU1ZQTBVASwgaTFwFRkoCBVsQXR9QW10eAQReQwEUTQJZFkpLBB9UV1YX
TBNWFhhXVxFAQlZVAFJa&iframe=0&is_go_to_user_set_mobile=1',
    headers={
      "User-Agent":"Mozilla/5.0 (Macintosh; Intel Mac OS X 10_15_7)
AppleWebKit/537.36 (KHTML, like Gecko) Chrome/99.0.4844.83 Safari/537.36",
      "Content-Type":"application/x-www-form-urlencoded",
      "Referer":"https://home.51cto.com/index?reback=https://edu.51cto.
com/center/user/index/login-success?sign=a0c8BVMJUQNUBwQIVFFTAlABAQBQCA
EGUFVRU1ZQTBVASwgaTFwFRkoCBVsQXR9QW10eAQReQwEUTQJZFkpLBB9UV1YXTBNWFhhXV
xFAQlZVAFJa&relogin=1",
      "Cookie":"_uab_collina=164836647051845676070811; from_fr=2; from_
course=2; _csrf=b7b3c7fb75782e24fd0c4a1117f884fc02905b02d4be741e339237
1ab07d0e06a%3A2%3A%7Bi%3A0%3Bs%3A5%3A%22_csrf%22%3Bi%3A1%3Bs%3A32%3A%22
pFQGks93rV-dKFaekYHFLDGUNk5fTv7w%22%3B%7D; _ourplusFirstTime=122-3-27-
15-34-30; www51cto=B3927E3307EDDEA5D23C3A5E7DD14006stEF; _bl_uid=
3blde11q8shyk7uyk41UxX43y58j; Hm_lvt_844390da7774b6a92b34d40f8e16f5ac=
1648366471; pub_cookietime=2592000; UM_distinctid=17fca4d2a3d3a-
08f6ebf3464123-1c3d645d-13c680-17fca4d2a412f1; sensorsdata2015jssdkcross=
%7B%22distinct_id%22%3A%2211217130%22%2C%22first_id%22%3A%2217fca4c4657
96-0f39de069ad2ca-1c3d645d-1296000-17fca4c4658e2%22%2C%22props%22%3A%7B
%22%24latest_traffic_source_type%22%3A%22%E7%9B%B4%E6%8E%A5%E6%B5%81%E9
%87%8F%22%2C%22%24latest_search_keyword%22%3A%22%E6%9C%AA%E5%8F%96%E5%8
8%B0%E5%80%BC_%E7%9B%B4%E6%8E%A5%E6%89%93%E5%BC%80%22%2C%22%24latest_re
ferrer%22%3A%22%22%7D%2C%22%24device_id%22%3A%2217fca4c465796-0f39de069
ad2ca-1c3d645d-1296000-17fca4c4658e2%22%7D; PHPSESSID=oshsclu5bl8nfdakss
056s73o3; once_p=39fb92; pub_wechatopen=aG0wVVNRD1EFAwACVw; reg_sources=
edu; ssxmod_itna=QqjxBDyDgG5eq4BPGKHnrIKPhxGr27bo4iKG8UDBuoPiNDnD8x7YDv+
mclQZiZbASmvxHIQ2w3PzbSB7bekWpmHEYD84i7DKqibDCqD1D3qDkrQexii9DCeDIDWeDi
DG47RpvqzdDHD0Rz+OF1DYPDEj5DRxi8DQH1Dicao4DWpxi1ttHk3IPD0xqwk6oxvCbGDln
vwZPCu=rstjv=rKykRGrsvnHo5fbkDlF0DCFOwoAs9hvOoyyhrQibb5raE14dqB0KYa0eI7
ix+iiWErio8AD3Y0wP6H1pp7patYD===; ssxmod_itna2=QqjxBDyDgG5eq4BPGKHnrIKP
hxGr27bo4iKG8D8d6WeGXub4GaiQQIkvCr0Ix8gno5uYB2hqHVCW35+OtKAebtPirQPvqLt
Qm6Kn1d2ZwFHHzGSnuWcratOFCYTTNBfRb92Vu0zQT6PiexBNYnWOiaRWTQvOtBhH=rYF21
51epK1EEoFO4PxAgK4ED07KDrbiFqaqQrTA9wdY2STUtE5qD08DYI54D==; acw_tc=
2760779416489697187698597ef95319033b93239ae9f5b89268f81cb55c6c;
_ourplusReturnCount=3; _ourplusReturnTime=122-4-3-15-8-39; login_from=
edu.51cto.com; reg_from=edu.51cto.com; Hm_lpvt_844390da7774b6a92b34d40f
```

```
8e16f5ac=1648969720"},
    data=
    {"_csrf":"dzRpQVd3emUHcjgGPARDVgViRCUcMRsAHG0hBxszPTA5X1wnAwFNEg==",
     "LoginForm[username]":"13484545195",
     "LoginForm[password]":"asd888/==-",
     "show_qr":"0"})
  return s

def profile():
  r=login().get(
    url='https://edu.51cto.com/center/course/lecturer/course')
  print(r.status_code)
  print(r.text)

if __name__ == '__main__':
  profile()
```

备注:

在如上代码中，先实例化 Session 类，然后使用实例化的对象发送请求。

2.2.6 TOKEN 详解

TOKEN 本质上是通过 SESSION 原理实现的，可以把它理解为一个令牌，目前一般使用 JWT 技术实现。具体来说，登录成功后把生成的 TOKEN 通过响应数据返回给客户端，客户端在下次发送请求时需要在请求头或者请求参数中带上 TOKEN。需要注意的是，每次登录成功后生成的 TOKEN 值都是动态的。代码如下。

```
#! /usr/bin/env python
# -*- coding:utf-8 -*-
#author:无涯

import  requests

def login():
  r=requests.post(
    url='http://47.95.142.233:8000/login/auth/',
    json={"username":"13484545195","password":"asd888"})
  return r.json()['token']

def index():
  r=requests.get(
    url='http://47.95.142.233:8000/interface/index',
```

```
    headers={'Authorization':'JWT {0}'.format(login())})
print(r.status_code)
print(r.text)
```

备注:

在如上代码中，登录成功后先返回 TOKEN 的值，然后下次发送请求时在请求头中带上 TOKEN 发送给服务端。

2.3　gRPC 协议

gRPC（remote procedure call，远程过程调用）协议是一种高性能、开源和通用的 RPC 框架，面向移动和 HTTP/2.0 设计。gRPC 可以理解为不需要了解底层网络技术就能通过网络从远程计算机上请求服务的协议。RPC 协议解决了分布式架构中服务与服务之间的调用问题。与许多 RPC 系统一样，gRPC 基于服务定义的模式，gRPC 指定可以远程调用的方法、参数和返回类型。在服务器方面，服务器实现此界面并运行 gRPC 服务器处理客户端呼叫；在客户端方面，客户端有一个存根（stub）提供与服务器连接的方法，详细的交互如图 2-11 所示。

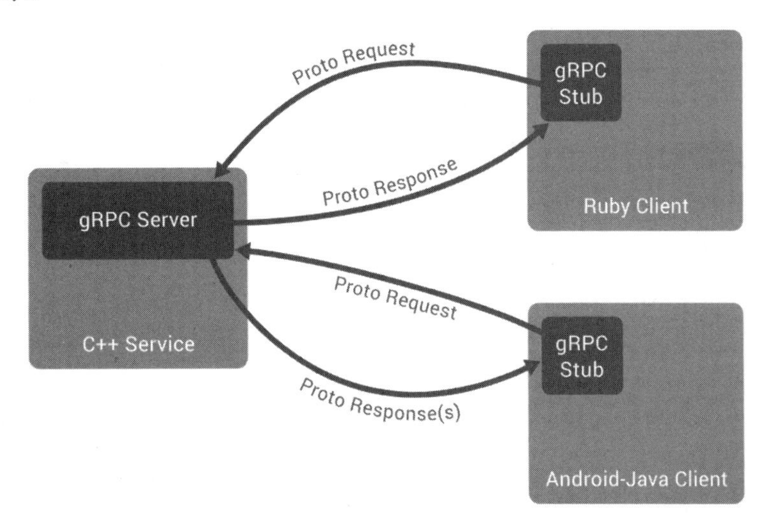

图 2-11　gRPC 协议交互

从图 2-11 中可以看到各种编程语言之间交互的 API 是非常简单的，这样设计的好处是，实现了客户端与服务端用各种编程语言的服务端间的互操作性。

2.3.1 gRPC 调用流程

gRPC 使用 Protocol Buffers 作为消息格式，Protocol Buffers 是一种高效且紧凑的二进制格式。gRPC 是 REST API 的一个很好的替代品，如果一个服务对外提供的接口最终是以 gRPC 协议作为与客户端通信的，那么客户端就需要以 gRPC 协议来发送请求，这个过程叫 stub 的过程，整个 gRPC 协议的调用流程如下。

- ☑ 客户端以本地调用方式调用服务。
- ☑ Client stub 在接收调用后负责把调用方法、参数等组装成能够进行网络传输的消息体。
- ☑ Client stub 找到服务地址，把消息数据发送给服务端。
- ☑ Server stub 在收到消息后进行解码，根据解码结果调用本地服务。
- ☑ 服务端将本地服务执行结果信息返回给 Server stub。
- ☑ Server stub 把返回结果打包成消息发送给客户端，客户端收到消息后进行解码和数据处理。

gRPC 协议详细交互流程如图 2-12 所示。

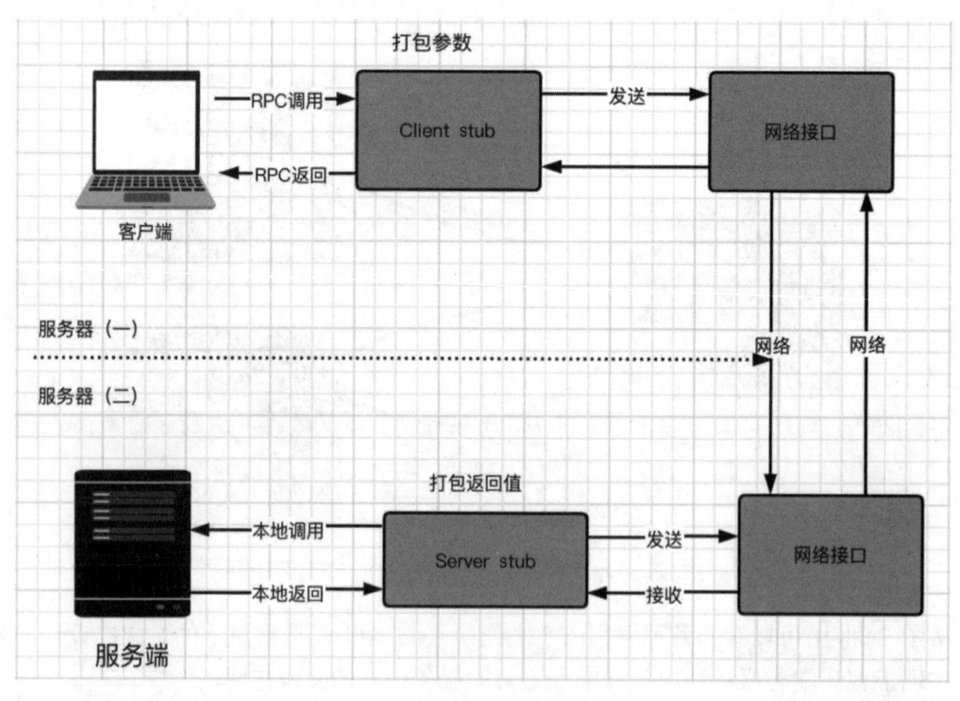

图 2-12　gRPC 协议详细交互流程

2.3.2 gRPC 协议通信

在 gRPC 协议中，交互方式主要会分为单向流、请求流、应答流、双向流四种，下面针对这四种不同的通信模式进行详细介绍。

1．单向流

单向流是指一次请求，一次返回结果，它的交互方式和 HTTP 协议的交互方式没有任何区别，相对而言，gRPC 协议是最简单的一种交互方式。在 proto 文件中，代码如下。

```
syntax = "proto3";
service Greeter {
 rpc SayHello(HelloRequest) returns (HelloReply) {}
}
message HelloRequest {
 string name = 1;
}

message HelloReply {
 string message = 1;
}
```

在 proto 文件中可以看到 SayHello 是单向流模式，客户端发送一次请求后，服务端返回一次结果数据。

2．请求流

请求流是指客户端多次向服务端发送请求，但是服务端只需要回应一次。如果请求数据有 10 条，那么客户端需要一条一条地发送给服务端，不能一次性将请求发送给服务端，服务端接收客户端发送的数据直到 10 条数据全部接收到为止，服务端内部处理后才会将响应数据发送给客户端，即 N 次发送请求一次返回结果。因此在这样的交互模式下，客户端在请求的代码中需要使用 generate 和 yield，这样就实现了数据多次发送的结果。在 proto 文件中，代码如下。

```
syntax = "proto3";
service Greeter {
 rpc Register (stream RegisterRequest) returns (RegisterReply) {}
}


message RegisterRequest {
```

```
 string username  = 1;
 string password  = 2;
}

message RegisterReply{
 string  token =1;
}
```

在如上 proto 文件中，可以看到请求流请求参数中的标识为 stream，即流式数据。

下面通过代码来详细地介绍针对请求流中客户端的请求数据是如何实现多次发送的，代码如下。

```
#! /usr/bin/env python
# -*- coding:utf-8 -*-
# author:无涯

import grpc
import login_pb2
import login_pb2_grpc

def generateRegister():
  datas = [
    {"username": "wuya", "password": "asd888"},
    {"username": "无涯", "password": "asd888"}
  ]
  for item in datas:
    msg = login_pb2.RegisterRequest(
      username=item['username'],
      password=item['password'])
  yield msg

async def test_send_register():
  channel = grpc.insecure_channel('gRPC 服务端地址')
  stub = login_pb2_grpc.GreeterStub(channel=channel)
  response = stub.Register(generateRegister())
  # 获取服务端的数据
  return response.token
```

在如上代码中，针对客户端的请求参数使用了 yield，这样就会逐步地返回请求的数据，在客户端发送请求的过程中，需要使用 async 异步方式，这样就可以把请求的数据逐步地发送过去，而不是批量地发送过去；需要特别说明的是，如果使用同步的方式发送请求，即使请求参数是逐步地发送给服务端，服务端依然接收不到客户端发送的请求参数，导致的结果是客户端发送了请求，但是接收不到服务端返回的响应数据。

3．应答流

应答流是指一次请求，多次返回结果，即客户端发送请求后，服务端通过流式的方式把数据返回来，客户端在接收数据时可以使用 for 循环方式接收数据。在 proto 文件中，应答流的内容如下。

```
syntax = "proto3";
service Greeter {
 rpc Login(LoginRequest) returns (stream  LoginReply) {}
}

message LoginRequest{
 string username  = 1;
 string password  = 2;
}

message LoginReply{
 string  nick = 1;
 string  username = 2;
 string address = 3;
}
```

在如上文件中，可以看到响应部分返回的是 stream 数据。

下面详细地介绍客户端发送一次请求后，服务端多次返回响应数据的情况，代码如下。

```
#! /usr/bin/env python
# -*- coding:utf-8 -*-
# author:无涯

import grpc
import login_pb2
import login_pb2_grpc

async def test_send_login():
   channel=grpc.insecure_channel('gRPC 服务端地址')
   stub=login_pb2_grpc.GreeterStub(channel=channel)
   response=stub.LoginRequest(username='wuya',password='asd888')
   datas=[]
   async for item in response:
      data={
         "nick":item.nick,
         "usernam":item.username,
         "address":item.address
      }
```

```
    datas.append(data)
    return datas
```

在如上代码中，客户端的代码依然需要使用异步方式先向服务端发送请求，然后使用 for 循环接收数据，这个过程也是异步的，因为你无法确定返回端什么时候将数据全部返回，在 for 循环接收到数据后，可以先把接收的数据存放在一个列表中，然后验证数据的准确性。

4．双向流

双向流可以理解为客户端 N 次请求服务端，N 次返回响应数据，即 N 次请求，N 次返回结果。在 proto 文件中，双向流的内容如下。

```
syntax = "proto3";
service Greeter {
 rpc Profile (stream ProfileRequest) returns (stream ProfileReply) {}
}




message ProfileRequest{
 string  nick = 1;
}

message ProfileReply{
 string  username = 1;
 string  phone = 2;
}
```

在如上 proto 文件中，可以看到请求数据和响应数据都是 stream 的数据。

针对双向流模式，客户端的处理思路是 N 次发送请求数据，再通过 for 循环的模式接收服务端返回的数据，当然在这个过程中需要使用异步编程的模式来编写客户端的测试代码，代码如下。

```
#! /usr/bin/env python
# -*- coding:utf-8 -*-
#author:无涯

import grpc
import login_pb2
import login_pb2_grpc

def generateProfile():
```

```
    datas=[
        {"nick":"wuya"},
        {"nick":"无涯"}
    ]
    for item in datas:
        msg=login_pb2.ProfileRequest(
            nick=item['nick'])
    yield msg

async def test_send_profile():
    channel=grpc.insecure_channel('gRPC 服务端地址')
    stub=login_pb2_grpc.GreeterStub(channel=channel)
    response=stub.Profile(generateProfile())
    datas=[]
    async for item in response:
        data={
            "nick":item.nick,
            "username":item.username,
            "phone":item.phone
        }
        datas.append(data)
    return datas
```

在如上代码中可以看到，测试代码都是异步模式，同时客户端是 N 次发送请求参数，同时通过 for 循环的模式接收服务端返回的响应数据。

2.3.3 gRPC 协议实战

下面通过实际案例介绍针对 gRPC 协议的 API 测试。

1. proto 文件

下面编写 proto 文件，内容如下。

```
syntax = "proto3";
service Greeter {
  rpc SayHello(HelloRequest) returns (HelloReply) {}
}
message HelloRequest {
  string data = 1;
}

message HelloReply {
```

```
  string msg = 1;
  string  code = 2;
}
```

2. grpcio 库

在 Python 中，针对 gRPC 协议的测试可以使用 grpcio 库模拟客户端向服务端发送请求数据的场景，首先需要安装相关的库，命令如下。

```
pip3 install grpcio
pip3 install grpcio-tools googleapis-common-protos
pip3 install protobuf
```

gRPC 是由两部分组成的，即 grpcio 和 gRPC 工具，用来编译 Protocol Buffer 以及提供生成代码的插件。

3. gRPC 测试步骤

针对 gRPC 协议的测试步骤总结如下。

（1）获取 proto 文件。

（2）编译 proto 文件，编译命令如下。

```
python3  -m  grpc_tools.protoc  --python_out=.  --grpc_python_out=.  -I.
helloworld.proto
```

（3）执行第（2）步的命令后，就会在当前目录下生成 helloworld_pb2.py 和 helloworld_pb2_grpc.py 文件，如图 2-13 所示。

图 2-13　proto 生成的文件

4. gRPC 接口测试

下面编写服务端的代码，代码如下。

```
#! /usr/bin/env python
# -*- coding:utf-8 -*-
# author:无涯

import grpc
```

```
from concurrent import futures
import time, os
import helloworld_pb2
import helloworld_pb2_grpc

class HelloWorldServer(helloworld_pb2_grpc.GreeterServicer):
   def SayHello(self,request,context):
      '''客户端与服务端来进行交互'''
      return helloworld_pb2.HelloReply(
         msg='{0}'.format(request.data),
         code='True')

def serve():
   server=grpc.server(futures.ThreadPoolExecutor(max_workers=os.
cpu_count()))
   helloworld_pb2_grpc.add_GreeterServicer_to_server(HelloWorldServer(),
server)
   server.add_insecure_port('[::]:60061')
   server.start()
   try:
      while True:
         time.sleep(60*60*24)
   except KeyboardInterrupt as e:
      server.stop(0)

if __name__ == '__main__':
   serve()
```

如上代码是服务端的代码，服务端监听的端口是 60061。下面编写客户端的代码进行测试，客户端的测试代码如下。

```
#! /usr/bin/env python
# -*- coding:utf-8 -*-
# author:无涯

import grpc
import helloworld_pb2
import helloworld_pb2_grpc
import json

def getData():
  return {"name":"wuyaShare","age":18,"address":"xian","job":"testDev"}

def test_rpc_run():
  #连接服务端的程序
```

```
  channel = grpc.insecure_channel('localhost:60061')
  # 调用gRPC 的服务
  stub = helloworld_pb2_grpc.GreeterStub(channel)
  r = stub.SayHello(helloworld_pb2.HelloRequest(data=
json.dumps(getData())))
  print('server response data:\n{data} \ncode is: {code}'.format(
    data=r.msg,
    code=r.code))
```

在如上的客户端请求代码中，需要特别强调的是当请求参数是字典、列表、元组数据类型时，需要在发送请求时进行序列化处理。在客户端测试用例的代码中，首先创建 channel 对象，然后创建 stub 对象，使用 stub 调用 SayHello 接口，在发送请求中对请求参数是字典的进行序列化处理，发送成功后，通过 r 对象来接收服务端返回的响应数据 msg 和 code。启动服务端后，执行客户端的测试用例，执行命令如下。

```
python3 -m pytest test_grpc_client.py
```

测试用例的执行结果如图 2-14 所示。

```
collected 1 item

test_grpc_client.py::test_rpc_run server response data:
{"name": "wuyaShare", "age": 18, "address": "xian", "job": "testDev"}
code is: True
PASSED
```

图 2-14　gRPC 协议测试用例的执行结果

从图 2-14 中可以看到客户端收到了服务端返回的数据，即 msg 字典和 code 字段。

2.4　Thrift

Apache Thrift 是一种高效的并且支持多种主流编程语言的远程服务调用框架，Thrift 服务器包含了用于绑定协议传输层的基础架构，基于 HTTP/2.0 的版本实现。下面详细介绍 Thrift 协议的 API 测试。

1. 搭建 Thrift 环境

Thrift 环境搭建成功后，在控制台校验 Thrift 的版本信息，执行命令以及输出信息如下。

```
thrift --version
Thrift version 0.11.0
```

2. 编写 Thrift 文件

创建工程后，在工程的当前目录下编写 Thrift 文件，文件名称为 login.thrift，文件内容如下。

```
service Login {
string sayMsg(1:string msg);
string invoke(1:i32 status 2:string token 3:bool isActive 4:string data)
}
```

在如上文件中，定义了 sayMsg 和 invoke 接口信息。

3. 编译 Thrift 文件

进入 login.thrift 目录，执行如下命令编译 Thrift 文件。

```
thrift -gen py  login.thrift
```

命令执行后，会生成对应的 Python 文件，Thrift 协议的目录结构如图 2-15 所示。

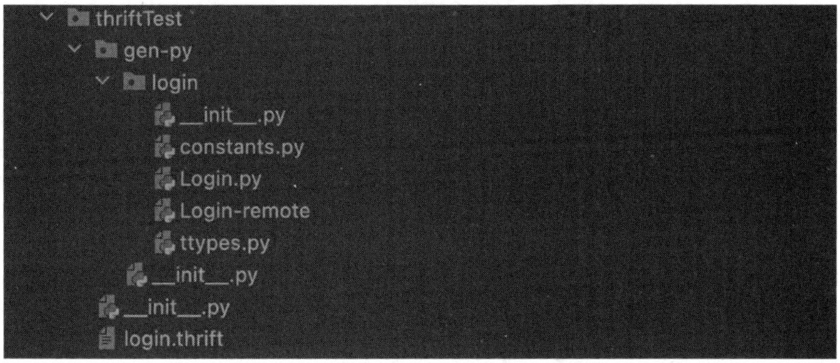

图 2-15　Thrift 协议的目录结构

下面把 gen-py 目录中的 login 包移动到与 gen-py 平级的目录中，移动后的目录结构如图 2-16 所示。

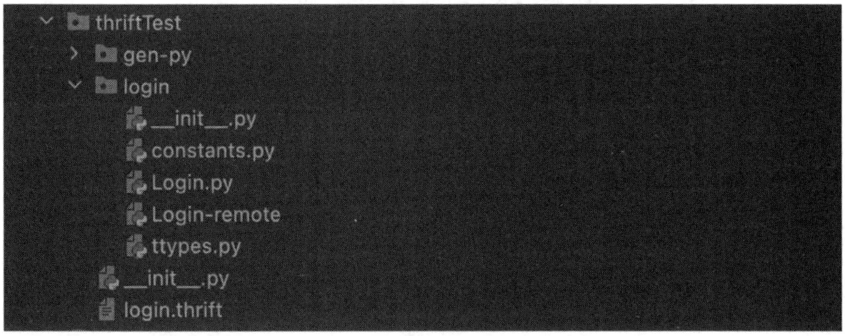

图 2-16　移动后的目录结构

4. Thrift 接口测试

下面详细介绍 Thrift 协议的 API 测试，首先编写服务端的代码。

```
#! /usr/bin/env python
# -*- coding:utf-8 -*-
# author:无涯

import  json
from login import Login
from thrift.transport import  TSocket
from thrift.transport import  TTransport
from thrift.protocol import TBinaryProtocol
from thrift.server import TServer
import  socket

class LoginThrift(object):
  def __init__(self):
    pass

  def sayMsg(self,msg):
    '''获取到来自客户端的请求信息'''
    return msg

  def invoke(self,status,token,isActive,data):
    if status==0:
      return json.dumps({'status':status,'token':token,'isActive':
isActive,'data':json.loads(data)})
    else:
      return '请求参数错误，请检查！'

if __name__ == '__main__':
  handler=LoginThrift()
  processor=Login.Processor(handler)
  transport=TSocket.TServerSocket('127.0.0.1',12305)
  tfactory=TTransport.TBufferedTransportFactory()
  pfactory=TBinaryProtocol.TBinaryProtocolFactory()
  server=TServer.TSimpleServer(processor,transport,tfactory,pfactory)
  print('Starting server...')
  server.serve()
```

服务端编写的端口是 12305，下面编写客户端测试代码。

```
#! /usr/bin/env python
# -*- coding:utf-8 -*-
# author:无涯
```

```
import  json
import  uuid
from login import Login
from login.ttypes import *
from login.constants import  *
from thrift.transport import TSocket
from thrift.transport import TTransport
from thrift.protocol import TBinaryProtocol

def conn_thrift():
   transport = TSocket.TSocket('127.0.0.1', 12305)
   transport = TTransport.TBufferedTransport(transport)
   protocol = TBinaryProtocol.TBinaryProtocol(transport)
   client = Login.Client(protocol)
   transport.open()
   return transport,client

def test_thrift_login_invoke():
   transport,client=conn_thrift()
   status=0
   token=str(uuid.uuid4())
   isActive=True
   data=json.dumps({"name":"wuya"})
   data=json.loads(client.invoke(status=status,token=token,isActive=
isActive,data=data))
   assert data['status']==0
   assert data['data']=={'name': 'wuya'}
   transport.close()

def test_thrift_login_sayMsg():
   transport,client=conn_thrift()
   msg='Hello Thrift'
   msg=client.sayMsg(msg=msg)
   assert msg=='Hello Thrift'
   transport.close()
```

在测试代码中，编写了两个 API 的接口测试用例，测试用例的执行结果如图 2-17 所示。

```
collected 2 items

test_thrift_client.py::test_thrift_login_invoke PASSED
test_thrift_client.py::test_thrift_login_sayMsg PASSED
```

图 2-17　Thrift 协议测试用例执行结果

从图 2-17 的输出结果中可以看到，两个 API 测试用例都执行通过了。

2.5 API 测试维度

在服务端测试的过程中，需要考虑单个 API 测试和多个 API 测试的情况，即在单个 API 测试中只考虑针对单个 API 测试的验证，多个 API 需要结合具体业务逻辑来测试，从而验证被测服务是否满足业务需求。

2.5.1 单个 API 测试

在单个 API 测试中，更多被测对象是微服务提供的 API，那么需要考虑的是被测 API 的正常逻辑和异常逻辑，被测服务的源码如下。

```
#!/usr/bin/env python
#!coding:utf-8

from flask import  Flask,jsonify
from flask_restful import  Api,Resource,reqparse

app=Flask(__name__)
api=Api(app)

class LoginView(Resource):

  def post(self):
    parser=reqparse.RequestParser()
    parser.add_argument('username', type=str, required=True, help='用户名
不能为空')
    parser.add_argument('age',type=int,help='年龄必须为正整数')
    parser.add_argument('sex',type=str,help='性别只能是男或者女',choices=
['女','男'])
    args=parser.parse_args()
    return jsonify(args)

api.add_resource(LoginView,'/login',endpoint='login')

if __name__ == '__main__':
  app.run(debug=True)
```

针对如上的微服务，在正常功能测试的情况下，还需要考虑被测服务的点，即必填内容为空，且请求参数数据错误和非特定值的情况下服务端是否做了判断和异常处理。如图 2-18

所示，被测服务中请求参数 username 为空时服务端做了判断和处理。

图 2-18　请求参数 username 为空

接着来看另外一种情况，即发送请求时请求参数的类型不是服务端规定的参数类型，如请求参数 age 的类型是整型，如图 2-19 所示。

图 2-19　请求参数 age 必须是正整数

特定参数是指在图 2-19 所示的服务源码中，性别只能是男或者女，若填写其他的值，那么后端会增加判断逻辑，如图 2-20 所示。

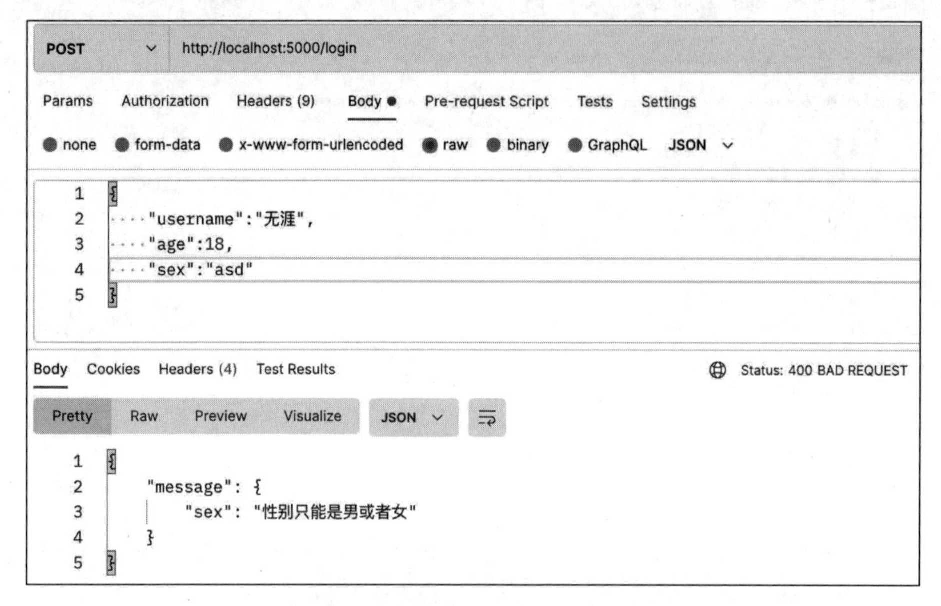

图 2-20　请求参数 sex 未填写特定的值

如上针对单接口 API 的测试需要考虑的维度总结如下。

☑　是否对必填的请求参数做了为空的判断。

☑　是否对请求参数的数据类型做了判断。

☑　是否对请求参数的字段长度做了长度限制的判断。

☑　是否对请求参数做了填写特定值的判断。

☑　是否对被测 API 的安全性和性能做了测试校验。

2.5.2　业务驱动服务测试

对一个服务而言，第一需要满足业务的诉求，第二需要验证主动服务本身的健壮性、容错性。对服务 API 进行测试验证是非常有必要的，但是服务最终是需要服务业务的，因此结合业务测试来验证服务的特性是非常有必要的。在企业中，针对一个服务的验证，究竟是先验证服务的健壮性，还是先结合业务进行验证，建议先结合业务来验证服务是否满足业务的特性，然后验证服务的健壮性、容错性。如针对一个支付服务而言，先结合业务验证支付服务是否满足商品的支付流程，然后再验证支付服务的安全、限流、容错、健壮性的机制。以测试平台登录服务为例，登录接口正常不代表登录业务是满足需求的，因为在登录业务中不仅调用了/login/auth 登录接口，也调用了/interface/index 接口，所以针对登录业务的测试，需要调用涉及的 API 并且验证返回的响应数据的准确性，代码如下。

```
#! /usr/bin/env python
# -*- coding:utf-8 -*-

import  allure
import  requests

def login():
  with allure.step("调用登录接口获取 TOKEN"):
    r=requests.post(
      url='http://47.95.142.233:8000/login/auth/',
      json={"username":"13484545195","password":"asd888"})
    return r.json().get('token')

def index():
  with allure.step('登录成功后调用 index 接口'):
    r=requests.get(
      url='http://47.95.142.233:8000/interface/index',
      headers={'Authorization':'JWT {token}'.format(token=login())})
    return r

@allure.title('验证测试平台登录业务')
def test_login():
  r=index()
  assert r.status_code==200
  assert r.json().get('count').get('product')==1
  assert r.json().get('count').get('api') == 1
```

在服务端自动化测试中，建议优先使用接口测试驱动的模式打通业务的端到端测试场景，在这个基础上再梳理核心服务的健壮性、容错性的验证。单纯的 API 测试有存在的必要，但是针对业务端到端测试的解决方案来说没有多少帮助。优先级以及每个不同优先级需要达到的目标总结如下。

（1）通过服务端测试思想与技术实现业务的端到端测试，这样做的优势是，不管在什么场景下，测试团队都能快速地执行这部分的测试用例，以保障系统的核心业务流程与系统原有功能都是在质量可控的范围内。

（2）在端到端测试实现的基础上，梳理出系统核心的服务，针对这些服务通过单接口测试的策略来保障这些服务的健壮性、容错性。

（3）结合业务场景，可以针对线上的特定场景增加线上巡检机制（参考 10.3.5 节）。

2.5.3 OpenAPI 测试

OpenAPI 主要指的是开放平台的接口，在针对 OpenAPI 进行接口测试时经常需要针对密钥进行处理，下面详细介绍这部分业务的处理思路。

☑ 针对所有的请求参数做 ASCII 码的排序。

☑ 把排序后的请求参数处理成 key=value&key1=value1。

☑ 在前面的基础上进行 md5 加密生成密钥。

下面详细介绍生成密钥的过程，代码如下。

```
#! /usr/bin/env python
# -*- coding:utf-8 -*-
# author:无涯

import  hashlib
from urllib import  parse
import  time as t

def sign():
  dict1 = {"name": "wuya", "age": 18, "city": "xian", "work": "testDev",
"nowTime": t.time()}
  data=sorted(dict1.items(),key=lambda item:item[0])
  data=parse.urlencode(data)
  m=hashlib.md5()
  m.update(data.encode('utf-8'))
  return m.hexdigest()
```

如上代码完整地实现了 OpenAPI 加密的过程，将每次 OpenAPI 的请求参数先处理成密钥，发送请求时在请求头带上该密钥，相对而言，服务端是比较安全的，不容易被攻击。

2.5.4 API 测试用例编写规则

在编写服务端测试用例的过程中，要注意测试用例的编写规则和有效性，API 测试用例需要注意的事项如下。

☑ 业务之间是有关联的，编写的每个测试用例都必须是独立的。

☑ 在 API 中编写的测试用例都应以业务场景为驱动。

☑ 每个 API 测试用例都应有断言，即协议状态码、业务状态码、响应数据中字段的验证，三者之间的关系是并且关系，只有三个条件都成立才能说明该测试用例通过。

2.6　服务端业务关联

在 API 的测试中，业务关联在平常的测试中是非常常见的，因为这中间涉及动态参数的关联解决。动态参数，顾名思义就是在 API 测试中，由于业务之间的联动性，在这个过程中有的值是动态变化的，例如，在登录中，登录成功后返回的 TOKEN 就是一个动态参数，因为在下次请求中需要带上这个 TOKEN 的值，但是每次登录返回的 TOKEN 都不一样，因此需要针对这部分解决参数之间的关联性。下面结合业界主流的 API 测试工具以及代码的方式详细介绍业务关联的解决思路。

2.6.1　PostMan 解决思路

PostMan 工具的解决思路如下。

☑　在登录接口 tests 中，定义一个全局变量来获取登录成功后响应数据中的 TOKEN。

☑　在首页接口请求的请求头中，使用{{变量值}}调用登录成功后返回的 TOKEN。

☑　把登录接口和首页接口添加到一个集合中，登录接口是第一位，首页接口是第二位，执行集合，就能实现动态参数的上下关联。

结合上面的思路去实现，登录接口返回的响应数据如图 2-21 所示。

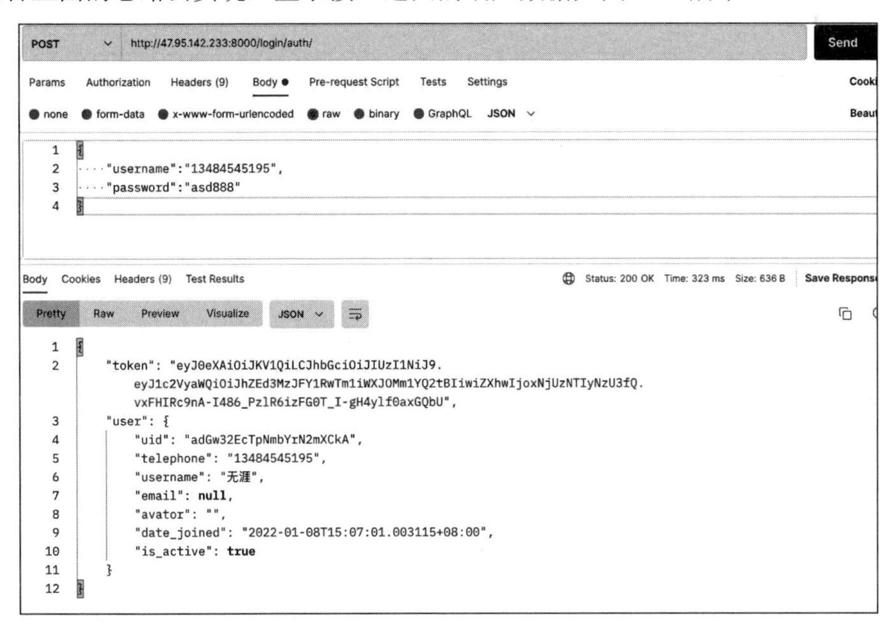

图 2-21　登录接口返回的响应数据

下面编写 Tests 的内容，即在 Tests 中定义变量用以获取响应数据中的 TOKEN，Tests 中内容如下。

```
var jsonData=JSON.parse(responseBody)

//定义变量 token 获取登录成功后的 token 的值
pm.environment.set("token", jsonData.token);

//输出定义的变量
console.log(pm.environment.get("token"))
```

再次执行，在 PostMan 的 Console 中输出获取的 TOKEN 值，如图 2-22 所示。

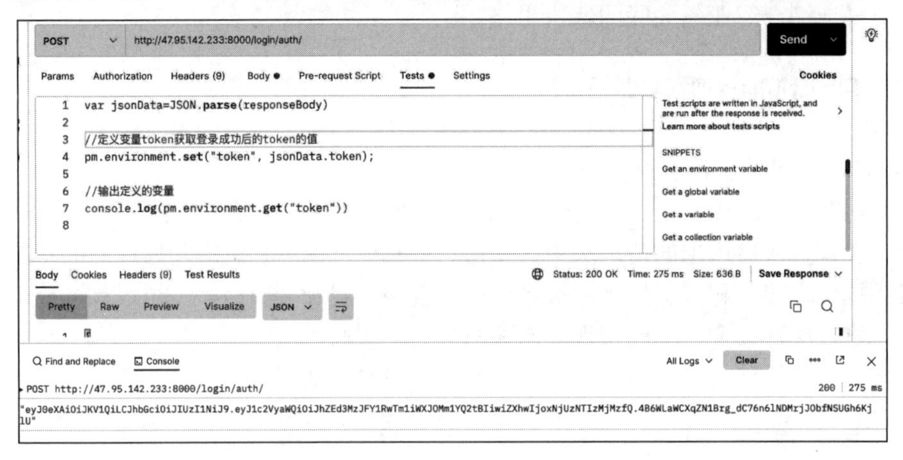

图 2-22　输出 Tests 中定义变量存储 TOKEN 的值

下面开始创建首页接口，在首页接口的请求头中调用定义的变量 TOKEN，如图 2-23 所示。

GET　http://47.95.142.233:8000/interface/index　Send

Params　Authorization　Headers (8)　Body　Pre-request Script　Tests　Settings　Cookies

Headers　Hide auto-generated headers

KEY	VALUE	DESCRIPTION
Cache-Control	no-cache	
Postman-Token	<calculated when request is sent>	
Host	<calculated when request is sent>	
User-Agent	PostmanRuntime/7.29.0	
Accept	*/*	
Accept-Encoding	gzip, deflate, br	
Connection	keep-alive	
Authorization	JWT {{token}}	
Key	Value	Description

图 2-23　请求头中调用变量 TOKEN

下面在 PostMan 中创建一个集合，把登录接口和首页接口添加到集合中，如图 2-24 所示。

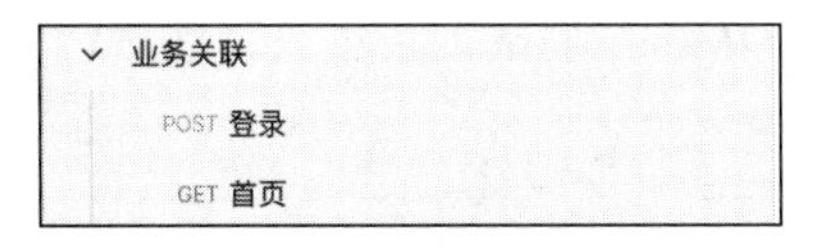

图 2-24　登录接口与首页接口添加到集合中

整体执行集合就能实现参数的上下关联，执行后的结果如图 2-25 所示。

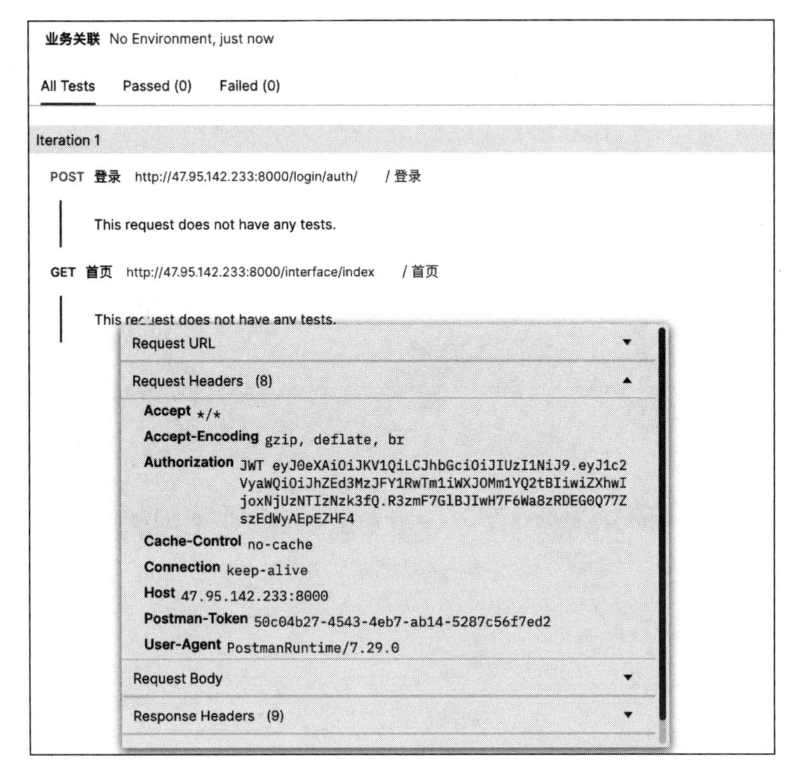

图 2-25　业务关联执行结果

在图 2-25 中，可以看到执行后实现了参数的上下关联。在 PostMan 中通过以上介绍的案例，就可以快速地实现 API 测试中参数之间的动态关联。

2.6.2　JMeter 解决思路

下面详细介绍动态参数在 JMeter 测试工具中的解决思路。

☑　在登录接口中添加后置处理器中的 JSON 提取器，在 JSON 提取器中定义一个变量。

☑ 在首页接口的请求头中使用${变量}调用定义的变量。

☑ 执行线程组中的 API 测试用例，实现动态参数的上下关联。

结合上面的思路，下面在 JMeter 测试工具中进行实现，登录接口的请求信息如图 2-26 所示。

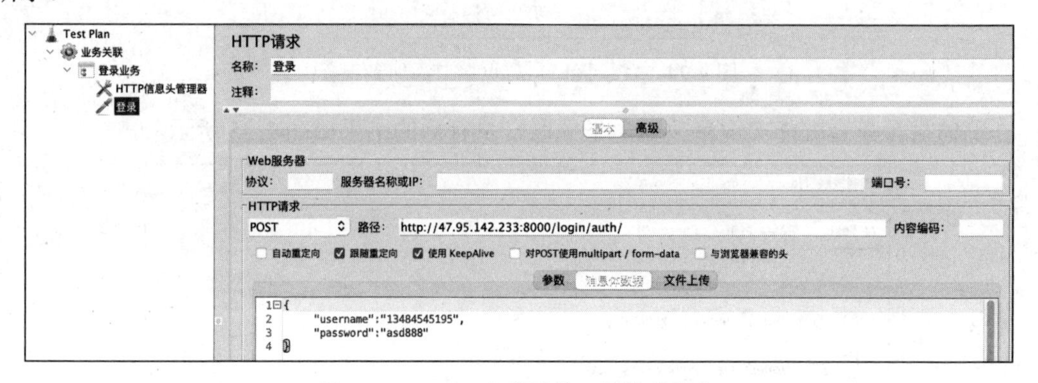

图 2-26　JMeter 中登录接口的请求信息

下面在登录接口中添加后置处理器中的 JSON 提取器，在 JSON 提取器中定义变量以获取响应数据中的 TOKEN 值，如图 2-27 所示。

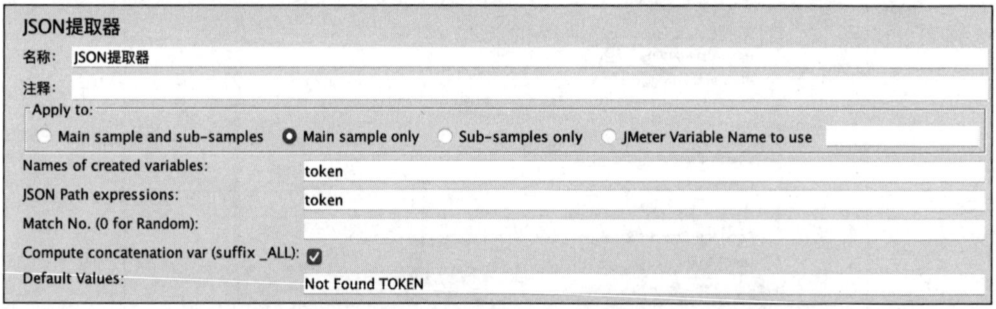

JSON提取器
名称: JSON提取器
注释:
Apply to:
Main sample and sub-samples　Main sample only　Sub-samples only　JMeter Variable Name to use
Names of created variables: token
JSON Path expressions: token
Match No. (0 for Random):
Compute concatenation var (suffix _ALL): ☑
Default Values: Not Found TOKEN

图 2-27　获取响应数据中的 TOKEN 值

添加首页接口，在首页接口的请求头中调用定义的变量，如图 2-28 所示。

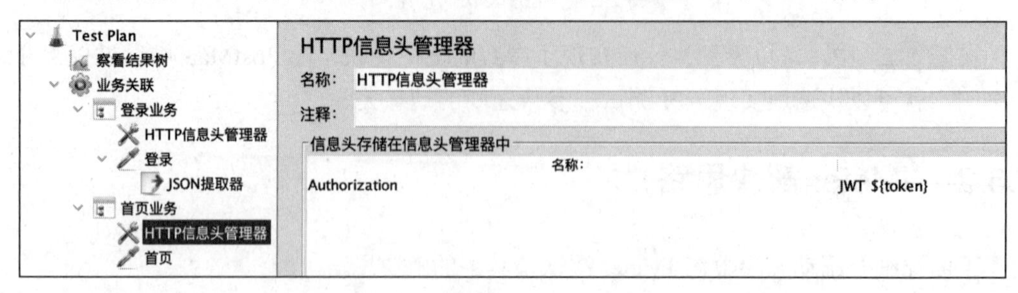

图 2-28　在请求头中调用变量 token

这时可以看到首页的请求头中调用了变量的值，如图 2-29 所示。

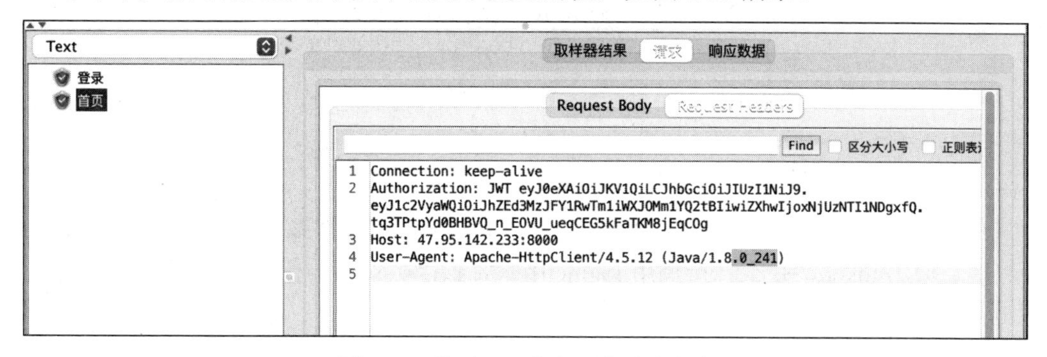

图 2-29　首页 API 执行后的请求信息

在图 2-29 中，执行线程组后可以看到，首页的请求头中调用了定义变量的值，实现了动态参数的上下关联。当然，在 JMeter 中也可以使用正则表达式提取器获取 TOKEN 的值，一般建议读者使用 JSON 提取器，因为这种方式相对更加容易理解。

2.6.3　代码解决思路

上面详细地介绍了主流测试工具 PostMan 和 JMeter 针对动态参数的处理方案，下面详细介绍在代码级别针对动态参数的解决思路。

1. 函数的返回值思想

在一个单独的函数中，函数的返回值是没有多大价值的，通过函数的返回值能够把函数与函数、方法与方法之间关联起来，这样一个函数或者方法就不再是独立的个体。使用函数的返回值思想能够轻松地解决动态参数的关联问题，代码如下。

```
#! /usr/bin/env python
# -*- coding:utf-8 -*-
# author:无涯

import  requests

def login():
  r=requests.post(
    url='http://47.95.142.233:8000/login/auth/',
    json={"username":"13484545195","password":"asd888"})
  return r.json()['token']

def index():
```

```
    r=requests.get(
      url='http://47.95.142.233:8000/interface/index',
      headers={'Authorization':'JWT {token}'.format(token=login())})
    print(r.json())

if __name__ == '__main__':
    index()
```

在如上代码中，登录函数 login()返回登录成功后的动态参数 token，在首页接口的请求头中要使用 token，那么直接调用 login()函数，该函数返回的值就是需要的 token 值。

2．fixture 函数解决思路

使用函数的返回值能够解决动态参数的参数关联问题，相对而言使用 fixture 函数来实现参数的关联显得更加符合 Python 语言的设计思想。在 Python 语言中，一切皆对象，其实质是通过 fixture 函数返回登录成功后的 token，调用该 fixture 函数，本质上 fixture 函数的名称是 fixture 函数的对象，代码如下。

```
#! /usr/bin/env python
# -*- coding:utf-8 -*-
# author:无涯

import  requests
import  pytest

@pytest.fixture()
def login():
    r=requests.post(
      url='http://47.95.142.233:8000/login/auth/',
      json={"username":"13484545195","password":"asd888"})
    return r.json()['token']

def test_index(login):
    r=requests.get(
      url='http://47.95.142.233:8000/interface/index',
      headers={'Authorization':'JWT {token}'.format(token=login)})
    print(r.json())

if __name__ == '__main__':
    pytest.main(["-v","-s","test_dayn_params.py"])
```

在如上代码中，定义了 fixture 函数 login()，该 fixture 函数返回了动态参数 token，在测试函数 test_index()中，参数 login 其实是 fixture 函数 login()的对象。代码执行后的结果

如图 2-30 所示。

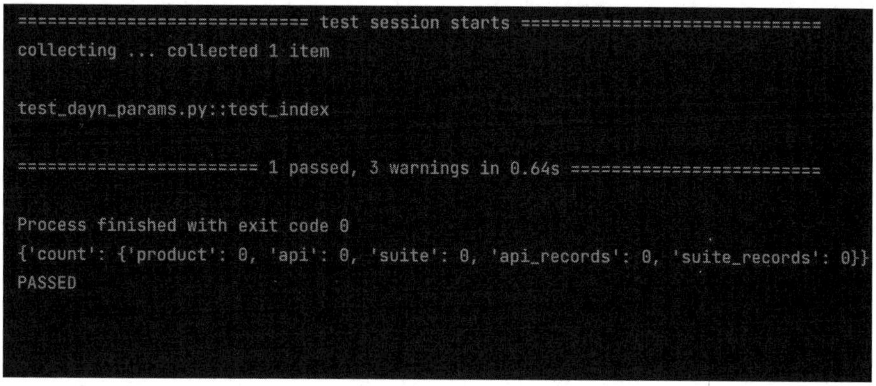

```
============================ test session starts ==============================
collecting ... collected 1 item

test_dayn_params.py::test_index

======================== 1 passed, 3 warnings in 0.64s ========================

Process finished with exit code 0
{'count': {'product': 0, 'api': 0, 'suite': 0, 'api_records': 0, 'suite_records': 0}}
PASSED
```

图 2-30　测试函数 test_index()执行后的结果

2.7　MockServer

在服务端测试中，经常会遇到被测系统在运行时依赖另外一些系统的情况，依赖会导致测试变得复杂并且测试效率降低。解决方案是使用测试替身来消除被测系统的依赖性，测试替身是一个测试对象，该对象负责模拟依赖项的行为。测试替身又称为 Mock，Mock 的核心流程如图 2-31 所示。

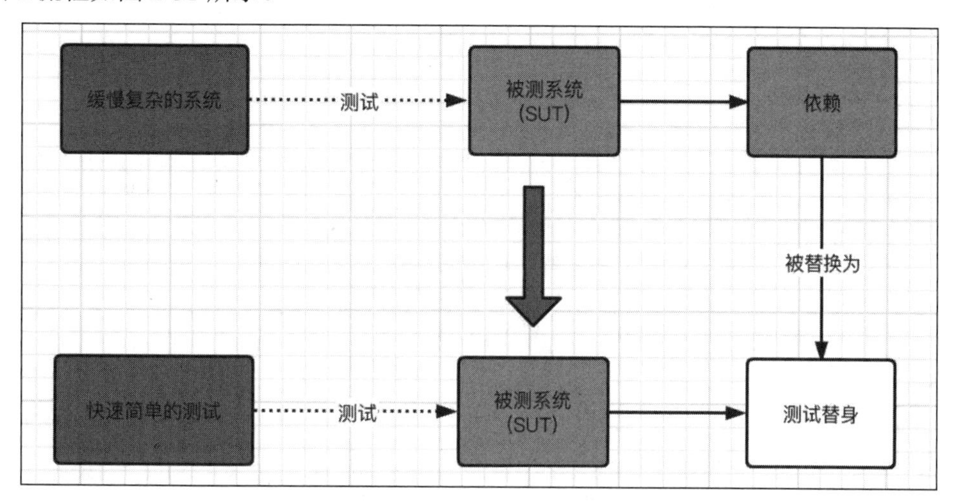

图 2-31　Mock 的核心流程

使用测试替身，可以单独测试被测系统，使测试变得更简单、更快捷，测试替身汇总如下。

☑ 桩（stub）：是一种测试替身，代替依赖项来向被测系统发送调用的返回值。

☑ 模拟（mock）：用来验证被测系统是否正确地调用了依赖项。

下面结合 Moco 测试工具以及 Mock 库详细介绍测试替身的案例应用。

2.7.1 Moco 实践应用

在 github 中下载 moco-runner-0.11.0-standalone.jar，启动它的前提是需要搭建好 Java 环境。假设在一个测试场景中需要使用车辆的停车信息以及支付信息，但是后端还没有完全开发好这个功能，为了不影响测试的进度，使用 Moco 模拟后端服务，即请求成功后返回想要的测试数据。在 Moco 中模拟的过程都是使用 JSON 文件，park.json 文件的内容如下。

```
[
  {
    "request":
    {
      "method": "get",
      "uri": "/park"
    },
    "response":
    {
      "json":
      [
        {
          "park": "SA0001",
          "in": "2022-01-01 20:00:00",
          "out": "2022-01-01 21:00:00",
          "price": 10,
          "payType": "weixinPay"
        },
        {
          "park": "SA0002",
          "in": "2022-01-01 08:00:00",
          "out": "2022-01-01 10:00:00",
          "price": 20,
          "payType": "aliPay"
        }
      ]
    }
  }
]
```

接下来加载 JSON 文件以启动 Moco，启动命令如下。

```
java -jar moco-runner-1.3.0-standalone.jar http -p 12306 -c park.json
```

Moco 启动成功后的界面如图 2-32 所示。

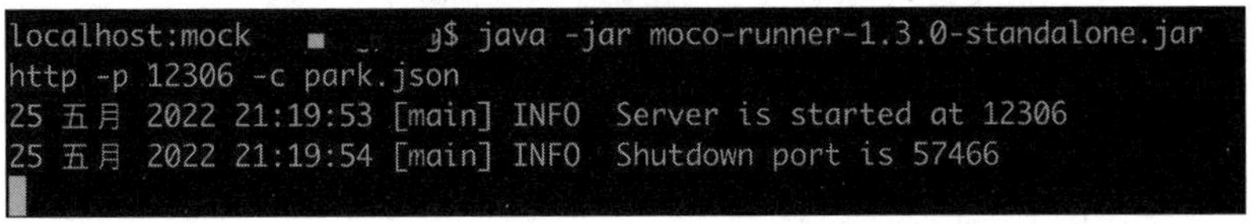

```
localhost:mock ■ _ _ g$ java -jar moco-runner-1.3.0-standalone.jar
http -p 12306 -c park.json
25 五月 2022 21:19:53 [main] INFO  Server is started at 12306
25 五月 2022 21:19:54 [main] INFO  Shutdown port is 57466
```

图 2-32　Moco 启动成功后界面

最后在 PostMan 中调用模拟的服务，调用后就会显示模拟的响应数据，如图 2-33 所示。

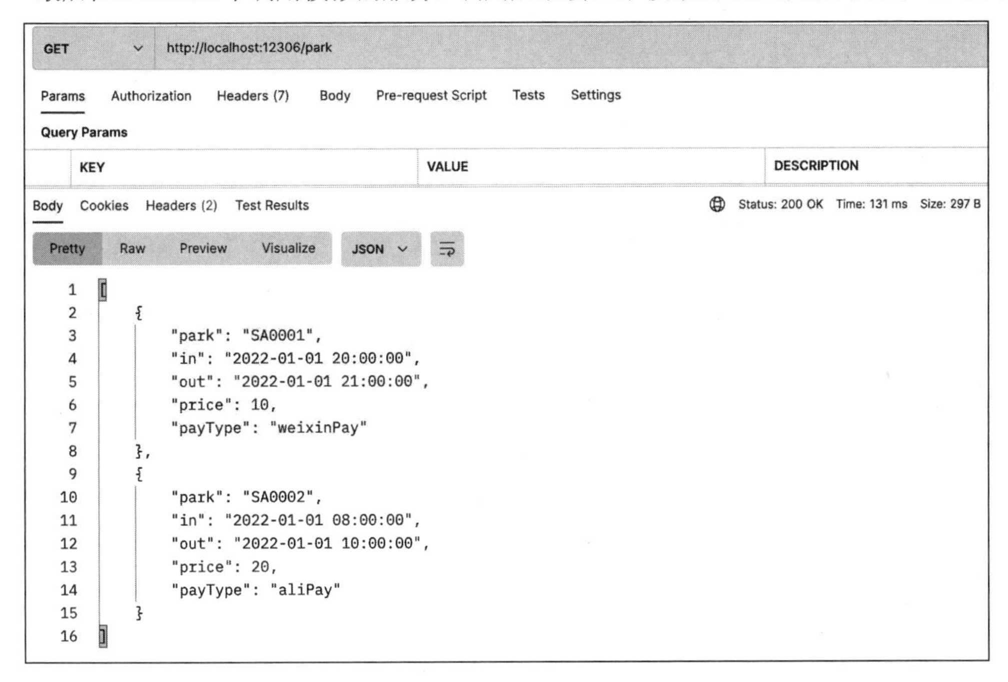

图 2-33　PostMan 调用模拟的服务

在图 2-33 中可以看到模拟的服务数据已返回，使用测试替身获取测试数据后，就可以接着测试下一步的逻辑，而不受开发进度的影响。

2.7.2　Mock 实践应用

Mock 是 Python 中内置的标准库，Mock 将测试对象所依存的对象替换为虚构对象的库，该虚构对象调用允许事后查看。在 Mock 中，使用 return_value 模拟一个对象来验证被测试的程序，代码如下。

```
#! /usr/bin/env python
# -*- coding:utf-8 -*-
# author:无涯

import  pytest
import mock

class MockPay(object):
  def pay(self):
    '''支付接口'''
    pass

  def pay_result(self):
    '''模拟支付接口'''
    result=self.pay()
    if result['payType']=='aliPay' and result['status']:
      return 'aliPay'
    elif result['payType']=='CMB' and result['status']==False:
      return 'China Merchants Bank welcomes your use'
    else:
      return 'An unknown error is required'
    return  result['msg']

def test_aliPay():
  '''模拟支付宝支付方式'''
  objPay=MockPay()
  mockValue={'payType':'aliPay','msg':'支付宝','status':True}
  objPay.pay=mock.Mock(return_value=mockValue)
  assert objPay.pay_result()=='aliPay'

def test_cmb():
  '''模拟招商银行支付方式'''
  objPay=MockPay()
  mockValue={'payType':'CMB','msg':'China  Merchants  Bank  welcomes  your
use','status':False}
  objPay.pay=mock.Mock(return_value=mockValue)
  assert objPay.pay_result()=='China Merchants Bank welcomes your use'

def test_unknown():
  '''模拟未知错误信息'''
  objPay=MockPay()
  mockValue={'payType':'wuya','msg':'An unknown error is required'}
  objPay.pay=mock.Mock(return_value=mockValue)
```

```
    assert objPay.pay_result()=='An unknown error is required'

if __name__ == '__main__':
    pytest.main(["-s","-v","test_mock.py"])
```

在如上代码中，MockPay()是被模拟测试的类，以 test 关键字开头的测试函数是针对该类中具体的测试方法，测试函数模拟测试了不同的支付类型并对返回的数据进行验证，代码执行后的结果如图 2-34 所示。

```
collected 3 items

test_mock.py::test_aliPay PASSED
test_mock.py::test_cmb PASSED
test_mock.py::test_unknown PASSED
```

图 2-34　模拟的测试函数的执行结果

2.8　API 测试的本质

在服务端测试体系中，客户端不需要关心服务端是由什么语言编写的，对于客户端而言，后端使用什么语言都是一样的。同理服务端使用什么协议，客户端就模拟什么协议请求服务端，拿到服务端返回的数据来做数据准确性的校验。例如，服务端使用的是 HTTP 协议，那么客户端就模拟 HTTP 协议向服务端发送请求；如果服务端使用的是 gRPC 协议，那么客户端就模拟 gRPC 协议向服务端发送请求。API 测试的本质可以总结为服务端使用什么协议，客户端就模拟什么协议向服务端发送请求，服务端接收到客户端的请求后把响应数据返回给客户端，API 测试本质如图 2-35 所示。

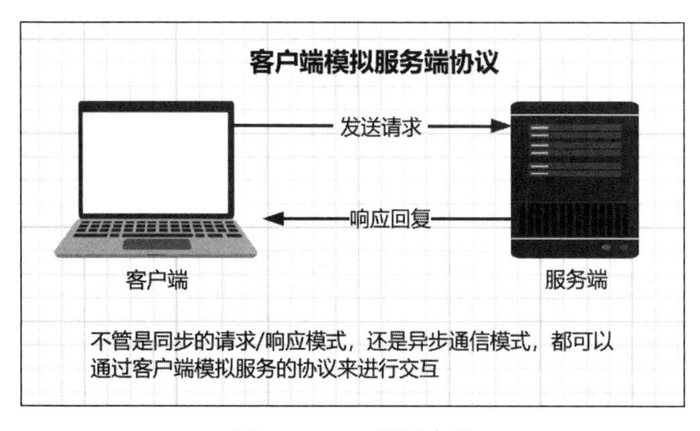

图 2-35　API 测试本质

第3章 API测试框架

在服务端自动化测试开发中，首先要设计合理的API测试框架，然后在API测试框架的基础上实现产品业务驱动下的端到端的自动化测试解决方案。通过对本章内容的学习，读者可以掌握以下知识。

☑ 轻量级API测试框架Tavern实战。

☑ 模板化API测试框架设计。

☑ 面向对象API测试框架设计。

3.1 测试框架概述

在服务端测试中使用函数式编程或者面向对象编程方式编写的单一测试用例，无法形成批量的测试用例并批量执行，也无法达到测试代码之间的共享和复用。把代码组织起来打造成可复用的代码结构的过程就是测试框架构建的过程。下面结合不同的测试框架详细介绍测试框架的设计和案例实战。

3.2 Tavern实战

Tavern是一款轻量级的API测试框架，集成了单元测试框架pytest，把需要执行的API测试用例信息编写在YAML中，结合pytest测试框架直接解析YAML来批量执行测试用例。Tavern测试框架的核心思想是Easier API testing，即Ease to Write，Ease to Read and UnderStand。不懂编程语言的用户也能使用该框架进行API自动化的测试。下面详细介绍Tavern框架在API自动化测试中的案例应用。首先安装Tavern，安装命令如下。

```
pip3 install tavern==1.12.2
```

3.2.1　单一 API 测试

在 SaaS 架构中有很多微服务，这些微服务需要进行单独的测试来验证服务的可用性，在这个测试的过程中不需要考虑业务的场景，只是单纯地验证服务在正常功能以及异常场景下的服务处理能力，登录服务代码如下。

```
#! /usr/bin/env python
# -*- coding:utf-8 -*-
# author:无涯

from flask import  Flask,jsonify
from flask_restful import  Api,Resource,reqparse

app=Flask(__name__)
api=Api(app)

class LoginView(Resource):
  def get(self):
    return {'status':0,'msg':'ok','data':'this is a login page'}

  def post(self):
    parser=reqparse.RequestParser()
    parser.add_argument('username', type=str, required=True, help='用户名
不能为空')
    parser.add_argument('password',type=str,required=True,help='账户密码不
能为空')
    parser.add_argument('age',type=int,help='年龄必须为正整数')
    parser.add_argument('sex',type=str,help='性别只能是男或者女',choices=
['女','男'])
    args=parser.parse_args()
    return jsonify(args)

api.add_resource(LoginView,'/login',endpoint='login')

if __name__ == '__main__':
  app.run(debug=True,host='0.0.0.0')
```

针对如上的微服务，下面使用 Tavern 测试框架测试该服务的测试点。首先把需要执行的测试用例都编写在 YAML 文件中，YAML 文件名称为 test_login.tavern.yaml，名称最好以 test 关键字开头，这样 pytest 就能够解析到，文件的后缀是 tavern.yaml，test_login.tavern.yaml 文件内容如下。

```yaml
test_name: 测试登录
stages:
  - name: GET 请求
    request:
      url: http://localhost:5000/login
      method: GET
    response:
      status_code: 200
      json:
        status: 0
        msg: "ok"
        data: "this is a login page"

---
test_name: 用户名信息为空
stages:
  - name: 用户名不能为空
    request:
      url: http://localhost:5000/login
      method: POST
      data:
        password: "admin"
        age: 18
        sex: "男"
    response:
      status_code: 400
      json:
        message:
          username: "用户名不能为空"

---
test_name: 密码信息为空
stages:
  - name: 密码不能为空
    request:
      url: http://localhost:5000/login
      method: POST
      data:
        username: "admin"
        age: 18
        sex: "男"
    response:
      status_code: 400
      json:
```

```
      message:
        password: "账户密码不能为空"

---
test_name: 验证年龄
stages:
  - name: 验证年龄
    request:
      url: http://localhost:5000/login
      method: POST
      data:
        username: "admin"
        password: "admin"
        age: "asd"
        sex: "男"
    response:
      status_code: 400
      json:
        message:
          age: "年龄必须为正整数"

---
test_name: 验证性别
stages:
  - name: 验证性别
    request:
      url: http://localhost:5000/login
      method: POST
      data:
        username: "admin"
        password: "admin"
        age: 18
        sex: "adsf"
    response:
      status_code: 400
      json:
        message:
          sex: "性别只能是男或者女"
```

在如上文件中，可以看到在 YAML 中编写了每个被测试 API 的请求信息和响应信息。下面详细介绍 pytest 是如何解析该文件的，进入该文件的目录后，执行如下命令。

```
python3 -m pytest -v -s test_login.tavern.yaml
```

执行如上命令后，pytest 就会解析执行 test_login.tavern.yaml 文件中的内容并且全部执行，执行后的结果如图 3-1 所示。

```
collected 5 items

test_login.tavern.yaml::测试登录 PASSED
test_login.tavern.yaml::用户名信息为空 PASSED
test_login.tavern.yaml::密码信息为空 PASSED
test_login.tavern.yaml::验证年龄 PASSED
test_login.tavern.yaml::验证性别 PASSED
```

图 3-1 test_login.tavern.yaml 文件执行结果

如图 3-1 所示，命令执行后会解析 YAML 文件，批量执行所有的测试点，这个过程其实使用了参数化的思想，先把被执行的对象存储在一个列表中进行循环，然后取出请求的信息依次执行。使用 Tavern 轻量级的 API 框架可以测试众多的微服务。

3.2.2 关联 API 测试

在服务端测试的过程中更多的是需要处理业务之间的关联关系，下面结合登录的案例详细介绍在 Tavern 框架中如何解决动态参数的关联问题。在登录成功后会返回 TOKEN，在后面的请求中都需要带上这个 TOKEN，否则服务端会返回 401 的错误状态码。下面创建 testing_utils.py 文件来解决登录成功后返回的 TOKEN 问题，代码如下。

```
#! /usr/bin/env python
# -*- coding:utf-8 -*-
# author:无涯

import  requests
from box import  Box

def generate_token():
  r=requests.post(
    url='http://47.95.142.233:8000/login/auth/',
    json={"username":"13484545195","password":"asd888"})
  headers={'Authorization':'JWT {token}'.format(token=r.json()['token'])}
  return Box(headers)
```

创建 YAML 文件 test_platform.tavern.yaml，并在 YAML 文件中引用该模块中的函数 generate_token，文件内容如下。

```
---
test_name: 获取系统的首页信息
stages:
```

```
  - name: 获取系统的首页信息
    request:
      url: http://47.95.142.233:8000/interface/index
      method: GET
      headers:
        $ext:
          function: testing_utils:generate_token
    response:
      status_code: 200
      json:
        count:
          product: 0
          api: 0
          suite: 0
          api_records: 0
          suite_records: 0
```

在如上的 YAML 文件中，加载了请求头信息中 TOKEN 的动态参数处理，YAML 文件的执行结果如图 3-2 所示。

```
collected 1 item

test_platform.tavern.yaml::获取系统的首页信息 PASSED
```

图 3-2　test_platform.tavern.yaml 执行的结果

针对如上的 YAML 文件，也可以把响应数据分离到外部文件中，然后通过加载函数的模式来验证测试结果的准确性。创建 qa.json 文件，把数据分离到 JSON 文件，文件内容如下。

```
{
  "index":
{"count":{"product":0,"api":0,"suite":0,"api_records":0,"suite_records"
:0}}
}
```

在 testing_utils.py 文件中编写加载响应数据的函数，完善后的代码如下。

```
#! /usr/bin/env python
# -*- coding:utf-8 -*-
# author:无涯

import  requests
from box import  Box
import json
```

```
def generate_token():
  r=requests.post(
    url='http://47.95.142.233:8000/login/auth/',
    json={"username":"13484545195","password":"asd888"})
  headers={'Authorization':'JWT {token}'.format(token=r.json()['token'])}
  return Box(headers)

def index_response(response):
  assert response.json()==json.load(open('index.json'))['index']
```

下面修改 YAML 文件加载响应的数据，修改后的 test_platform.tavern.yaml 文件的内容如下。

```
---
test_name: 获取系统的首页信息
stages:
  - name: 获取系统的首页信息
    request:
      url: http://47.95.142.233:8000/interface/index
      method: GET
      headers:
        $ext:
          function: testing_utils:generate_token
    response:
      status_code: 200
      verify_response_with:
        function: testing_utils:index_response
```

再次执行如上文件也能正确地进行解析。

3.3 模板化 API 测试框架设计

在工作中也可以把所有的测试用例按照定义好的模板编写在 Excel 文件中，这样只需要批量解析执行 Excel 文件中所有的测试用例。针对执行过程中登录认证授权的 TOKEN 处理以及业务流转过程中其他动态参数在 Excel 中使用“{变量名称}”进行定义，这样设计的好处是，业务人员只需要按照定义的模板编写测试用例，就可以批量地解析执行。下面详细介绍这部分的实现过程。模板化的优势是，业务侧的测试在不需要懂代码的情况下，按照一定的模板规则编写测试用例，结合参数化的设计思想，批量获取数据后，就可以进行解析和处理了。

使用 pytest 测试框架编写的测试用例都会放在 test 包下，但是在实际执行的过程中，可以根据自己的需求，按照包的方式执行；也可以执行包下某一个测试模块，或者测试模块中某个单一的测试函数、测试类中的某个测试方法。下面结合具体的案例详细介绍不同的执行方式。

按照模板规范，把所有的测试用例编写在 Excel 文件中，依然以测试平台中产品管理为例详细介绍这部分的应用。模板化测试框架整体目录结构如图 3-3 所示。

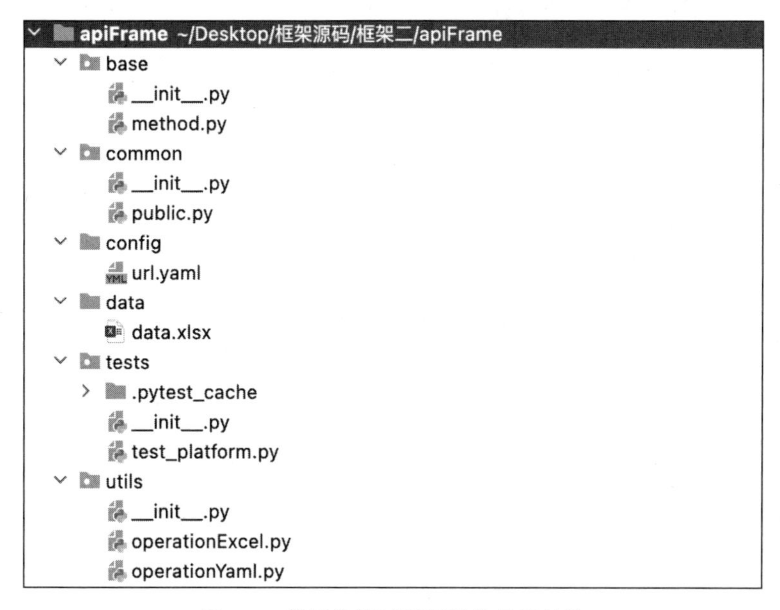

图 3-3　模板化测试框架整体目录结构

在图 3-3 中，每个目录的说明如下。

☑　base 是基础层，主要编写了针对不同请求方法的二次封装。

☑　common 是公共类，主要编写了针对文件路径的处理以及其他的公共方法。

☑　config 是配置文件，把不同环境的请求地址都分离到配置文件中。

☑　data 文件夹存储测试过程中分离的测试数据。

☑　tests 是测试层，主要编写了系统业务的 API 测试用例。

☑　utils 是公共类，主要编写了针对 Excel 和 YAML 文件的操作。

下面依据上面的目录结构，结合首页的 API 测试用例，详细介绍 API 各个模块之间的调用关系。在 base 包下的 method 模块中编写针对不同方法的封装，源码如下。

```
#! /usr/bin/env python
# -*- coding:utf-8 -*-
```

```
# author:无涯

import  requests

class Requests:
  def request(self,url,method='get',**kwargs):
    if method=='get':
      return requests.request(url=url,method=method,**kwargs)
    elif method=='post':
      return requests.request(url=url,method=method,**kwargs)
    elif method=='put':
      return requests.request(url=url,method='put',**kwargs)
    elif method=='delete':
      return requests.request(url=url,method='delete',**kwargs)

  def get(self,url,**kwargs):
    return self.request(url=url,**kwargs)

  def post(self,url,**kwargs):
    return self.request(url=url,method='post',**kwargs)

  def put(self,url,**kwargs):
    return self.request(url=url,method='put',**kwargs)

  def delete(self,url,**kwargs):
    return self.request(url=url,method='delete',**kwargs)
```

在公共类中，针对文件路径以及动态参数中文件的读写方法主要编写在 public.py 文件中，代码如下。

```
#! /usr/bin/env python
# -*- coding:utf-8 -*-
# author:无涯

import  os

def base_dir(directory='data',fileName=''):
  return os.path.join(os.path.dirname(os.path.dirname(__file__)),
directory,fileName)

def setBusinessID(directory='data',fileName='productID',content=None):
  with open(base_dir(directory=directory,fileName=fileName),'w') as f:
    f.write(content)

def getBusinessID(directory='data',fileName='productID'):
```

```
with open(base_dir(directory=directory,fileName=fileName)) as f:
  return f.read()
```

在 utils 工具中，主要针对 YAML 文件与 Excel 文件的操作进行了处理。YAML 文件主要分离的是测试过程中的地址信息，配置信息主要分离在 config 下的 url.yaml 文件中，url.yaml 文件的内容如下。

```
QA:
 http://47.95.142.233:8000
```

在工具中针对 YAML 文件处理的工具类代码如下。

```
#! /usr/bin/env python
# -*- coding:utf-8 -*-
# author:无涯

import  yaml
from common.public import base_dir

def getUrlYaml(fileDir='config',fileName='url.yaml'):
 with open(base_dir(directory=fileDir,fileName=fileName),'r',encoding=
'utf-8') as f:
   return yaml.safe_load(f).get('QA')
```

按照模板化的设计思想，把所有的测试用例按照规则编写在 Excel 文件中，Excel 文件的内容如图 3-4 所示。

测试用例ID	用例标题	请求地址	请求方法	请求参数	请求头	前置条件	状态码	运行	期望结果
login	登录	/login/auth/	POST	{"username":"13484545195","password":"asd888"}			200	Y	
add_product	新增产品	/interface/product/	POST	{"name":"接口测试","product_type":"WEB","version":"1.0","master":"无涯","description":"test"}	{"Authorization":"JWT {TOKEN}"}	login	201	Y	{"name": "接口测试", "product_type": "WEB", "version": "1.0","master": "无涯", "description": "test"}
update_produc	修改产品	/interface/product/{productID}/	PUT	{"name":"API测试","product_type":"WEB","version":"1.0","master":"无涯","description":"test","id":"{productID}"}	{"Authorization":"JWT {TOKEN}"}	login	200	Y	{"name": "API测试", "product_type": "WEB", "version": "1.0","master": "无涯", "description": "test"}
get_product	查询产品	/interface/products?name=测试	GET		{"Authorization":"JWT {TOKEN}"}	login	200	Y	
del_product	删除产品	/interface/product/{productID}/	DELETE		{"Authorization":"JWT {TOKEN}"}	login	204	Y	

图 3-4　Excel 文件内容

在图 3-4 中，定义了每个测试用例的请求信息以及前置条件等信息，工具类中针对 Excel 的标题部分使用类变量的方式进行了定义，这样，除了标题外的部分按照行列的方式处理成字典的数据类型，标题就是 key，列表中的数据就是 value 的值。针对 Excel 文件处理的代码如下。

```
#! /usr/bin/env python
# -*- coding:utf-8 -*-
# author:无涯

import  xlrd
```

```
import  json
from common.public import base_dir

class ExcelVarles:
  caseID="测试用例 ID"
  caseName="接口名称"
  caseUrl="请求地址"
  casePre="前置条件"
  method="请求方法"
  params="请求参数"
  expect="期望结果"
  isRun="运行"
  headers="请求头"
  statusCode="状态码"

class OperationExcel:
  def getSheet(self):
    book=xlrd.open_workbook(base_dir(fileName='data.xlsx'))
    return book.sheet_by_index(0)

  @property
  def getExcelDatas(self):
    datas=list()
    title=self.getSheet().row_values(0)
    #忽略首行
    for row in range(1,self.getSheet().nrows):
      row_values=self.getSheet().row_values(row)
      datas.append(dict(zip(title,row_values)))
    return datas

  @property
  def run(self):
    '''获取到可执行的测试用例'''
    run_list=[]
    for item in self.getExcelDatas:
      isRun=item[ExcelVarles.isRun]
      if isRun=='Y':run_list.append(item)
      else:pass
    return run_list

  def params(self):
    '''对请求参数为空做处理'''
    params_list=[]
    for item in self.run:
      params=item[ExcelVarles.params]
```

```
    if len(str(params).strip())==0:pass
    elif len(str(params).strip())>=0:
      params=json.loads(params)

  def case_prev(self,casePrev):
    '''
    依据前置测试条件找到关联的前置测试用例
    :param casePrev: 前置测试条件
    :return:
    '''
    for item in self.run:
      if casePrev in item.values():
        return item
    return None

  def prevHeaders(self,prevResult):
    '''
    替换被关联测试点的请求头变量的值
    :param prevResult:
    :return:
    '''
    for item in self.run:
      headers=item[ExcelVarles.headers]
      if '{TOKEN}' in headers:
        headers=str(headers).replace('{TOKEN}',prevResult)
        return json.loads(headers)
```

在 tests 包中定义的测试模块主要是结合参数化的设计思想，即先批量获取 Excel 文件中的数据，然后按照业务的特性获取登录认证授权后的 TOKEN，把登录成功后获取到的 TOKEN 信息更新到请求头中，这样后续的每个请求都是在登录的情况下进行的。根据业务特性，针对每个请求方法进行判断和处理，编写函数获取实际的结果与期望的结果进行判断比较，以此验证每个测试用例执行的结果。代码如下。

```
#! /usr/bin/env python
# -*- coding:utf-8 -*-
# author:无涯

from base.method import Requests
from utils.operationExcel import OperationExcel,ExcelVarles
from common.public import *
from  utils.operationYaml import  getUrlYaml
import  pytest,json,operator

objExcel=OperationExcel()
```

```
obj=Requests()

@pytest.mark.parametrize('data',objExcel.run)
def test_login_book(data):

  #请求地址处理
  requestUrl=getUrlYaml()+data[ExcelVarles.caseUrl]

  #对请求参数做反序列化的处理
  params=data[ExcelVarles.params]
  if len(str(params).strip()) == 0:pass
  elif len(str(params).strip()) >= 0:
    params = json.loads(params)

  #对请求头做反序列化的处理
  header=data[ExcelVarles.headers]
  if len(str(header).strip()) == 0:pass
  elif len(str(header).strip()) >= 0:
    header = json.loads(header)

  #执行前置条件关联的测试点
  r=obj.post(
    url=getUrlYaml()+objExcel.case_prev(data[ExcelVarles.casePre])
[ExcelVarles.caseUrl],
    json=json.loads(objExcel.case_prev(data[ExcelVarles.casePre])
[ExcelVarles.params]))
  token=r.json()['token']

  #替换被关联测试点中请求头信息的变量
  header=objExcel.prevHeaders(token)

  #状态码
  statusCode=int(data[ExcelVarles.statusCode])

  def case_assert_result(r):
    '''期望结果信息的验证'''
    if len(data[ExcelVarles.expect])==0:
      assert  r.status_code==statusCode
    elif len(data[ExcelVarles.expect])>0:
      assert r.status_code == statusCode
      expectResults=data[ExcelVarles.expect]
      actualResults=json.dumps(r.json(),ensure_ascii=False)
      assert operator.ge(expectResults,actualResults)==True
```

```
if data[ExcelVarles.method]=='POST':
  if '/login/auth/' in data[ExcelVarles.caseUrl]:pass
  else:
    r = obj.post(url=requestUrl,json=params,headers=header)
    # writeContent(content=str(r.json()['id']),fileName='productID')
    json.dump(str(r.json()['id']),open(base_dir(fileName='productID'),
'w'))
    setBusinessID(content=str(r.json().get('id')))
    case_assert_result(r=r)

def getUrl():
  return str(requestUrl).replace('{productID}', getBusinessID())

if  data[ExcelVarles.method]=='GET':
  r=obj.get(url=requestUrl,headers=header)
  case_assert_result(r=r)

elif data[ExcelVarles.method]=='PUT':
  if '/{productID}/' in data[ExcelVarles.caseUrl]:
    r=obj.put(url=getUrl(),json=params,headers=header)
    case_assert_result(r=r)
  else:
    r = obj.get(url=requestUrl, headers=header)
    case_assert_result(r=r)

elif data[ExcelVarles.method]=='DELETE':
  if '/{productID}/' in data[ExcelVarles.caseUrl]:
    r=obj.delete(url=getUrl(),headers=header)
    case_assert_result(r=r)
  else:
    r = obj.get(url=requestUrl, headers=header)
    case_assert_result(r=r)
```

测试函数模块编写完成后，执行测试模块，就会按照参数化的方式执行测试用例，执行结果如图 3-5 所示。

```
plugins: allure-pytest-2.13.1, base-url-2.0.0, playwright-0.3.2, anyio-3.6.2
collected 5 items

test_platform.py::test_login_book[data0] PASSED
test_platform.py::test_login_book[data1] PASSED
test_platform.py::test_login_book[data2] PASSED
test_platform.py::test_login_book[data3] PASSED
test_platform.py::test_login_book[data4] PASSED
```

图 3-5　参数化方式测试用例执行结果

3.4　面向对象 API 测试框架设计

在编写的自动化测试用例中，每一个测试都需要保持独立性，虽然产品在业务上存在关联性，但是编写的测试用例需要具备独立的特性。为了保持测试用例的独立性，可以先把每一个操作行为写成一个独立的方法（函数），然后使用封装的思想进行二次封装。下面详细说明面向对象 API 测试框架的每个目录以及具体的案例应用。

面向对象 API 测试框架设计的核心思想是，把系统中每一个操作行为都写成一个独立的方法（函数），根据面向对象的特性，如封装的思想，针对公共的操作封装成独立的方法；针对一个业务链，也是根据业务的特点封装成一个方法，这样在方法层调用时更加轻量级，也有利于代码的维护和扩展。

面向对象测试框架的整体目录结构如图 3-6 所示。

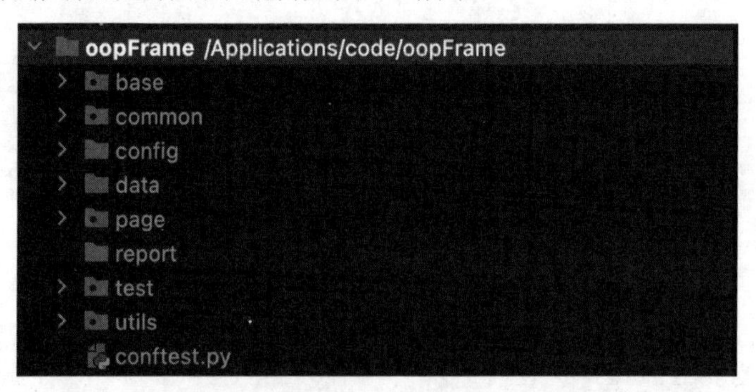

图 3-6　面向对象框架的整体目录结构

在图 3-6 中，针对每个目录的说明如下。

☑ base 是基础层，主要编写了针对不同请求方法的二次封装。
☑ common 是公共类，主要编写了针对文件路径的处理以及其他公共方法。
☑ config 是配置文件，不同环境的请求地址都被分离到配置文件中。
☑ data 文件夹存储测试过程中分离的测试数据。
☑ page 是对象层，编写了针对每个操作行为的方法（函数）。
☑ report 是测试报告目录。
☑ test 是测试层，主要编写了系统业务的 API 测试用例。
☑ utils 是公共类，主要编写了针对 JSON 和 YAML 文件的操作。
☑ configtest.py 文件把公共的 fixture 分离出来。

下面根据上面的目录结构设计，结合首页的 API 测试用例详细说明 API 各个模块之间的调用关系。在 base 包下的 method 模块中编写针对不同方法的封装，这部分源码与 3.3.1 节中的基础层代码一致。

在 conftest.py 中编写公共的 fixture 函数，这些公共的 fixture 函数主要用于登录以及登录后的鉴权认证处理，conftest.py 文件的代码如下。

```
#! /usr/bin/env python
# -*- coding:utf-8 -*-
#author:无涯

from base.method import ApiHttp
import  pytest
from utils.operationJson import readJson
from  utils.operationYaml import  *

obj=ApiHttp()

@pytest.fixture()
def login():
  r=obj.post(
    url=getUrl()+"/login/auth/",
    json=readJson()['login'])
  return r.json()['token']

@pytest.fixture()
def headers(login):
  return {'Authorization':'JWT {token}'.format(token=login)}
```

在测试的过程中会把测试数据分离到 data 文件夹下的 qa.json 文件中，qa.json 文件的内容如下。

```
{
  "login": {"username":"13484545195","password":"asd888"}
}
```

数据分离到 JSON 文件后需要编写公共类读取 JSON 文件中的内容，操作 JSON 文件的源码如下。

```
#! /usr/bin/env python
# -*- coding:utf-8 -*-
#author:无涯

import  json
```

```
from common.public import *

def readJson():
  return  json.load(open(filePath(fileName='qa.json')))
```

在测试的过程中请求的地址信息被分离到了 YAML 中，config 文件夹下存储的是分离的地址信息 url.yaml，地址信息的内容如下。

```
url:
  url: http://47.95.142.233:8000
  qa: http://127.0.0.1:8000
  line: http://47.95.142.233:8000
```

针对 YAML 文件的操作，即请求地址的方法在工具类包下，代码如下。

```
#! /usr/bin/env python
# -*- coding:utf-8 -*-
#author:无涯

import  yaml
from common.public import *

def readYaml():
  with open(filePath(directory='config',fileName='url.yaml')) as f:
    return yaml.safe_load(f)

def getUrl():
  '''获取执行的地址信息'''
  if str(readYaml()['url']['url']).endswith('0.1:8000'):
    return readYaml()['url']['qa']
  elif str(readYaml()['url']['url']).endswith('142.233:8000'):
    return readYaml()['url']['line']
```

下面是对象层编写的操作行为事件的函数，如首页部分，代码如下。

```
#! /usr/bin/env python
# -*- coding:utf-8 -*-
#author:无涯

from base.method import ApiHttp
from utils.operationYaml import  getUrl

obj=ApiHttp()

def index(headers):
```

```
  '''首页信息核对'''
  r=obj.get(
    url=getUrl()+"/interface/index",
    headers=headers)
  return r
```

在编写好对象层后，下面就可以在 test 包下编写 API 的测试用例了，还是以首页部分为例，API 测试用例的源码信息如下。

```
#! /usr/bin/env python
# -*- coding:utf-8 -*-
#author:无涯

from page.login import *

def test_index(headers):
  '''登录：核对首页数据的准确性'''
  r=index(headers=headers)
  assert r.status_code==200
  assert r.json()['count']['product']==0
  assert r.json()['count']['api']==0
```

公共类中主要编写了针对文件路径和动态参数的处理代码，代码如下。

```
#! /usr/bin/env python
# -*- coding:utf-8 -*-
#author:无涯

import  os

def base_dir():
  return os.path.dirname(os.path.dirname(__file__))

def filePath(directory='data',fileName=None):
  return os.path.join(base_dir(),directory,fileName)

def wtiteID(fileName=None,content=None):
  '''
  把动态参数写到文件中
  :param fileName: 具体的文件名称
  :param content:  被写到文件中的目标内容
  :return:
  '''
  with open(filePath(fileName=fileName),'w') as f:
    f.write(str(content))
```

```
def readID(fileName=None):
  '''
  读取动态参数
  :param fileName: 存储动态参数的文件名称
  :return:
  '''
  with open(filePath(fileName=fileName)) as f:
    return f.read()
```

上面整个测试框架的编写过程，其核心是首先编写好对象层，然后编写测试层，过程中针对各个文件的操作只需要编写好工具类就可以一劳永逸的操作了，在编写的过程中如果遇到需要分离的数据，就分离到 qa.json 文件中。

产品管理的对象层代码如下。

```
#! /usr/bin/env python
# -*- coding:utf-8 -*-
#author:无涯

from base.method import ApiHttp
from utils.operationYaml import  getUrl
from utils.operationJson import readJson
from common.public import *

obj=ApiHttp()

def addProduct(headers):
  r=obj.post(
    url=getUrl()+"/interface/product/",
    json=readJson()['product'],
    headers=headers)
  wtiteID(fileName='productID',content=r.json()['id'])
  return r

def soProduct(headers,params=""):
  r=obj.get(
    url=getUrl()+"/interface/products",
    params={'name':params},
    headers=headers)
  return r

def setProduct(headers,data=None):
  dict1=readJson()[data]
```

```
  dict1['id']=int(readID(fileName='productID'))
  r=obj.put(url=getUrl()+"/interface/product/{productID}/".format(
    productID=readID(fileName='productID')),
            json=dict1,
            headers=headers)
  return r

def delProduct(headers):
  r=obj.delete(
    url=getUrl()+"/interface/product/{productID}/".format(
      productID=readID(fileName='productID')),
    headers=headers)
  return r
```

测试层 API 的测试用例代码如下。

```
#! /usr/bin/env python
# -*- coding:utf-8 -*-
#author:无涯

from page.product import *
from common.public import *
from utils.operationJson import readJson

def assertCode(r):
  assert  r.status_code==200

def test_add_product(headers):
  '''产品管理:校验添加产品的业务逻辑'''
  r=addProduct(headers=headers)
  delProduct(headers=headers)
  assert r.status_code==201
  assert r.json()['id']==int(readID(fileName='productID'))
  assert r.json()['name']==readJson()['product']['name']

def test_so_default_data(headers):
  '''产品管理:校验产品列表的默认查询(有数据)'''
  addProduct(headers=headers)
  r=soProduct(headers=headers)
  delProduct(headers=headers)
  assert r.status_code==200
  assert r.json()[0]['id']==int(readID(fileName='productID'))
  assert r.json()[0]['name']==readJson()['product']['name']
```

```
def test_so_default_not_data(headers):
  '''产品管理:校验产品列表的默认查询(无数据)'''
  r=soProduct(headers=headers)
  assert r.status_code==200
  assert r.json()==[]

def test_so_name(headers):
  '''产品管理:使用 name 关键字精确查询'''
  addProduct(headers=headers)
  r=soProduct(headers=headers,params=readJson()['product']['name'])
  delProduct(headers=headers)
  assert r.status_code==200
  assert r.json()[0]['id']==int(readID(fileName='productID'))
  assert r.json()[0]['name']==readJson()['product']['name']

def test_so_obscure(headers):
  '''产品管理:使用 name 关键字模糊查询'''
  addProduct(headers=headers)
  r=soProduct(headers=headers,params="课堂")
  delProduct(headers=headers)
  assert r.status_code==200
  assert r.json()[0]['id']==int(readID(fileName='productID'))
  assert r.json()[0]['name']==readJson()['product']['name']

def test_set_product_type(headers):
  '''产品管理:校验修改产品类型'''
  addProduct(headers=headers)
  r=setProduct(headers=headers,data='typeProduct')
  delProduct(headers=headers)
  assert r.status_code==200
  assertCode(r=r)
  assert r.json()['id']==int(readID(fileName='productID'))
  assert r.json()['product_type']==readJson()['typeProduct']['product_
type']

def test_set_product_name(headers):
  '''产品管理:校验修改产品名称'''
  addProduct(headers=headers)
  r=setProduct(headers=headers,data='nameProduct')
  delProduct(headers=headers)
  assert r.status_code==200
  assertCode(r=r)
  assert r.json()['id']==int(readID(fileName='productID'))
  assert r.json()['name']==readJson()['nameProduct']['name']
```

```
def test_set_product_version(headers):
  '''产品管理:校验修改产品版本'''
  addProduct(headers=headers)
  r=setProduct(headers=headers,data='versionProduct')
  delProduct(headers=headers)
  assert r.status_code==200
  assertCode(r=r)
  assert r.json()['id']==int(readID(fileName='productID'))
  assert r.json()['version']==readJson()['versionProduct']['version']

def test_set_product_master(headers):
  '''产品管理:校验修改产品负责人'''
  addProduct(headers=headers)
  r=setProduct(headers=headers,data='masterProduct')
  delProduct(headers=headers)
  assert r.status_code==200
  assertCode(r=r)
  assert r.json()['id']==int(readID(fileName='productID'))
  assert r.json()['master']==readJson()['masterProduct']['master']

def test_set_product_description(headers):
  '''产品管理:校验修改产品描述'''
  addProduct(headers=headers)
  r=setProduct(headers=headers,data='descriptionProduct')
  delProduct(headers=headers)
  assert r.status_code==200
  assertCode(r=r)
  assert r.json()['id']==int(readID(fileName='productID'))
  assert r.json()['description']==readJson()['descriptionProduct']
['description']

def test_del_product(headers):
  '''产品管理：校验删除产品的业务逻辑'''
  addProduct(headers=headers)
  r=delProduct(headers=headers)
  assert r.status_code==204
```

如上代码是一个独立的产品业务模块，它的业务包含了产品的增、删、改、查操作。在编写自动化测试用例中，要尽可能地保持每个测试用例的独立性，虽然业务之间是有关联关系的，但是编写的每个 API 测试用例都是独立的。测试用例代码执行后的结果如图 3-7 所示。

```
collected 11 items

test_product.py::test_add_product PASSED
test_product.py::test_so_default_data PASSED
test_product.py::test_so_default_not_data PASSED
test_product.py::test_so_name PASSED
test_product.py::test_so_obscure PASSED
test_product.py::test_set_product_type PASSED
test_product.py::test_set_product_name PASSED
test_product.py::test_set_product_version PASSED
test_product.py::test_set_product_master PASSED
test_product.py::test_set_product_description PASSED
test_product.py::test_del_product PASSED

========================= 11 passed in 8.04s =========================
```

图 3-7　面向对象框架测试用例执行结果

在 API 自动化测试中，需要思考的是使用一套代码能够在不同的环境中执行，如测试环境、预发布环境和生产环境，在不同的环境中的共同点是，产品的业务逻辑场景都是一致的，不同点代表不同的环境，服务端的请求地址和测试中的数据是不一致的。问题的解决思路是把地址分离到配置文件中，前面的地址作为基准地址，案例主要的环境是测试环境和生产环境，分离出来的地址信息如下。

```
url:
  url: http://47.95.142.233:8000
  qa: http://127.0.0.1:8000
  line: http://47.95.142.233:8000
```

在如上地址信息中，url 就是基准地址，如果 url 等于 qa 对应的地址信息，那么说明是测试环境；如果 url 等于 line 对应的地址信息，那么说明是生产环境。下面编写方法，根据基准地址返回被测试的地址信息，代码如下。

```
def readYaml():
  with open(filePath(directory='config',fileName='url.yaml')) as f:
    return yaml.safe_load(f)

def getUrl():
  '''获取执行的地址信息'''
  if str(readYaml()['url']['url']).endswith('0.1:8000'):
    return readYaml()['url']['qa']
  elif str(readYaml()['url']['url']).endswith('142.233:8000'):
    return readYaml()['url']['line']
```

在 getUrl()方法中，先根据基准地址判断当前的地址是哪个，然后返回地址信息。由于不同的环境使用的数据是不一样的，存储字典的方式是字典的模式，因此存储不同环境地址的 key 要保持一致，这样就可以根据相同的 key 获取不同的地址。测试环境和生产环境存储的数据如图 3-8 所示（key 值都保持一致）。

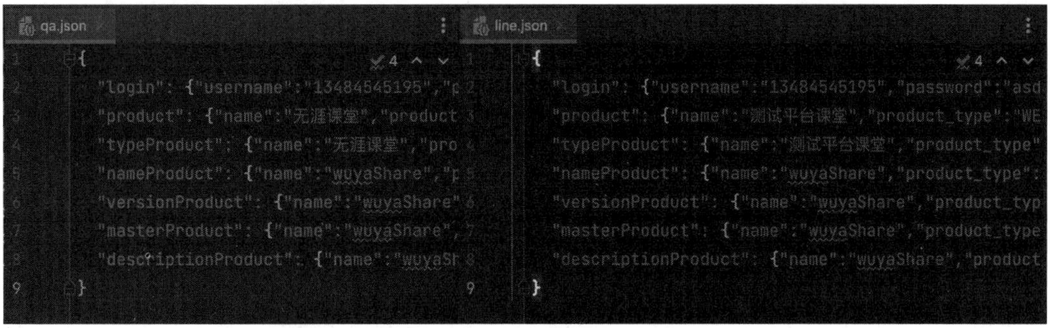

图 3-8　存储不同环境的测试数据

下面编写方法根据返回的不同地址读取不同环境存储的测试数据，如果返回的是测试环境地址，那么读取 qa.json 文件；如果是生产环境，则读取 line.json 文件，代码如下。

```
def readJson():
  if str(getUrl()).endswith('47.95.142.233:8000'):
    return  json.load(open(filePath(fileName='line.json')))
  elif str(getUrl()).endswith('127.0.0.1:8000'):
    return json.load(open(filePath(fileName='qa.json')))
```

在 readJson()方法中，根据返回的地址信息与地址信息进行验证，根据返回的不同环境地址来读取存储不同的测试数据文件。这样做的好处是，能够使用一套代码解决不同环境的执行问题，实现不同环境中数据的智能化管理。

第 4 章 Docker 实战

Docker 是开源的容器引擎，基于 Apache2.0 协议和 Go 语言开发。Docker 可以把服务隔离成一个独立的容器，容器可以看成沙盒。在每个容器中运行一个程序，在 Docker 中就会有 N 个容器，不同的容器之间相互隔离，容器的创建、停止、启动都以秒为单位，重要的是容器对资源的需求也非常有限，这样可以节约很多成本。通过对本章内容的学习，读者可以掌握以下知识。

☑ Docker 镜像管理。

☑ Docker 容器管理。

☑ Dockerfile 命令和实战。

☑ Dockerfile 部署 Spring Boot 程序、Python 程序，Ngnix 实战等。

4.1 Docker 镜像管理

在 Docker 中获取镜像信息后，可以对镜像进行统一的管理，主要包含获取镜像、查看镜像、运行镜像、修改镜像、删除镜像、导出和导入镜像等。

1. 获取镜像

下面详细介绍 Docker 的基本使用，学习编程语言时的第一条输出信息是 Hello World，学习 Docker 也是如此。执行如下命令输出 Docker 的第一个应用。

```
docker run hello-world
```

执行命令后，输出结果如图 4-1 所示。

图 4-1 中执行的命令“docker run hello-world”，在实际 Docker 执行的过程中首先从 Docker Hub 中获取 hello-world 镜像，然后运行镜像。

```
localhost:~ ░░░░░░░$ docker run hello-world
Unable to find image 'hello-world:latest' locally
latest: Pulling from library/hello-world
2db29710123e: Pull complete
Digest: sha256:80f31da1ac7b312ba29d65080fddf797dd76acfb870e677f390d5acba9741b17
Status: Downloaded newer image for hello-world:latest

Hello from Docker!
This message shows that your installation appears to be working correctly.

To generate this message, Docker took the following steps:
 1. The Docker client contacted the Docker daemon.
 2. The Docker daemon pulled the "hello-world" image from the Docker Hub.
    (amd64)
 3. The Docker daemon created a new container from that image which runs the
    executable that produces the output you are currently reading.
 4. The Docker daemon streamed that output to the Docker client, which sent it
    to your terminal.

To try something more ambitious, you can run an Ubuntu container with:
 $ docker run -it ubuntu bash

Share images, automate workflows, and more with a free Docker ID:
 https://hub.docker.com/
```

图 4-1　运行 hello-world 镜像

在 Docker 中，首先要从 Docker Hub 获取镜像，然后才可以运行它，Docker 获取镜像的步骤总结如下。

☑　获取该软件的镜像，可以直接搜索，如 docker pull centos:7.8.2003。

☑　运行获取的镜像，运行成功后启动一个容器。

☑　停止容器，删除镜像信息。

Docker 容器式的环境可以看成一个独立的沙盒环境，在这个沙盒环境中，可以安装如 CentOS 等操作系统。下面详细介绍获取 CentOS 的镜像信息以及运行容器的过程。如图 4-2 所示为获取的 centos:7.8.2003 镜像。

```
localhost:~ ░░░░░░░$ docker pull centos:7.8.2003
7.8.2003: Pulling from library/centos
9b4ebb48de8d: Pull complete
Digest: sha256:8540a199ad51c6b7b51492fa9fee27549fd11b3bb913e888ab2ccf77cbb72cc1
Status: Downloaded newer image for centos:7.8.2003
docker.io/library/centos:7.8.2003
```

图 4-2　获取 centos:7.8.2003 镜像

获取镜像成功后，查看获取的镜像，如图 4-3 所示。

在获取镜像的基础上，运行镜像信息生成容器，运行镜像以及容器运行的交互式操作如图 4-4 所示。

```
localhost:~ [illegible]$ docker images
REPOSITORY          TAG                 IMAGE ID            CREATED             SIZE
centos              7.8.2003            afb6fca791e0        2 years ago         203MB
```

图 4-3　查看获取的镜像

```
localhost:~ [illegible]$ docker run --rm -it centos:7.8.2003
[root@0ffad288c86e /]# date
Mon Jun 20 23:26:59 UTC 2022
[root@0ffad288c86e /]# echo "Hello wuyaShare"
Hello wuyaShare
[root@0ffad288c86e /]# exit
exit
```

图 4-4　运行 centos:7.8.2003 镜像

在图 4-4 中，运行镜像后进入了 CentOS 的交互式操作系统，这样在 Docker 中，不管我们的宿主机是什么操作系统，通过 Docker 运行各种不同版本的镜像都可以满足工作的需要，这是 Docker 颠覆虚拟化技术的设计之一。

2. 查看镜像

当 Docker 中的镜像特别多时，可以结合具体的指令查看所有的镜像，当然也可以查看所关注的镜像信息。

1）查看所有镜像

查看所有镜像的命令是 docker images，也可以用 docker image ls，如图 4-5 所示。

```
localhost:~ [illegible]$ docker images
REPOSITORY          TAG                 IMAGE ID            CREATED             SIZE
centos              7.8.2003            afb6fca791e0        2 years ago         203MB
localhost:~ [illegible]$ docker image ls
REPOSITORY          TAG                 IMAGE ID            CREATED             SIZE
centos              7.8.2003            afb6fca791e0        2 years ago         203MB
```

图 4-5　查看所有镜像信息

2）查看具体镜像

当镜像信息很多时，只想查看某个具体的镜像，或者只过滤某一个镜像，可以使用命令 docker image ls | grep imageName（如果是 Windows 系统，需要把 grep 修改为 findstr），如图 4-6 所示。

```
localhost:~ [illegible]$ docker image ls | grep centos
centos              7.8.2003            afb6fca791e0        2 years ago         203MB
```

图 4-6　过滤 centos 镜像

3）查询镜像 ID

在工作中有时候需要批量删除所有的镜像，可以先查询镜像 ID，使用的命令是 docker images -q，如图 4-7 所示。

```
localhost:~ linlangping$ docker  images -q
eca1379fe8b5
e1bc8ccb7f58
321a17c29307
b692a91e4e15
6e37caacdfed
afb6fca791e0
5f7d261cfc67
1bca39c5a102
091af8cc7292
d23bdf5b1b1b
b19a5c98e43b
```

图 4-7　查询镜像 ID

4）查看镜像详细信息

获取镜像 ID 后，可以根据镜像 ID 查询镜像的详细信息，使用的命令是 docker image inspect $(docker images -q)，如查询 centos 镜像的详细信息，如图 4-8 所示。

```
localhost:~ linlangping$ docker image inspect $(docker images -q)
[
    {
        "Id": "sha256:afb6fca791e071c66276202f8efca5ce3d3dc4fb218bcddff1bc565d981ddd1e",
        "RepoTags": [
            "centos:7.8.2003"
        ],
        "RepoDigests": [
            "centos@sha256:8540a199ad51c6b7b51492fa9fee27549fd11b3bb913e888ab2ccf77cbb72
cc1"
        ],
```

图 4-8　查询 centos 镜像的详细信息

3. 运行镜像

获取 Docker 镜像后就可以运行 Docker 镜像了，运行的命令是 run，涉及其他的运行命令总结如下。

- ☑ -it：开启交互式命令。
- ☑ --rm：容器退出时删除容器运行的记录。
- ☑ --name：指定容器的名称。
- ☑ -d：以后台方式运行容器。

4．修改镜像信息

获取镜像后也可以根据自己的工作需要修改镜像的名称，如把镜像 centos 修改为 centos7.8.2003，如图 4-9 所示。

```
localhost:~ [illegible]$ docker  tag afb6fca791e0 centos7.8.2003
localhost:~ [illegible]$ docker images
REPOSITORY          TAG                 IMAGE ID            CREATED             SIZE
centos7.8.2003      latest              afb6fca791e0        2 years ago         203MB
centos              7.8.2003            afb6fca791e0        2 years ago         203MB
```

图 4-9　修改镜像名称

修改镜像名称后，原始的镜像会被保留，这个过程本质上是复制镜像的过程。

5．删除镜像

对于不使用的镜像可以删除，如果是已经运行的镜像，在删除时会出现错误。下面详细介绍删除镜像的两种不同逻辑，删除镜像时可以使用镜像 ID 或者是镜像 Name，删除镜像的命令为 docker rmi imageID/imageName。

1）未被运行的镜像

没有运行的镜像直接可以删除，下面介绍使用镜像 ID 和镜像 NAME 删除镜像，如图 4-10 所示。

```
localhost:~ [illegible]$ docker images
REPOSITORY          TAG                 IMAGE ID            CREATED             SIZE
hello-world         latest              feb5d9fea6a5        9 months ago        13.3kB
localhost:~ [illegible]$ docker rmi feb5d9fea6a5
Untagged: hello-world:latest
Untagged: hello-world@sha256:13e367d31ae85359f42d637adf6da428f76d75dc9afeb3c21faea0d976f5c
651
Deleted: sha256:feb5d9fea6a5e9606aa995e879d862b825965ba48de054caab5ef356dc6b3412
Deleted: sha256:e07ee1baac5fae6a26f30cabfe54a36d3402f96afda318fe0a96cec4ca393359
localhost:~ [illegible]$ docker pull hello-world
Using default tag: latest
latest: Pulling from library/hello-world
2db29710123e: Pull complete
Digest: sha256:13e367d31ae85359f42d637adf6da428f76d75dc9afeb3c21faea0d976f5c651
Status: Downloaded newer image for hello-world:latest
docker.io/library/hello-world:latest
localhost:~ [illegible]$ docker rmi hello-world
Untagged: hello-world:latest
Untagged: hello-world@sha256:13e367d31ae85359f42d637adf6da428f76d75dc9afeb3c21faea0d976f5c
651
Deleted: sha256:feb5d9fea6a5e9606aa995e879d862b825965ba48de054caab5ef356dc6b3412
Deleted: sha256:e07ee1baac5fae6a26f30cabfe54a36d3402f96afda318fe0a96cec4ca393359
```

图 4-10　删除镜像

执行命令后，可以看到通过镜像 ID 或者镜像 NAME 都可以删除镜像。

2）已运行的镜像

已运行的镜像在删除时会出现删除失败的情况。镜像删除的逻辑是，先删除在容器中的记录，然后删除镜像。查询容器记录的命令是 docker ps -a，已运行镜像的删除过程如图 4-11 所示。

```
localhost:~ $ docker images
REPOSITORY          TAG                 IMAGE ID            CREATED             SIZE
hello-world         latest              feb5d9fea6a5        9 months ago        13.3kB
localhost:~ $ docker ps -a
CONTAINER ID        IMAGE               COMMAND             CREATED             STATUS
             PORTS               NAMES
4ba39a15d791        hello-world         "/hello"            14 seconds ago      Exited (0) 12 s
econds ago                       loving_khorana
localhost:~ $ docker stop 4ba39a15d791
4ba39a15d791
localhost:~ $ docker rm  4ba39a15d791
4ba39a15d791
localhost:~ $ docker rmi hello-world
Untagged: hello-world:latest
Untagged: hello-world@sha256:13e367d31ae85359f42d637adf6da428f76d75dc9afeb3c21faea0d976f5c651
Deleted: sha256:feb5d9fea6a5e9606aa995e879d862b825965ba48de054caab5ef356dc6b3412
Deleted: sha256:e07ee1baac5fae6a26f30cabfe54a36d3402f96afda318fe0a96cec4ca393359
```

图 4-11　删除已运行的镜像

删除已经运行的镜像的操作步骤如下。

- ☑　使用 docker ps -a 命令查询已运行容器的记录。
- ☑　使用 docker stop containerID(容器 ID)命令停止容器。
- ☑　使用 docker rm containerID(容器 ID)命令删除容器的记录。
- ☑　使用 docker rmi imageID/imageName 命令删除镜像。

6. 导出和导入镜像

开发人员把代码写完后，先构建成镜像并导出给测试人员，然后测试人员再导入镜像，启动容器，这样环境就部署完成了。下面分别讲解导出和导入镜像。

1）导出镜像

导出镜像使用的命令是 save，同时需要指定导出镜像的目录地址。如把 hello-world 镜像导出到/usr/local 目录下，命令如下。

```
sudo docker image save hello-world -o /usr/local/hello-world.taz
```

执行如上命令后，镜像 hello-world 会导出到/usr/local 目录下，导出的文件名称是 hello-world.taz。

2）导入镜像

导入镜像使用的命令是 load，首先删除 hello-world 镜像，然后导入，再次查询镜像后就会显示导入的镜像信息，命令如下。

```
#查询镜像，显示为空
docker images
REPOSITORY        TAG         IMAGE ID            CREATED             SIZE

#导入镜像
sudo docker image load -I /usr/local/hello-world.taz

e07ee1baac5f: Loading layer  14.85kB/14.85kB
Loaded image: hello-world:latest

#查询导入后的镜像
docker images
REPOSITORY        TAG         IMAGE ID            CREATED             SIZE
hello-world       latest      feb5d9fea6a5        9 months ago        13.3kB
```

导入镜像成功后，在镜像列表中就能查询到导入的镜像信息。

4.2 Docker 容器管理

镜像运行后就会成为容器，下面介绍容器中的常用命令、查询容器日志、停止和启动容器、提交容器等内容。

1. 常用命令

在 Docker 中，执行命令 docker run，会把 Docker 镜像文件构建成容器的一部分。docker run 启动容器成功后，使用命令 docker ps -a 就可以查看容器的记录信息。在 docker run 执行的过程中，经常使用的容器命令汇总如下。

☑ -d：以后台的方式运行。
☑ -it：交互式命令执行。
☑ --rm：容器停止后自动删除容器的记录。
☑ --name：设置容器的名称。
☑ -p：端口映射。

下面结合 nginx 镜像详细介绍这些命令的使用，具体操作如下。

```
#查看镜像列表
docker images
REPOSITORY       TAG              IMAGE ID         CREATED           SIZE
nginx            latest           0e901e68141f     3 weeks ago       142MB

#通过后台运行容器，容器名字设置为 nginx_test，端口为 80
docker run -d -name nginx_test -p80:80 nginx
860b435e2d58b7085089892597f60f035d80497bc47e1e3a3dd83d88a88033bc

#查询容器名称为 nginx_test 的记录
docker ps -a | grep nginx_test
860b435e2d58 nginx "/docker-entrypoint.…" 12 seconds ago Up 11 seconds
0.0.0.0:80->80/tcp nginx_test

#通过容器 ID 查询容器占用的端口
docker port 860b435e2d58
80/tcp -> 0.0.0.0:80
```

如上为容器命令中-d 和--name 的使用。

容器执行后，可以先使用命令 docker ps -a 查询容器的记录从而得到容器 ID，然后使用命令 docker container inspect 容器 ID 查看容器的详细信息，具体操作如下。

```
#查询容器记录信息
docker ps -a
CONTAINER ID    IMAGE             COMMAND                    CREATED
                STATUS            PORTS                      NAMES
860b435e2d58  nginx  ""/docker-entrypoint.""  4 minutes ago Up 4 minutes
0.0.0.0:80->80/tcp  nginx_test

#查询容器的详细信息
docker container  inspect 860b435e2d58
```

执行如上命令获取容器 ID 后，就可以查看容器的详细信息了。

2. 查询容器日志

容器在运行后也可以查看容器的执行记录信息，查询容器的日志信息命令如下。

☑ docker logs -f 容器 ID：查询容器实时的日志信息。

☑ docker logs 容器 ID | tail -N：只查询最新的 N 行日志内容。

下面介绍 nginx 运行后在操作过程中获取的日志信息，代码如下。

```
#获取 nginx 容器的 ID 信息
docker ps  -a | grep nginx
860b435e2d58 nginx ""/docker-entrypoint.""   11 minutes ago Up 11 minutes
```

```
0.0.0.0:80->80/tcp   nginx_test

#查询 nginx 容器的日志信息
docker logs  -f 860b435e2d58

#分别在浏览器和 PostMan 工具中发送请求后获取的日志信息
172.17.0.1 - - [22/Jun/2022:10:56:20 +0000]""GET / HTTP/1."" 200
615""""""Mozilla/5.0 (Macintosh; Intel Mac OS X 10_15_7) AppleWebKit/537.36
(KHTML, like Gecko) Chrome/102.0.0.0 Safari/537.3""""""
2022/06/22 10:56:20 [error] 32#32: *2 open()""/usr/share/nginx/html/
favicon.ic"" failed (2: No such file or directory), client: 172.17.0.1,
server: localhost, request:""GET /favicon.ico HTTP/1."", host:""localhos"",
referrer: ""http://localhost"" 172.17.0.1 - - [22/Jun/2022:10:56:20
+0000]""GET /favicon.ico HTTP/1."" 404 555""http://localhost""""Mozilla/
5.0 (Macintosh; Intel Mac OS X 10_15_7) AppleWebKit/537.36 (KHTML, like Gecko)
Chrome/102.0.0.0 Safari/537.3""""""
172.17.0.1 - - [22/Jun/2022:10:56:52 +0000]""GET / HTTP/1."" 200
615""""""PostmanRuntime/7.29.""""""
```

如上内容显示的是查询容器时实时打印的日志信息。

3. 停止和启动容器

容器通过后台方式启动后，可以通过容器 ID 停止和启动容器，具体命令如下。

☑ docker start 容器 ID：启动容器。

☑ docker stop 容器 ID：停止容器。

下面结合 nginx 介绍容器的停止和启动，具体步骤如下。

```
#获取 nginx 容器的 ID
docker ps  -a | grep nginx
860b435e2d58 nginx ""/docker-entrypoint."" 11 minutes ago Up 11 minutes
0.0.0.0:80->80/tcp   nginx_test

#停止容器
docker stop 860b435e2d58
860b435e2d58

#验证容器是否已停止
docker  port 860b435e2d58

#启动容器
docker start  860b435e2d58
860b435e2d58
```

```
#验证容器已启动（容器启动查询会显示容器的端口）
docker  port 860b435e2d58
80/tcp -> 0.0.0.0:80
```

4．提交容器

在 centos 的容器中安装应用程序 vim 后，当退出容器后再次进入时就会显示 vim 不存在。这是因为，在容器中的操作如果需要保留下来，就需要根据容器的 ID 提交后生成一个新的镜像，在新的镜像中保留最新的操作（如安装了 vim 等），操作步骤如下。

（1）运行容器，命令如下。

```
docker run -it--rm centos:7.8.2003 bash
[root@7ea56d6f49d8 /]# vim
bash: vim: command not found
```

（2）在容器中安装 vim 应用程序，命令如下。

```
[root@7ea56d6f49d8 /]# yum install -y vim
```

（3）查询容器的 ID 信息（保持原有容器不退出，打开新的控制台），命令如下。

```
docker ps -a | grep centos
7ea56d6f49d8 centos:7.8.2003 ""bas"" 2 minutes ago Up 2 minutes
gifted_robinson
```

（4）提交容器，命令如下。

```
docker commit 7ea56d6f49d8 centos_vim
#提交容器后返回的信息
sha256:e85d7430ac9634df95a5067074a8a8165aad2375e92e8968993ac25c13cebbad
```

（5）退出容器，查看镜像信息，命令如下。

```
#退出 centos 容器
[root@7ea56d6f49d8 /]# exit
exit

#查看镜像列表信息
docker images
REPOSITORY      TAG          IMAGE ID        CREATED               SIZE
centos_vim      latest       e85d7430ac96    About a minute ago    429MB
centos          7.8.2003     afb6fca791e0    2 years ago           203MB
```

（6）进入 centos_vim 就会显示 vim 应用程序，命令如下。

```
docker run -it--rm centos_vim  bash
[root@2d1807e55d61 /]# vim
```

4.3 Dockerfile 命令和实战

使用 Docker 的过程中，可以使用 Dockerfile 命令解决 Docker 构建过程中存在的依赖关系问题，下面详细介绍常用的 Dockerfile 命令。

4.3.1 Dockerfile 命令

1. Dockerfile 文件组成部分

Dockerfile 文件主要由三部分组成，分别如下。

（1）基础镜像信息。

（2）制作镜像操作命令的 RUM。

（3）容器启动时执行的命令。

2. Dockerfile 常用命令

使用 Dockerfile 的前提是要掌握常用的 Dockerfile 命令，常用的 Dockerfile 命令总结如下。

☑ FROM：指定基础镜像。

☑ MAINTAINER：指定 Dockerfile 的编写作者。

☑ RUN：执行的具体操作和命令。

☑ ADD：复制，在复制过程中会进行自动压缩。

☑ WORKDIR：指定当前工作目录。

☑ EXPOSE：指定对外的端口。

☑ CMD：指定容器启动后需要使用的操作命令。

☑ VOLUME：指定挂载的目录。

☑ COPY：复制文件。

☑ ENV：环境变量。

下面编写一个 Dockerfile 介绍使用 Dockerfile 文件构建镜像的过程，如在容器 centos 中输出“Hello Docker！”，涉及的 Dockerfile 文件内容如下。

```
FROM centos:7.8.2003
MAINTAINER 无涯
#定义一个环境变量，变量的值是 Docker
```

```
ENV name Docker!
#运行程序，输出变量的值
ENTRYPOINT  echo""Hello $name""
```

构建镜像的命令是“docker build .”，也可以在构建镜像时指定镜像的名称，命令中带上“-t”，“-t”后面为镜像的名称。针对如上的 Dockerfile 构建镜像的命令以及输出的信息如下。

```
#构建 Dockerfile 文件，设置镜像的名称为 first_docker
docker build -t  first_docker .

#构建镜像后输出的信息
Sending build context to Docker daemon  2.048kB
Step 1/4 : FROM centos:7.8.2003
 ---> afb6fca791e0
Step 2/4 : MAINTAINER 无涯
 ---> Running in e2beabb072ab
Removing intermediate container e2beabb072ab
 ---> 80471c952b8b
Step 3/4 : ENV name Docker!
 ---> Running in 523aeca39fe2
Removing intermediate container 523aeca39fe2
 ---> 8db55f727c94
Step 4/4 : ENTRYPOINT  echo""Hello $nam""
 ---> Running in 72a03a51675f
Removing intermediate container 72a03a51675f
 ---> 80513783344f
Successfully built 80513783344f
Successfully tagged first_docker:latest
```

下面启动镜像，命令如下。

```
#过滤构建成功后的镜像信息
docker  images | grep first
first_docker latest 80513783344f About a minute ago 203MB

#运行容器
docker run--rm first_docker

#运行容器后输出的信息
Hello Docker!
```

可以看到输出的结果是“Hello Docker!”，运行容器后和在 Dockerfile 文件中定义的一致。

4.3.2 Dockerfile 实战

下面结合案例详细介绍通过 Dockerfile 部署 Nginx、Python 和 Java 应用程序。

1．部署 Nginx

下面通过 Dockerfile 的方式来部署 Nginx，部署成功后访问 Nginx 的主页信息，Dockerfile 文件的内容如下。

```
FROM nginx
MAINTAINER 无涯
RUN echo "欢迎您访问无涯课堂主页" > /usr/share/nginx/html/index.html
EXPOSE 80
```

下面开始构建该 Dockerfile 的文件，构建命令如下。

```
#构建部署 Nginx
docker build -t nginx_shouye .

#构建输出如下信息
Sending build context to Docker daemon  2.048kB
Step 1/4 : FROM nginx
latest: Pulling from library/nginx
42c077c10790: Pull complete
62c70f376f6a: Pull complete
915cc9bd79c2: Pull complete
75a963e94de0: Pull complete
7b1fab684d70: Pull complete
db24d06d5af4: Pull complete
Digest: sha256:2bcabc23b45489fb0885d69a06ba1d648aeda973fae7bb981bafbb88
4165e514
Status: Downloaded newer image for nginx:latest
 ---> 0e901e68141f
Step 2/4 : MAINTAINER 无涯
 ---> Running in 9ae59c6db69b
Removing intermediate container 9ae59c6db69b
 ---> 464573cd4515
Step 3/4 : RUN echo "欢迎您访问无涯课堂主页" > /usr/share/nginx/html/index.html
 ---> Running in eccd87073c37
Removing intermediate container eccd87073c37
 ---> 3996bed7cc2b
Step 4/4 : EXPOSE 80
 ---> Running in 0902edb263b4
```

```
Removing intermediate container 0902edb263b4
 ---> e4c350a738a7
Successfully built e4c350a738a7
Successfully tagged nginx_shouye:latest
```

构建镜像成功后，运行镜像并验证镜像，具体执行命令如下。

```
#过滤 nginx_shouye 镜像
docker images | grep nginx_shouye
nginx_shouye latest e4c350a738a7 2 minutes ago 142MB

#运行 nginx_shouye 容器
docker run -d -p80:80 --rm nginx_shouye
4ceceb1d41ae95b931f45c1c671db9aa4435b291fd4235e79f0b0be29f9064c3

#查询运行后的容器记录
docker ps -a
CONTAINER ID    IMAGE               COMMAND                   CREATED
STATUS          PORTS               NAMES
4ceceb1d41ae nginx_shouye "/docker-entrypoint.…" 6 seconds ago Up 5 seconds
0.0.0.0:80->80/tcp vigilant_solomon

#查询容器的端口
docker port 4ceceb1d41ae
80/tcp -> 0.0.0.0:80

#结合工具 curl 验证 Nginx
curl http://localhost
欢迎您访问无涯课堂主页
```

可以看到，Nginx 已部署成功。

2. 部署 Python

下面使用 Dockerfile 部署 Python 编写的应用程序，案例代码是使用轻量级 Web 框架 Flask 编写的一个登录微服务的应用程序，程序源码如下。

```
#! /usr/bin/env python
# -*- coding:utf-8 -*-
# author:无涯

from flask import  Flask,jsonify
from flask_restful import  Api,Resource,reqparse

app=Flask(__name__)
api=Api(app)
```

```
class LoginView(Resource):
  def get(self):
    return {'status':0,'msg':'ok','data':'this is a login page'}

  def post(self):
    parser=reqparse.RequestParser()
    parser.add_argument('username', type=str, required=True, help='用户名不能为空')
    parser.add_argument('password',type=str,required=True,help='账户密码不能为空')
    parser.add_argument('age',type=int,help='年龄必须为正整数')
    parser.add_argument('sex',type=str,help='性别只能是男或者女',choices=['女','男'])
    args=parser.parse_args()
    return jsonify(args)

api.add_resource(LoginView,'/login',endpoint='login')

if __name__ == '__main__':
  app.run(debug=True,host='0.0.0.0')
```

下面编写 Dockerfile 文件部署该应用程序，Dockerfile 文件的内容如下。

```
FROM centos:7.8.2003
MAINTAINER 无涯
#下载 yum
RUN curl -o /etc/yum.repos.d/CentOS-Base.repo  https://mirrors.aliyun.com/repo/Centos-7.repo;
RUN curl -o /etc/yum.repos.d/epel.repo http://mirrors.aliyun.com/repo/epel-7.repo;
#安装 Python 环境
RUN yum install python3-devel python3-pip -y
#安装 flask 库
RUN pip3 install -i https://pypi.douban.com/simple   flask
RUN pip3 install -i https://pypi.douban.com/simple   flask_restful
#复制文件到容器目录
COPY app.py /opt
#切换目录
WORKDIR /opt
#启动服务
EXPOSE 5000
CMD ["python3","app.py"]
```

在 Dockerfile 文件中定义了构建部署登录微服务的应用程序，特别需要注意的是，确保 Dockerfile 和 app.py 在同一个目录下。编写好 Dockerfile 文件后，下面构建 Dockerfile 文件，构建后输出的信息如下。

```
#构建部署 Python 应用程序
docker build -t app .

#构建后输出的信息（部分信息进行了省略处理）
Sending build context to Docker daemon  4.096kB
Step 1/11 : FROM centos:7.8.2003
 ---> afb6fca791e0
Step 2/11 : MAINTAINER 无涯
 ---> Running in bcc505bb4b69
Removing intermediate container bcc505bb4b69
 ---> 1c83e0fcba33
Step 3/11 : RUN curl -o /etc/yum.repos.d/CentOS-Base.repo
https://mirrors.aliyun.com/repo/Centos-7.repo;
 ---> Running in 7248237c5c6d
  % Total    % Received % Xferd  Average Speed   Time    Time     Time  Current
                                 Dload  Upload   Total   Spent    Left  Speed
100  2523  100  2523    0     0   9107      0 --:--:-- --:--:-- --:--:--  9141
Removing intermediate container 7248237c5c6d
 ---> a4a1f4088e7f
Step 4/11 : RUN curl -o /etc/yum.repos.d/epel.repo
http://mirrors.aliyun.com/repo/epel-7.repo;
 ---> Running in 106a8f1e4e87
  % Total    % Received % Xferd  Average Speed   Time    Time     Time  Current
                                 Dload  Upload   Total   Spent    Left  Speed
100   664  100   664    0     0   6704      0 --:--:-- --:--:-- --:--:--  6775
Removing intermediate container 106a8f1e4e87
 ---> 8bec6ffa69e7
Step 5/11 : RUN yum install python3-devel python3-pip -y
 ---> Running in 8e5908d59d69
 ---> 5e66d250ee7a
Step 6/11 : RUN pip3 install -i https://pypi.douban.com/simple   flask
 ---> Running in 06f7785e460f
 ---> a195a177fdf9
Step 7/11 : RUN pip3 install -i https://pypi.douban.com/simple flask_restful
 ---> Running in fd0725f6f1ed
 ---> 66510076f309
Step 8/11 : COPY app.py /opt
 ---> 523986be9045
Step 9/11 : WORKDIR /opt
 ---> Running in 516d7d345c53
Removing intermediate container 516d7d345c53
```

```
 ---> 38cf7cd9db76
Step 10/11 : EXPOSE 5000
 ---> Running in 1590a0c66e6b
Removing intermediate container 1590a0c66e6b
 ---> 1c052531a4cd
Step 11/11 : CMD ["python3","app.py"]
 ---> Running in fdfa947036c2
Removing intermediate container fdfa947036c2
 ---> b1cd955143f7
Successfully built b1cd955143f7
Successfully tagged app:latest
```

构建成功后启动容器，验证部署的登录微服务，具体操作如下。

```
#过滤构建成功的镜像
docker  images | grep app
app latest b1cd955143f7 4 minutes ago 509MB

#启动容器
docker run  -d  -p5000:5000 app
b5f91ea8f383310cac303057781f08704fa3a1859083080807c28a68c71b88a7

#获取运行容器的 ID 信息
docker ps -a | grep app
b5f91ea8f383 app "python3 app.py" 12 seconds ago Up 11 seconds
0.0.0.0:5000->5000/tcp pensive_banzai

#查询容器端口
docker port b5f91ea8f383
5000/tcp -> 0.0.0.0:5000

#验证登录的应用程序
curl -X GET 'http://localhost:5000/login'
{
    "status": 0,
    "msg": "ok",
    "data": "this is a login page"
}
```

可以看到登录的服务验证是通过的，说明部署是没问题的。

3. 部署 Spring Boot

创建 Spring Boot 项目成功后，在 src/main 目录下创建 docker 文件夹，用来存储 Dockerfile 文件，具体目录结构如图 4-12 所示。

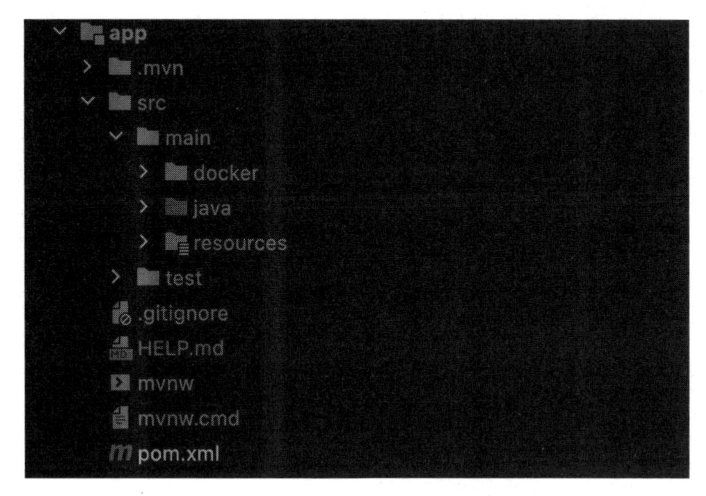

图 4-12　Spring Boot 目录结构

在 docker 文件夹下创建 Dockerfile 文件，文件内容如下。

```
FROM java:8
MAINTAINER 无涯
VOLUME /tmp
RUN mkdir /app
COPY app-0.0.1-SNAPSHOT.jar /app/app.jar
WORKDIR /app
EXPOSE 8081
CMD  ["java","-Djava.security.egd=file:/dev/./urandom","-jar","app.jar"]
```

在 pom.xml 文件中添加 Docker 的 maven 插件，代码如下。

```
<!--Docker Maven 依赖插件-->
<plugin>
    <groupId>com.spotify</groupId>
    <artifactId>docker-maven-plugin</artifactId>
    <configuration>
        <imageName>${project.name}:${project.version}</imageName>
        <!--Dockerfile 文件存储目录-->

<dockerDirectory>${project.basedir}/src/main/docker</dockerDirectory>
        <skipDockerBuild>false</skipDockerBuild>
        <resources>
            <resource>
                <directory>${project.build.directory}</directory>
                <include>${project.build.finalName}.jar</include>
            </resource>
        </resources>
```

```
    </configuration>
</plugin>
```

下面使用 maven 构建镜像，命令如下。

```
mvn clean package -Dmaven.test.skip=true  docker:build
```

构建后的输出信息如下。

```
[INFO] Building image app:0.0.1-SNAPSHOT
Step 1/8 : FROM java:8

 ---> d23bdf5b1b1b
Step 2/8 : MAINTAINER 无涯

 ---> Running in 61e46d55f969
Removing intermediate container 61e46d55f969
 ---> e69e0f46e380
Step 3/8 : VOLUME /tmp

 ---> Running in bc1b63727393
Removing intermediate container bc1b63727393
 ---> bed2e34edf64
Step 4/8 : RUN mkdir /app

 ---> Running in e728f2e15661
Removing intermediate container e728f2e15661
 ---> 87fbfa2b81de
Step 5/8 : COPY app-0.0.1-SNAPSHOT.jar /app/app.jar

 ---> 7b55bc915e80
Step 6/8 : WORKDIR /app

 ---> Running in 562a832be6b4
Removing intermediate container 562a832be6b4
 ---> 3dd38e62d07d
Step 7/8 : EXPOSE 8081

 ---> Running in 6f946cf21f13
Removing intermediate container 6f946cf21f13
 ---> f51f0ed97141
Step 8/8 : CMD  ["java","-Djava.security.egd=file:/dev/./urandom","-jar",
"app.jar"]

 ---> Running in 7819d632887a
```

```
Removing intermediate container 7819d632887a
 ---> d31354fe43e5
ProgressMessage{id=null, status=null,stream=null, error=null, progress=null,
progressDetail=null}
Successfully built d31354fe43e5
Successfully tagged app:0.0.1-SNAPSHOT
[INFO] Built app:0.0.1-SNAPSHOT
[INFO] ------------------------------------------------------------------------
[INFO] BUILD SUCCESS
[INFO] ------------------------------------------------------------------------
[INFO] Total time:  13.165 s
[INFO] Finished at: 2022-06-23T16:12:58+08:00
[INFO] ------------------------------------------------------------------------
```

可以看到它的内部其实是先把 Java 应用程序打包成 app-0.0.1-SNAPSHOT.jar，然后复制并修改名称存到/app/app.jar 下，构建成功后就会在 Docker 的镜像中显示构建成功后的镜像，代码如下。

```
docker images | grep app
app 0.0.1-SNAPSHOT d31354fe43e5 9 minutes ago 665MB
```

下面启动容器并验证容器的可用性，输出信息如下。

```
#运行镜像启动容器
docker run --rm  -p8081:8081  app:0.0.1-SNAPSHOT

#启动容器后的输出信息

  .   ____          _            __ _ _
 /\\ / ___'_ __ _ _(_)_ __  __ _ \ \ \ \
( ( )\___ | '_ | '_| | '_ \/ _` | \ \ \ \
 \\/  ___)| |_)| | | | | || (_| |  ) ) ) )
  '  |____| .__|_| |_|_| |_\__, | / / / /
 =========|_|==============|___/=/_/_/_/
 :: Spring Boot ::                (v2.6.2)

2022-06-23 08:26:09.275  INFO 1 --- [           main]
com.example.app.AppApplication              : Starting AppApplication
v0.0.1-SNAPSHOT using Java 1.8.0_111 on a4375ae43f69 with PID 1
(/app/app.jar started by root in /app)
2022-06-23 08:26:09.282  INFO 1 --- [           main]
com.example.app.AppApplication           : No active profile set, falling
back to default profiles: default
2022-06-23 08:26:12.504  INFO 1 --- [           main]
o.s.b.web.embedded.netty.NettyWebServer  : Netty started on port 8081
```

```
2022-06-23 08:26:12.543  INFO 1 --- [           main] com.example.app.AppApplication           : Started AppApplication in 4.453 seconds (JVM running for 5.522)
```

启动容器成功后，在另一个控制台使用 curl 验证启动服务的可用性，代码如下。

```
#发送 HTTP 请求
curl -X GET "http://localhost:8081/index"

#服务端返回的响应数据
Hello SpringBoot!
```

第 5 章 持续交付

在项目研发交付的过程中，结合自动化测试技术与 Docker 容器技术，打造 DevOps 下可持续交付的质量体系。通过对本章内容的学习，读者可以掌握以下知识。

☑ GitLab 下的持续集成、持续部署与持续交付实战。

☑ Jenkins 整合 GitLab 自动化测试。

☑ SonarQube 代码质量审计企业实战。

☑ 打造企业级可持续交付的流水线。

5.1 持续交付概述

随着 SaaS 化架构在企业的逐步落地，在企业向数字化转型的过程中，打造高质量的可持续交付的研发模式是研发团队必须要面临的挑战；对测试团队来说最大的挑战不仅是要快速地进行交付，而且需要保障高质量的业务交付，这样才能够迎合市场新一轮的竞争。下面从不同维度详细讲解打造可持续交付高质量业务的最佳实践。

1. 持续集成

持续集成（continuous integration，CI），它的目的是让产品可以快速交付，并且保障高质量的业务交付。其核心思想是开发团队把分支代码集成到 master 分支后，代码必须要经过自动化测试的验证，该过程中只要有一个自动化测试用例失败就不能集成。使用这样的模式，一方面能够快速地发现被继承的代码错误，另一方面可防止分支代码偏离主干，导致后期难以集成。

2. 持续交付

持续交付（continuous delivery，CD），是指开发团队频繁地把产品的版本交付给测试团队（客户）验收，如果验收通过，就部署到生产环境。持续交付可以理解为是持续集成的下一步，它的核心思想是软件可以随时随地的进行交付。

3. 持续部署

持续部署（continuous deployment）是持续交付的下一步，主要是指在代码评审通过后能够自动地部署到生产环境。它的目标是代码在任何时刻都是可以部署的，前提条件是代码必须要经过自动化测试、构建、部署等步骤。

5.2 GitLab 持续交付

GitLab 是企业级的私有云代码托管平台，在不借助 Jenkins 的情况下，GitLab 也可以独立地完成 CI/CD 的持续交付，下面结合测试框架详细介绍它的案例使用。

1. 配置 SSH key

把本地的代码提交到 GitLab 平台，需要打通本地与 GitLab 的通信，即先在本地生成 SSH key，然后配置到 GitLab 中，就可以把本地的代码远程提交到 GitLab 中，配置密钥的命令如下。

```
ssh-keygen -t rsa -C "GitLab登录账户"
```

在 GitLab 中配置好 user.name 和 user.email 的前提下，下面在本地生成密钥。查看本地是否已配置好 user.name 和 user.email 的命令以及命令的输出信息如下。

```
git config --list

#执行命令查看配置命令的输出信息
credential.helper=osxkeychain
user.name=wuya
user.email=2839168630@qq.com
core.excludesfile=/Users/liwangping/.gitignore_global
difftool.sourcetree.cmd=opendiff "$LOCAL" "$REMOTE"
difftool.sourcetree.path=
mergetool.sourcetree.cmd=/private/var/folders/c3/sqvfbdc14yldjtv2kn6c2g
5m0000gn/T/AppTranslocation/E830C482-8A19-4D1E-8782-55342C837E38/d/
Sourcetree 2.app/Contents/Resources/opendiff-w.sh "$LOCAL" "$REMOTE"
-ancestor "$BASE" -merge "$MERGED"
```

```
mergetool.sourcetree.trustexitcode=true
color.ui=true
```

下面详细介绍生成本地 SSH key 的过程，如图 5-1 所示。

```
localhost:~ liwangping$ ssh-keygen -t rsa -C "2839168630@qq.com"
Generating public/private rsa key pair.
Enter file in which to save the key (/Users/liwangping/.ssh/id_rsa):
Created directory '/Users/liwangping/.ssh'.
Enter passphrase (empty for no passphrase):
Enter same passphrase again:
Your identification has been saved in /Users/liwangping/.ssh/id_rsa.
Your public key has been saved in /Users/liwangping/.ssh/id_rsa.pub.
The key fingerprint is:
SHA256:91eYhjjJeLPt+OLV7YAPW0tVBgM9864/xl6TTaIvugk 2839168630@qq.com
The key's randomart image is:
+---[RSA 3072]----+
|             .oo |
|               +o |
|               +o|
|         o o . +o|
|        S O . =.+|
|         o * = *+|
|        E . B B++|
|         ..=.O.Bo|
|         .*=+.*o+|
+----[SHA256]-----+
```

图 5-1　生成本地密钥

图 5-1 中生成的本地密钥是在当前用户的.ssh 目录下，首先进入.ssh 目录，打开 id_rsa.pub 文件，复制它的全部配置，然后配置到 GitLab 平台中。

在 GitLab 平台中，单击账户下的 Settings，在左边栏中单击 SSH Keys，在右侧的 Key 文本框中把 id_rsa.pub 的内容全部复制进去，单击 Add key 按钮，密钥就配置成功了，如图 5-2 所示。

配置成功后，在 GitLab 平台中创建项目，就可以把本地的代码通过 push 提交到 GitLab 平台。

2．安装 gitlab-ci 插件

在 GitLab 平台上执行 CI/CD 还需要在 GitLab 的服务器上安装 gitlab-ci 插件，下载命令如下。

```
curl -L https://packages.gitlab.com/install/repositories/runner/gitlab-ci-multi-runner/script.rpm.sh | bash
```

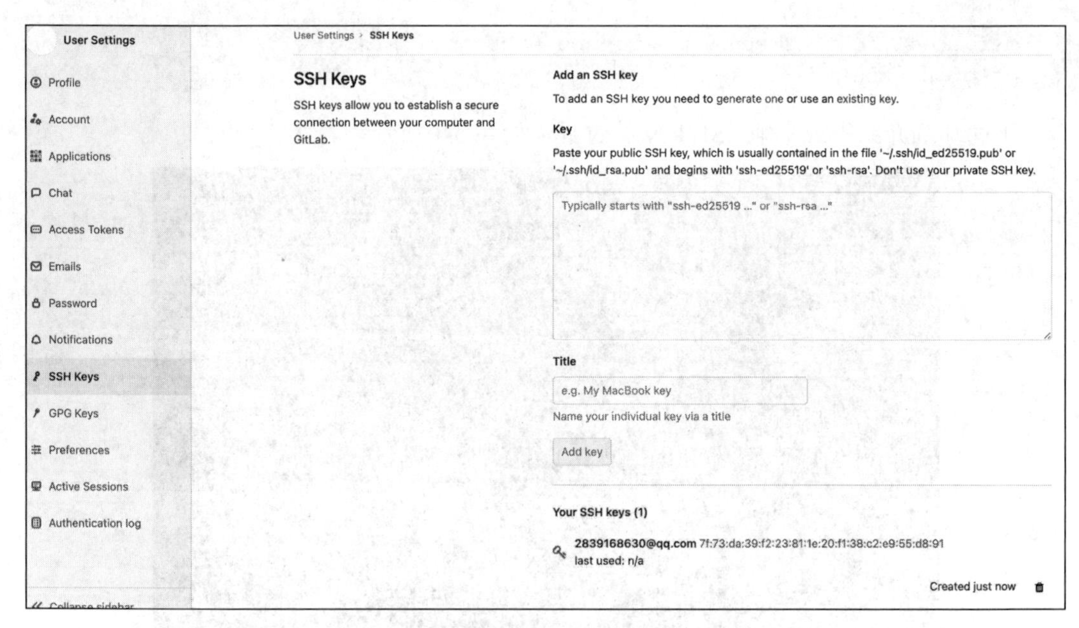

图 5-2　配置本地 SSH key

下载插件成功后，使用如下命令安装 gitlab-ci 插件。

```
yum install gitlab-ci-multi-runner -y
```

安装 gitlab-ci 插件成功后，使用如下命令启动服务并查看服务的状态。

```
#启动 gitlab-ci 服务
gitlab-ci-multi-runner restart

#查看 gitlab-ci 服务的状态
gitlab-ci-multi-runner  status

gitlab-runner: Service is running!
```

可以看到 gitlab-ci 服务已启动。

3．gitlab-ci 注册

启动 gitlab-ci 服务后，获取要执行的工程的地址和授权信息，才可以进行 gitlab-ci 信息注册。在 GitLab 的 apiAutomation 中，在项目的详情页中单击 Settings 下的 CI/CD 后，如图 5-3 所示。

单击 Runners，获取注册 gitlab-ci 的地址和 TOKEN 授权信息，如图 5-4 所示。

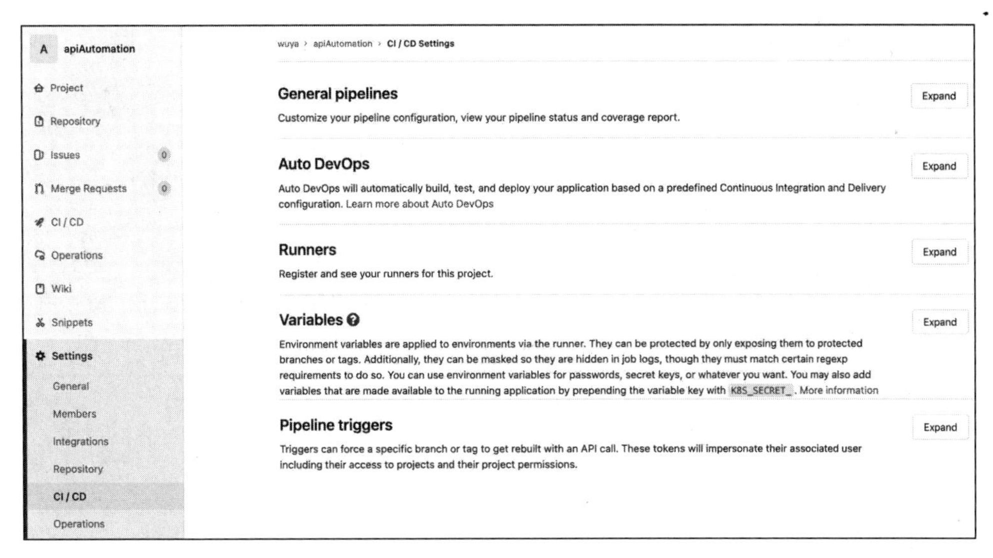

图 5-3　设置项目的 CI/CD

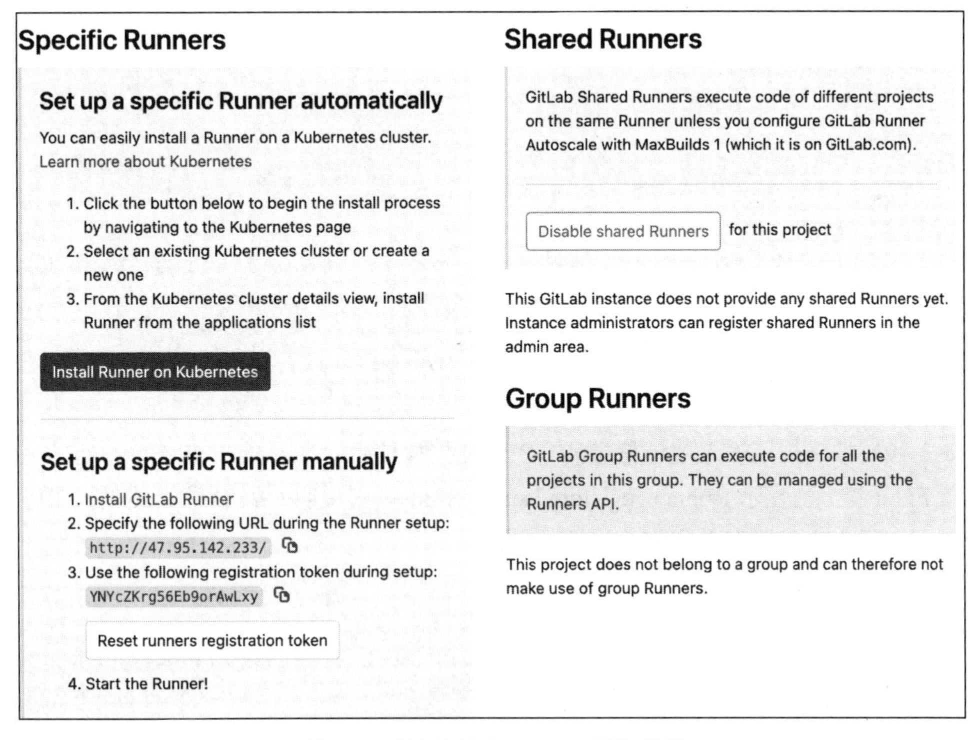

图 5-4　获取地址和 TOKEN 授权信息

在图 5-4 的 Set up a specific Runner manually 中获取地址和 TOKEN 授权信息。下面在

GitLab 服务器中注册 CI/CD，注册的命令以及操作过程如下。

```
#注册 CI/CD
 gitlab-ci-multi-runner  register

 Running in system-mode.

#输入项目的地址信息
Please enter the gitlab-ci coordinator URL (e.g. https://gitlab.com/):
http://47.95.142.233/

#输入 TOKEN 授权信息
Please enter the gitlab-ci token for this runner:
YNYcZKrg56Eb9orAwLxy
Please enter the gitlab-ci description for this runner:
[k8s-master]: testDev
Please enter the gitlab-ci tags for this runner (comma separated):
testDev
Whether to run untagged builds [true/false]:
[false]:
Whether to lock Runner to current project [true/false]:
[false]:
Registering runner... succeeded                    runner=YNYcZKrg

#选择执行方式
Please enter the executor: kubernetes, docker-ssh, ssh, virtualbox, docker+
machine, docker, parallels, shell, docker-ssh+machine:
shell
Runner registered successfully. Feel free to start it, but if it's running
already the config should be automatically reloaded!
```

如上代码按照规范输入地址信息和 TOKEN 授权信息，并选择 shell 作为执行方式，最后再按 Enter 键，当显示 Runner registered successfully，则说明 CI/CD 注册成功，注册成功后，使用如下命令可以查看到刚才注册的信息。

```
#查看 gitlab-ci 注册成功的列表
gitlab-ci-multi-runner  list
Listing configured runners    ConfigFile=/etc/gitlab-runner/config.toml
testDev                       Executor=shell Token=BctjLXriDKu2MedjqeyT
URL=http://47.95.142.233/
```

在 GitLab 平台项目详情的 Runners 中也会显示注册成功的信息，如图 5-5 所示。

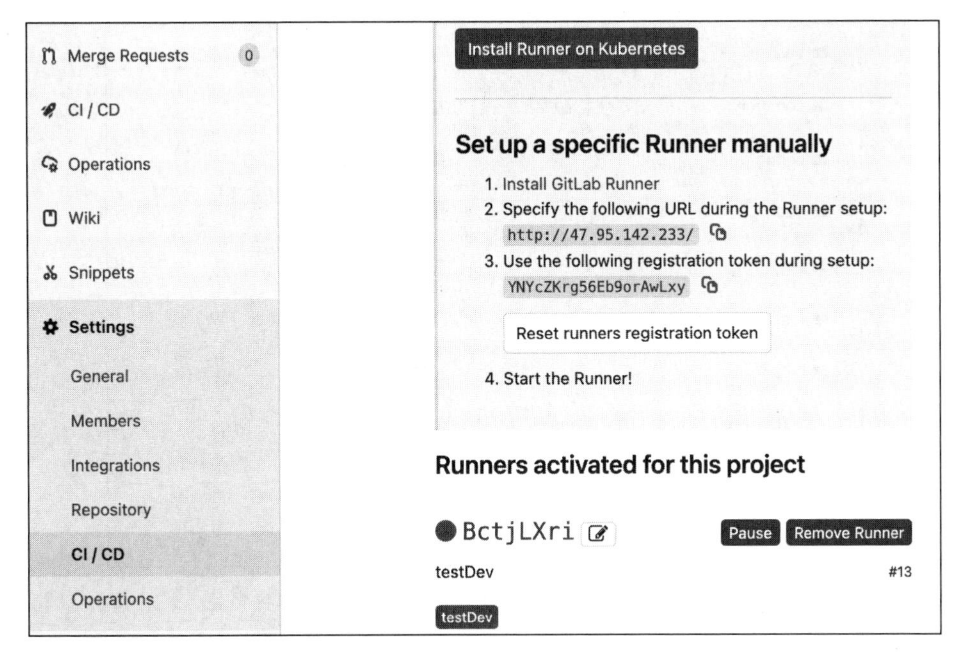

图 5-5　CI/CD 注册成功信息

4. .gitlab-ci.yml

在项目注册 CI/CD 的基础上，在项目根目录下新增.gitlab-ci.yml 文件，在该文件中通过 YAML 文件的格式注明需要执行的操作。因为项目代码是自动化测试用例代码，所以以执行的测试用例为例编写.gitlab-ci.yml 文件，内容如下。

```
stages:
 - ApiTest

ApiTest:
 stage: ApiTest
 script:
   - python3 -m pytest -v -s test/
```

以上代码中注明了需要执行的步骤。编写.gitlab-ci.yml 文件成功后，需要进行提交保存。apiAutomation 项目的整体目录结构如图 5-6 所示。

5. CI/CD 执行自动化测试

编辑保存.gitlab-ci.yml 文件成功后，在项目的 CI/CD 中就会自动地执行测试，也可以手动触发执行。这里主要介绍手动触发执行的方法，在项目详情的左边栏中单击 CI/CD 中的 Pipelines 就会跳转到执行的页面，如图 5-7 所示。

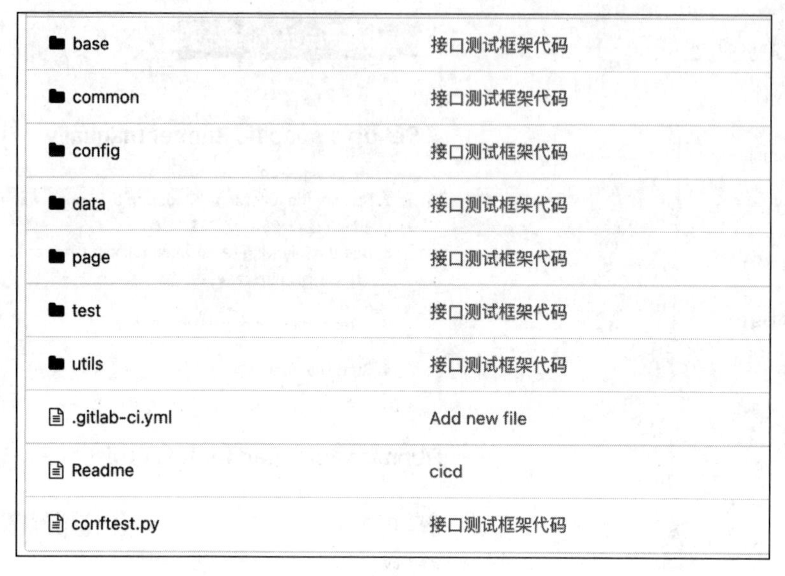

图 5-6　apiAutomation 项目的整体目录结构

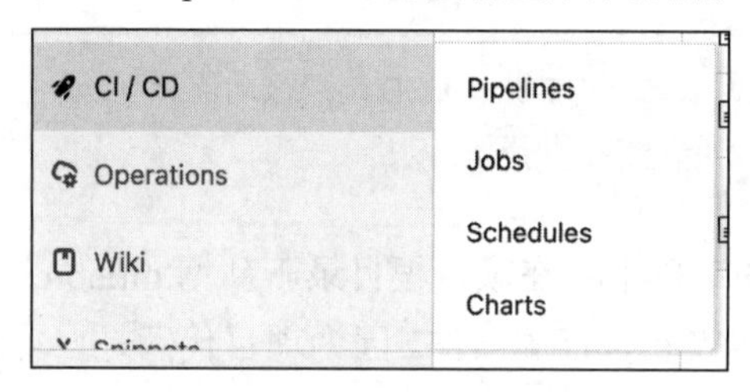

图 5-7　CI/CD 中的 Pipelines

在 Pipelines 中单击 Run Pipeline，就会触发执行项目的代码，如图 5-8 所示。

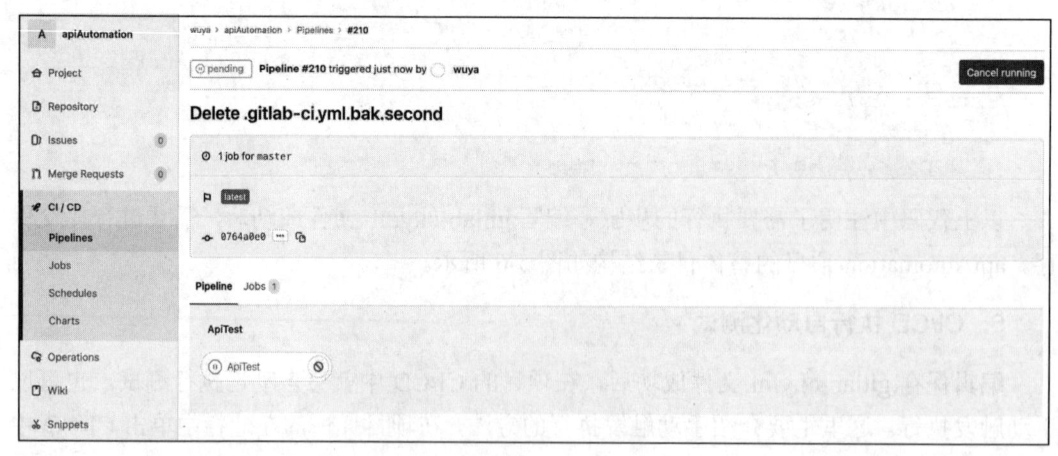

图 5-8　Run Pipeline 触发执行页面

执行结束后就会显示执行的结果，在 Pipeline 页单击 ApiTest 按钮后就会显示执行过程的详细信息，如图 5-9 所示。

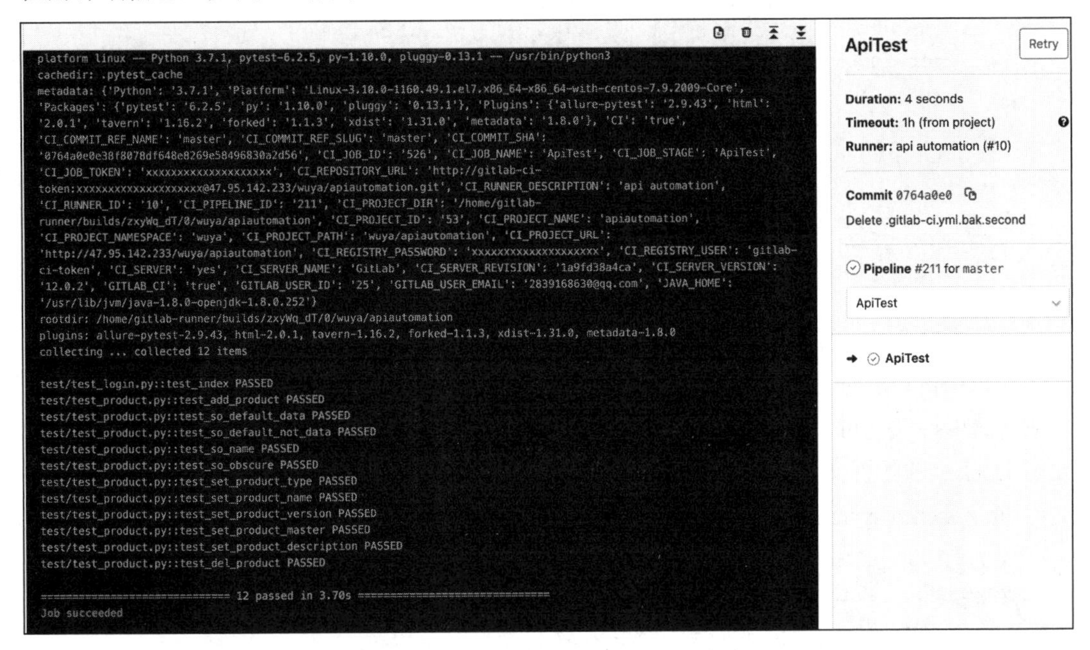

图 5-9　ApiTest 执行过程中的详细信息

可以看到图 5-9 显示了自动化测试用例执行的详细信息。这样在开发部署环境后，测试人员只需要在 GitLab 平台中单击 Run 按钮就可以实现可持续的验证。

6．CI/CD 部署 Spring Boot

下面详细介绍使用 gitlab-ci 自动化部署 Spring Boot 的应用程序。在第 4 章中详细地讲解了 Docker 整合 Spring Boot。下面开始在 Spring Boot 项目中创建.gitlab-ci.yml 文件，内容如下。

```
stages:
  - build image
  - run the container
  - smoke test

build image:
  stage: build image
  script:
    - mvn clean package  -Dmaven.test.skip=true   docker:build
```

```
run the container:
  stage: run the container
  script:
    - cd src/main/docker
    - docker-compose up -d

smoke test:
  stage: smoke test
  script:
    - cd src/main/docker
    - sleep 10s
    - python3 -m pytest -v test_springboot.py
```

在如上文件中，第一步实现构建镜像文件，第二步启动容器，最后一步是执行 API 的冒烟测试用例以验证被部署的程序，这样就可以在 GitLab 平台中结合 gitlab-runner 实现 CI/CD 的可持续交付。由于 gitlab-ci 执行的过程中使用的执行用户是 gitlab-runner，所以需要在 Docker 的配置文件 docker.service 中新增 gitlab-runner 执行 Docker 的权限，下面编辑文件/lib/systemd/system/docker.service，具体修改的内容如下。

```
#ExecStart=/usr/bin/dockerd -H unix:// 新增 gitlab-runner 执行 docker 的权限，修改如下
ExecStart=/usr/bin/dockerd -H unix://var/run/docker.sock -H
tcp://0.0.0.0:2375 -G gitlab-runner

#编辑文件成功后，需要重新启动 docker 服务
systemctl daemon-reload
systemctl restart  docker
```

备注：

如果再次增加 gitlab-runner 执行 docker 的权限，mvn docker:build 执行时就会报 Retrying request to {}->unix://localhost:80 的错误信息。

下面在项目中单击 Run Pipeline 就会开始执行项目代码。

从图 5-10 中可以看到执行成功的信息，这样结合 GitLab、Docker，以及 gitlab-ci 组件就能在 GitLab 的平台中实现 CI/CD 的体系，即实现可持续交付的流水线验证。

在下次构建镜像时需要停止服务并删除镜像文件，否则就会导致构建镜像失败。下面继续完善，完善后的.gitlab-ci.yml 文件的内容如下。

```
stages:
  - init CI/CD
  - build image
  - run the container
```

```
  - smoke test

init CI/CD:
  stage: init CI/CD
  script:
    - cd src/main/docker
    - docker-compose down
    - sleep 6s
    - docker rmi app:0.0.1-SNAPSHOT

build image:
  stage: build image
  script:
    - mvn clean package  -Dmaven.test.skip=true   docker:build

run the container:
  stage: run the container
  script:
    - cd src/main/docker
    - docker-compose up -d

smoke test:
  stage: smoke test
  script:
    - cd src/main/docker
    - sleep 10s
    - python3 -m pytest -v test_springboot.py
```

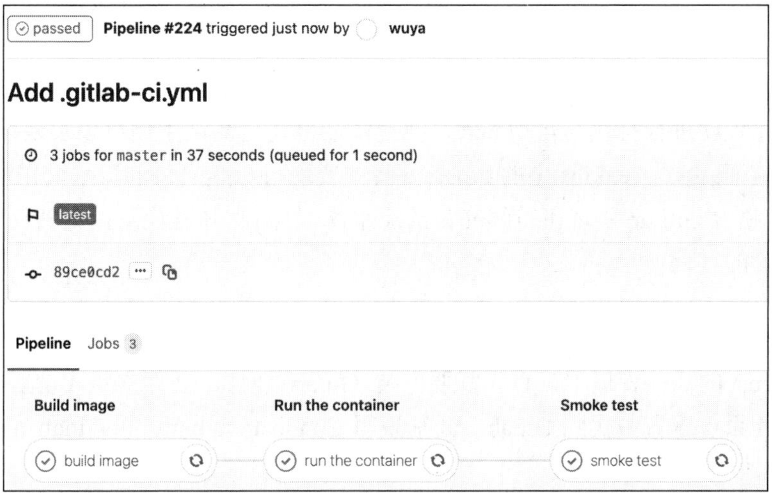

passed　Pipeline #224 triggered just now by　wuya

Add .gitlab-ci.yml

3 jobs for master in 37 seconds (queued for 1 second)

latest

89ce0cd2

Pipeline　Jobs 3

Build image　Run the container　Smoke test

build image　run the container　smoke test

图 5-10　gitlab-ci 部署 Spring Boot 执行

以上代码中新增了初始化操作，这样开发人员每次提交代码后就可以实现自动化测试的环境部署和自动化冒烟测试验证。再次执行测试，执行后的结果如图 5-11 所示。

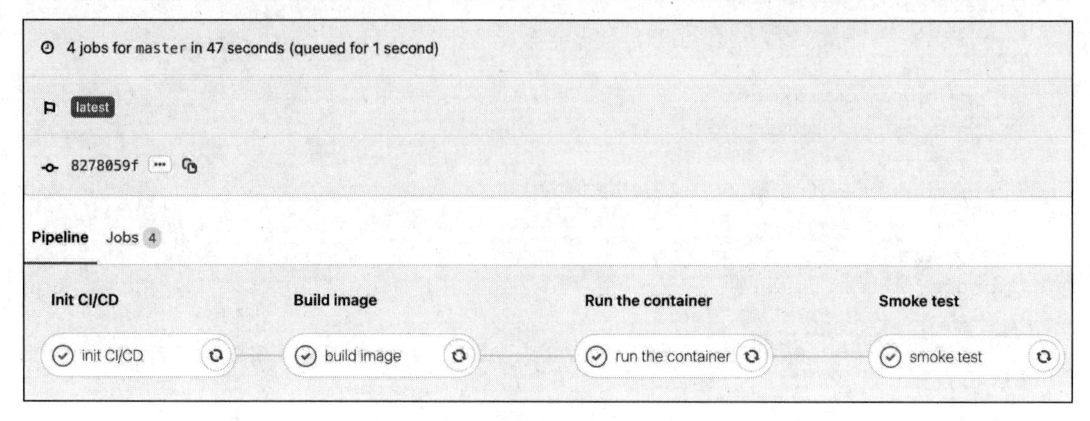

图 5-11　新增初始化执行后的结果

可以看到，新增的初始化操作执行通过。

在工作中，企业可以在不借助 Jenkins 持续集成的平台下，独立地使用 GitLab 一站式实现代码托管以及 CI/CD 的持续交付。

5.3　Jenkins 整合 GitLab

GitLab 除了能够打造企业级的 CI/CD 的可持续交付，在更多时候是和 Jenkins 整合进行自动部署环境和自动化测试，下面详细介绍其配置和案例应用。

自动触发构建是指开发人员先把本地代码提交到远程仓库 GitLab 代码托管平台，然后自动触发构建程序进行打包与自动部署，结合冒烟自动化测试用例可以实现自动化的环境部署与环境验证。结合 Jenkins 中的 Pipeline 脚本实现可持续交付的流水线作业。下面详细阐述 Jenkins 整合 GitLab 实现可持续交付的流水线，打造从开发代码提交到自动部署环境、自动验证环境的过程。

1. Jenkins 与 Gitlab 通信

在 Jenkins 的插件管理中，首先需要安装 Gitlab 插件，插件安装成功后，在 Jenkins 的系统管理的系统配置中找到 Gitlab，分别填写 Connection name 和 Gitlab host URL，如图 5-12 所示。

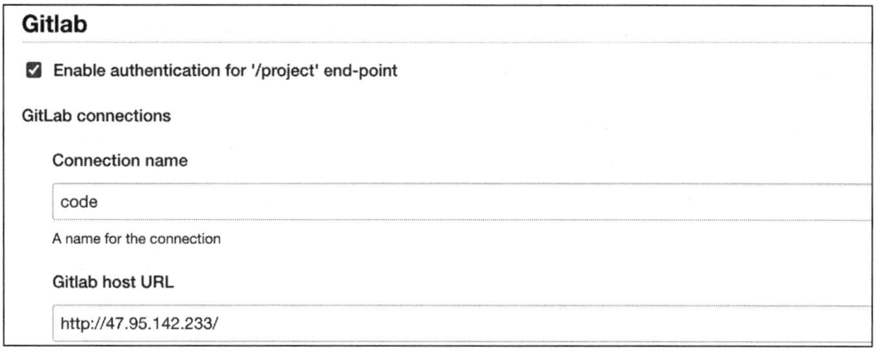

图 5-12　配置 Gitlab 的信息

下面需要在 Gitlab 平台中获取 access token 的认证信息，获取的步骤是先在 Gitlab 平台中单击头像下的 Settings，然后单击 Access Tokens，输入 Name 并选择过期时间（Expires at），勾选 Scopes 选项区（建议选中所有选项），如图 5-13 所示。

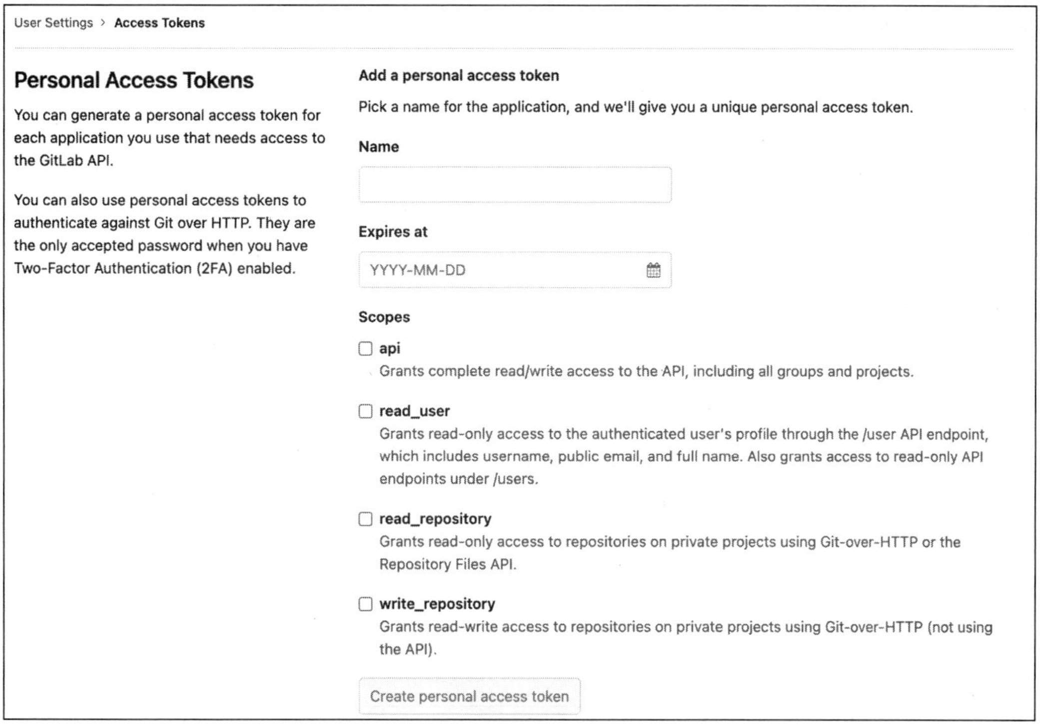

图 5-13　GitLab 中配置 access token

填写相关信息后，单击 Create personal access token 按钮，就会生成 access token 的值，先复制该值，然后在 Jenkins 的 GitLab 配置中单击添加下的 Jenkins，类型选择为 GitLab API token，在 API token 文本框中填写生成的 access token，描述文本框中填写 GitLab API Token，如图 5-14 所示。

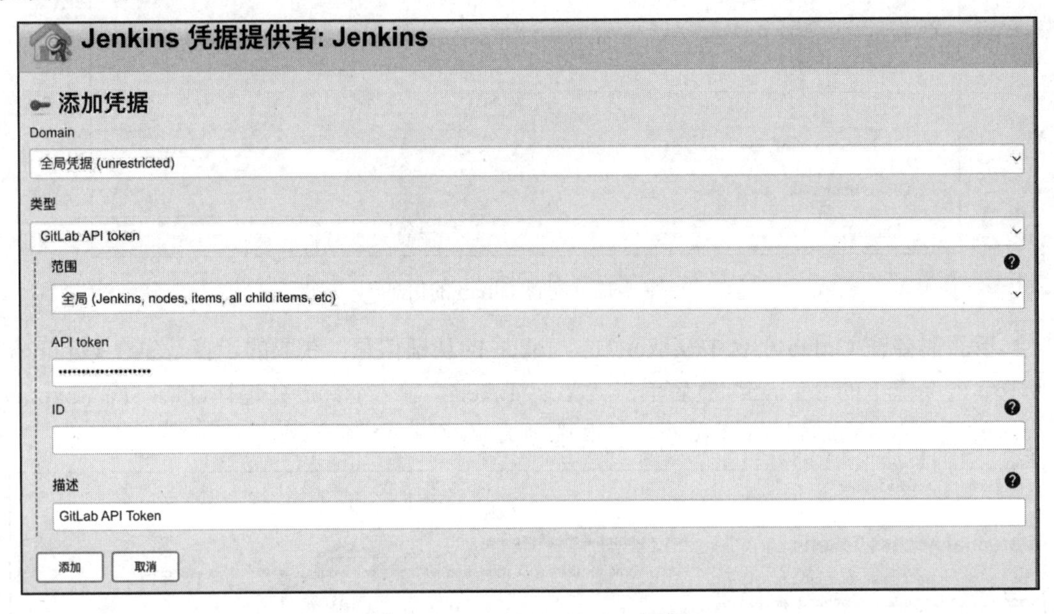

图 5-14　GitLab API Token 配置

单击“添加”按钮即可配置成功，如果配置没有任何问题，在 Credentials 处选择刚才配置的描述信息，单击 Test Connection 按钮就会显示 Success，如图 5-15 所示。

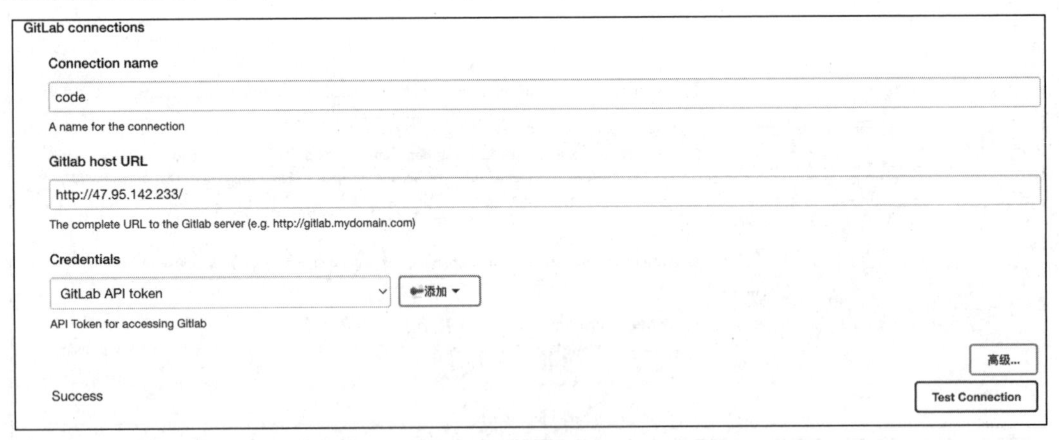

图 5-15　验证 GitLab 与 Jenkins 的通信

2. 自动触发 Jenkins 配置

在 Jenkins 中安装插件 GitLab hooks，插件安装成功后，在 Jenkins 中创建项目 autoApi，

在项目配置页的 Repositories 中，在 Branches to build 下的“指定分支（为空时代表 any）”处填写**，即代表任意的分支，如图 5-16 所示。

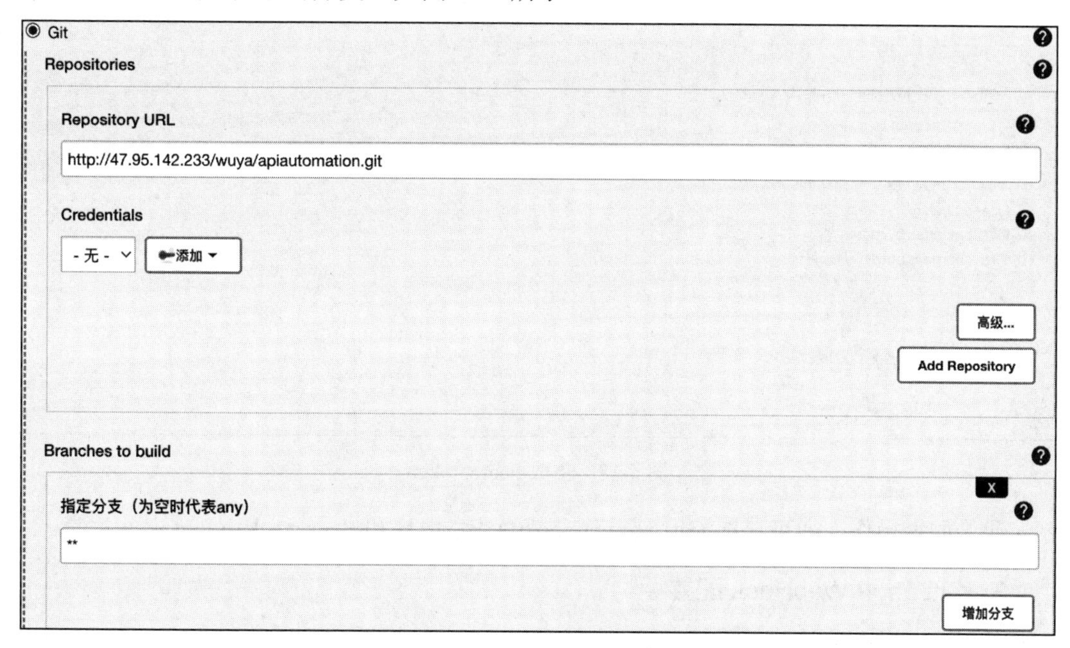

图 5-16　填写构建的分支

在“构建触发器”页签中勾选 Build when a change is pushed to GitLab，如图 5-17 所示。

图 5-17　选择构建触发器

在如上信息中先获取 GitLab webhook 的 URL 信息，然后单击 Secret token 中的 Generate 按钮生成 token，如图 5-18 所示。

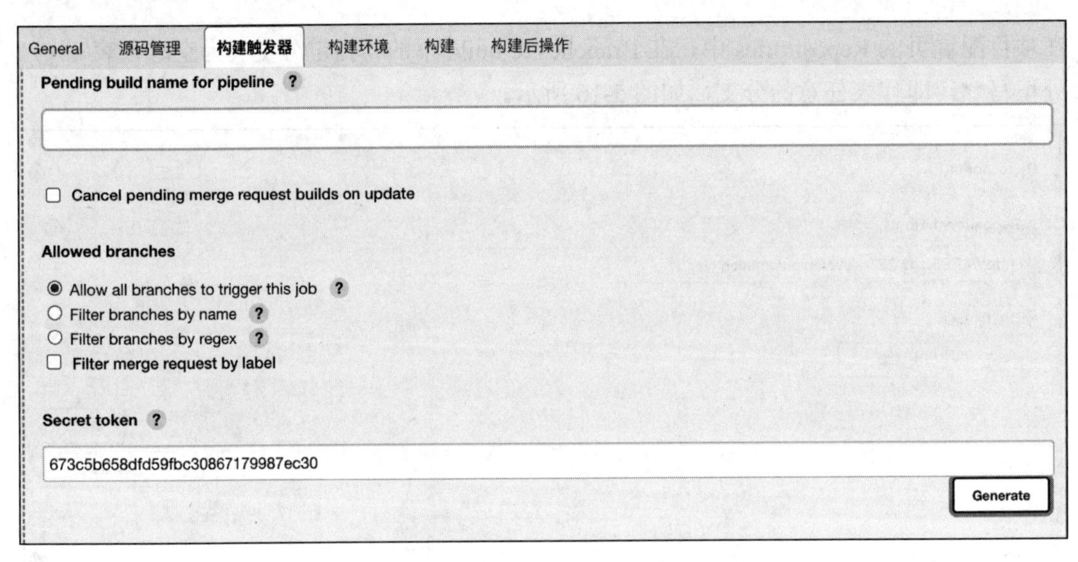

图 5-18　生成 Secret token

通过如上操作，即可获取 GitLab webhooks URL 地址和 Secret token 的 token 信息。

3. GitLab 中 WebHook 配置

获取 GitLab Webhooks URL 地址和 Secret token 信息后，下面在 GitLab 平台的项目中配置 Webhooks，在项目的详情页中单击 Integrations Settings，在 URL 中单击获取的 GitLab webhooks URL，在 Secret Token 文本框中填写获取的 token 信息，如图 5-19 所示。

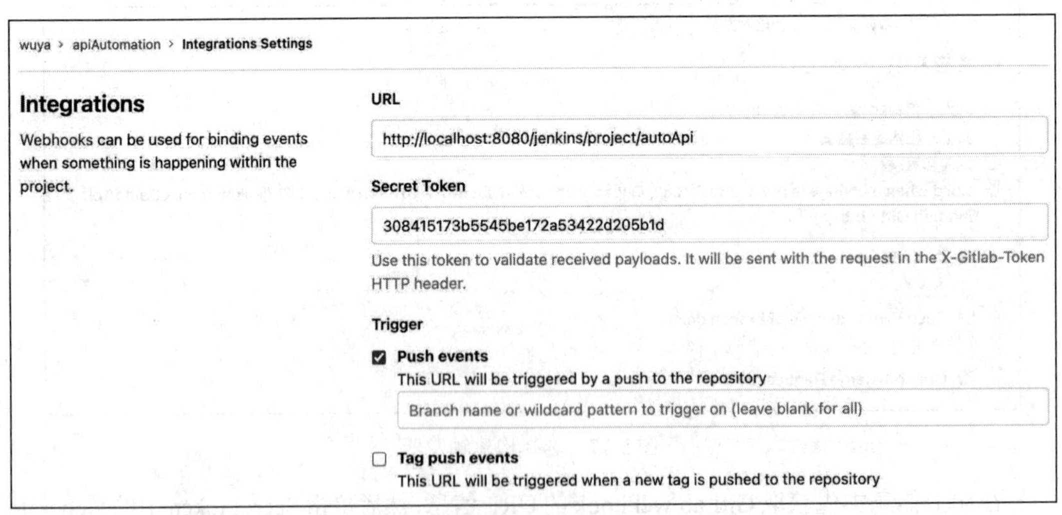

图 5-19　配置 GitLab Webhooks 的 URL 和 Secret Token

单击 Add webhook 按钮，添加成功后就会显示当前的 Webhooks，如图 5-20 所示。

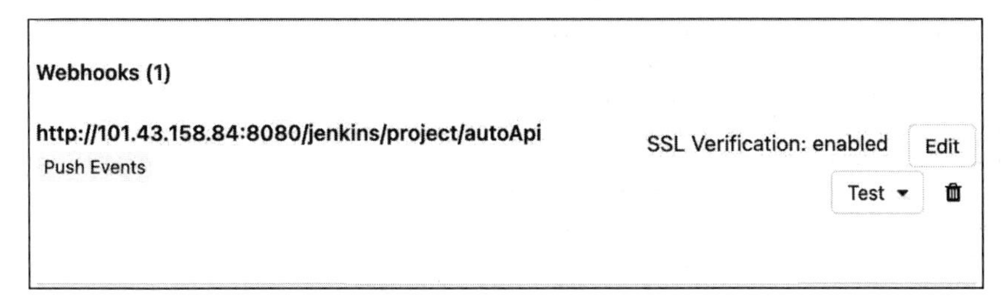

图 5-20　查看 Webhooks

配置 Webhooks 成功后，单击 Test 下拉框中的 Push events，就会在 Jenkins 中自动触发执行 autoApi 项目，如图 5-21 所示。

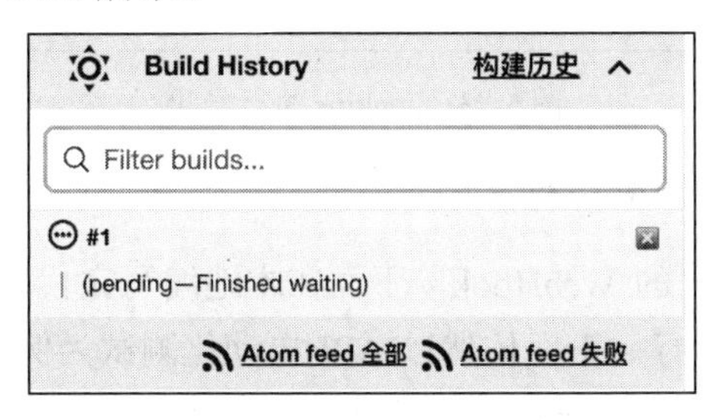

图 5-21　触发执行 Jenkins 中的 autoApi 项目

Jenkins 中的项目显示 pending 状态，表示 WebHooks 的配置是正确的。在 GitLab 的 Webhooks 中单击 Edit 就会看见 Status 是 200，如图 5-22 所示。

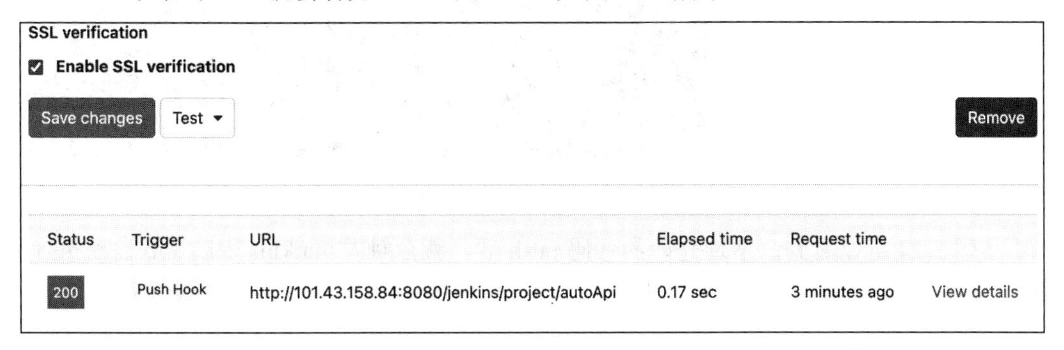

图 5-22　测试 push 成功标识

GitLab 与 Jenkins 之间会自动触发构建，本质上是 HTTP 协议的交互，GitLab 触发构建成功后，Jenkins 收到请求触发 Job 执行，把结果返回给 GitLab。GitLab 整合 Jenkins 后的自动触发机制的优势是提交代码 push 后，能够触发项目自动构建，而不需要手动触发构建。在 Jenkins 持续集成的平台能够看到触发后自动执行的结果，如图 5-23 所示。

```
collecting ... collected 12 items

test/test_login.py::test_index PASSED
test/test_product.py::test_add_product PASSED
test/test_product.py::test_so_default_data PASSED
test/test_product.py::test_so_default_not_data PASSED
test/test_product.py::test_so_name PASSED
test/test_product.py::test_so_obscure PASSED
test/test_product.py::test_set_product_type PASSED
test/test_product.py::test_set_product_name PASSED
test/test_product.py::test_set_product_version PASSED
test/test_product.py::test_set_product_master PASSED
test/test_product.py::test_set_product_description PASSED
test/test_product.py::test_del_product PASSED

============================== 12 passed in 4.20s ==============================
Finished: SUCCESS
```

图 5-23　Jenkins 执行结果

4. 提交代码自动触发 Job 执行

在前面已经配置好 Job 的 WebHook，下面在本地编写完代码后，进行 push 就会自动地触发 Jenkins 中的 Job 执行。下面依然以 API 自动化测试为例介绍这个过程。首先进入 Job 的本地仓库，进行提交后的 push 操作，如图 5-24 所示。

图 5-24　本地仓库远程提交

从图 5-24 可以看到，本地仓库的代码 push 后，就会触发 Jenkins 中的 Job 自动执行，通过这种方式，就能实现代码提交从而触发 Job 自动构建，形成可持续的验证和交付。

5. 自动触发部署环境

下面整合自动触发的机制来自动化使用 Docker 的方式部署 Spring Boot 项目，使用的依然是 app 项目。在 Jenkins 中创建流水线的项目，针对该项目在 Jenkins 中获取 GitLab Webhook URL 和 Secret token，在 GitLab 的 app 项目中进行配置。下面在流水线中定义构建镜像，启动容器并进行自动化冒烟测试，Pipeline script 具体的脚本信息如下。

```
pipeline{
    agent any
    stages{
        stage('Code Pull') {
            steps {
               git 'http://47.95.142.233/wuya/app.git'
            }
        }
        stage('container init'){
            steps{
                sh '''cd src/main/docker
                 docker-compose down
                 sleep 6s
                 docker rmi app:0.0.1-SNAPSHOT
                 sleep 10s
                 '''
            }
        }
        stage('build the image'){
            steps{
                sh '''
                mvn clean package  -Dmaven.test.skip=true   docker:build'''
            }
        }
        stage('run the container'){
            steps{
                sh '''cd src/main/docker
                docker-compose up -d '''
            }
        }
        stage('smoke test'){
            steps{
                sh '''cd src/main/docker
                sleep 10s
                python3 -m pytest -v test_springboot.py'''
            }
        }
    }
}
```

在本地仓库执行 push 操作后，就能够自动构建项目，如图 5-25 所示。

自动构建触发执行后，下面就会进行流水线的构建和执行，如图 5-26 所示。

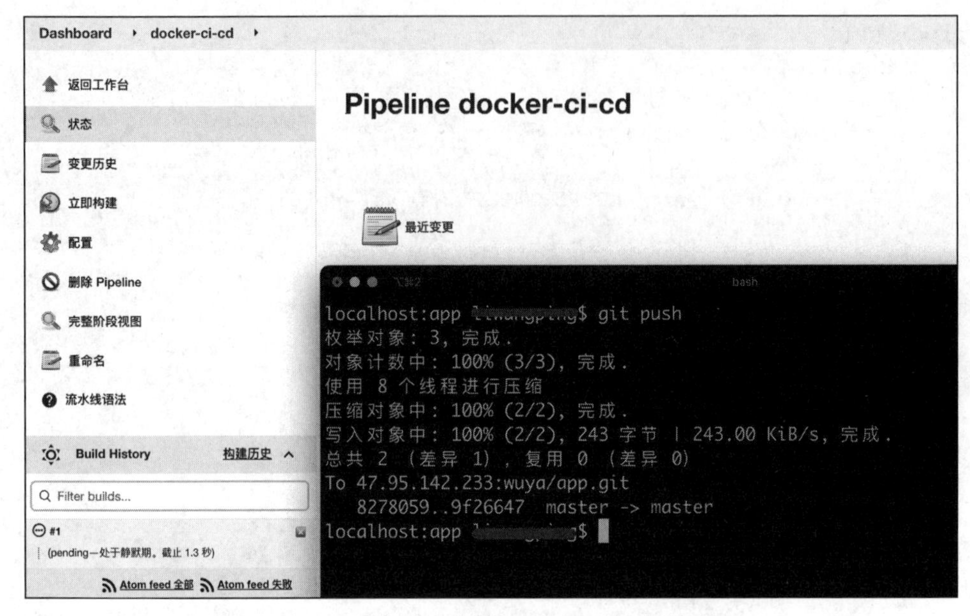

图 5-25　Spring Boot 项目 push 后自动触发构建项目

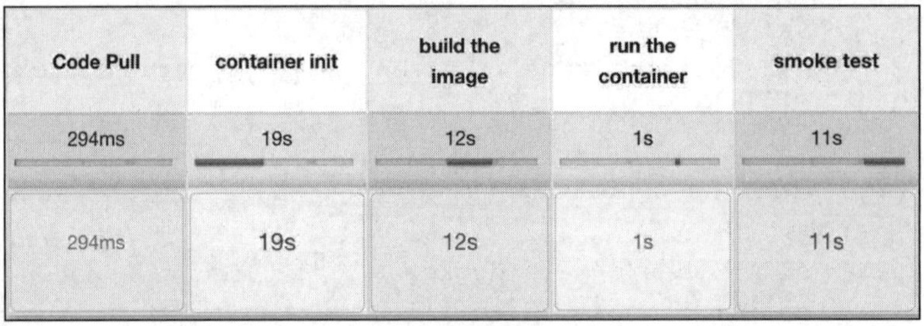

Code Pull	container init	build the image	run the container	smoke test
294ms	19s	12s	1s	11s
294ms	19s	12s	1s	11s

图 5-26　流水线式执行

可以看到，首先获取代码，接着停止服务以及删除镜像，重新构建镜像成功后，启动容器进行冒烟测试。这样触发自动构建的优势是，开发人员在编写完一个新的功能并提交后，整个功能完全是自动化测试部署和自动化冒烟测试，开发和测试人员都不需要刻意地关注，该过程完全是智能化的。如果过程中执行失败，就需要人为地介入检查具体的错误原因。

5.4　SonarQube 实战

SonarQube 是开源的源码质量管理平台，主要是针对源码进行持续的分析，目的是快速地分析源码中潜在的问题或者明显的源码问题，再结合各种开源的插件进行整合。

SonarQube 平台由以下四部分组成。

（1）SonarQube 服务器。

（2）SonarQube 数据库，用于存储数据。

（3）SonarQube 插件。

（4）SonarQube 扫描仪，用于分析项目源码。

SonarQube 的操作流程具体可以总结如下。

（1）开发者把代码提交到 GitLab 平台。

（2）持续集成结合 SonarQube 扫描仪进行代码分析。

（3）分析结束后将代码发送到 SonarQube 服务器进行处理。

（4）SonarQube 服务器进行分析并将分析结果存储到 SonarQube 数据库，在 UI 平台展示。

5.4.1　搭建 SonarQube

下面详细介绍 SonarQube 的搭建，步骤如下。

1．下载 SonarQube

在 SonarQube 官网 https://www.sonarsource.com/products/sonarqube/downloads/historical-downloads/下载 7.7 版本，在要安装的终端上提前搭建 JDK1.8 环境和 MySQL 环境，建议 MySQL 的版本最好是 5.6～8.0。下载 sonarqube-7.7.zip 成功后进行解压。

2．编辑 sonar.properties

进入/usr/local/sonarqube-7.7/conf 目录，编辑 sonar.properties 文件，主要是修改数据库地址、对外的 IP 地址和端口信息，调整后的配置文件内容如下。

```
sonar.jdbc.url=jdbc:mysql://101.43.158.84:3306/sonar?useUnicode=true&characterEncoding=utf8&rewriteBatchedStatements=true&useConfigs=maxPerformance&useSSL=false
sonar.jdbc.username=root
sonar.jdbc.password=123456
sonar.sorceEncoding=UTF-8

sonar.login=admin
sonar.password=admin
```

```
sonar.login=admin
sonar.password=admin

sonar.web.host=0.0.0.0
sonar.web.port=9000
```

注意：

需要在 MySQL 中创建数据库 sonar。

3．编辑 wrapper.conf

在/usr/local/sonarqube-7.7/conf 目录下，更新 wrapper.conf 文件，把 wrapper.java.command 替换为自己本地的 JDK 路径，内容如下。

```
wrapper.java.command=/usr/local/jdk1.8.0_271/bin/java
```

4．创建 sonar 用户

SonarQube 服务需要 sonar 用户来启动，所以需要独立地创建该用户并且赋予权限，创建用户以及赋予权限的命令如下。

```
[root@k8s-node1 conf]# useradd sonar
[root@k8s-node1 conf]# passwd sonar
#把 sonarqube-7.7/目录下所有文件设置的所有者和组都设置为 sonar
[root@k8s-node1 local]# chown -R sonar:sonar sonarqube-7.7/
#都赋予执行的权限
[root@k8s-node1 local]# chmod -R 777 sonarqube-7.7/
```

5．启动 SonarQube 服务

切换到 sonar 用户，进入/usr/local/sonarqube-7.7/bin/linux-x86-64 目录，执行如下命令启动 SonarQube 服务。

```
cd /usr/local/sonarqube-7.7/bin/linux-x86-64
./sonar.sh start
```

在浏览器的地址栏中输入 http://101.43.158.84:9000 并按 Enter 键，就会显示 SonarQube 的启动页面（首次启动加载的时间会比较长，由于需要在数据库 sonar 中创建相关的表），SonarQube 启动加载页面如图 5-27 所示。

输入账户和密码 admin，就可以登录到 SonarQube 系统了。

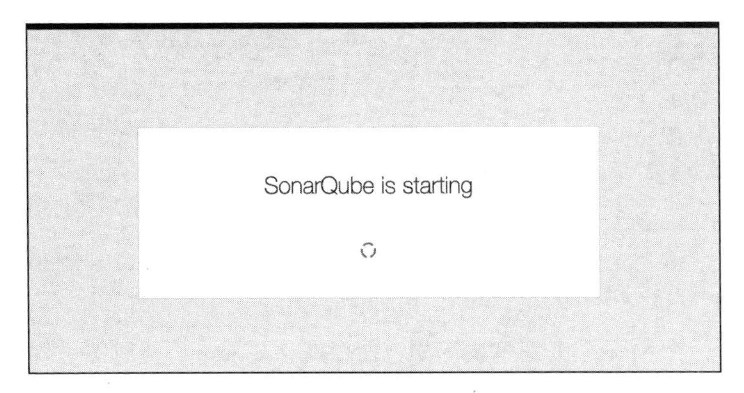

图 5-27　SonarQube 启动加载页面

5.4.2　SonarScanner 配置

SonarQube 平台是由 SonarQubeScanner 来分析代码的，下面详细介绍它的安装和配置。

下载 sonar-scanner-2.8.zip 并解压，进入 sonar-scanner-2.8/conf 目录，编辑配置文件 sonar-scanner.properties，填写 SonarQube 服务的地址信息，内容如下。

```
sonar.host.url=http://101.43.158.84:9000
sonar.sourceEncoding=UTF-8
```

5.4.3　Maven 整合 Sonar

下面详细介绍 Maven 与 SonarQube 的整合以及具体的案例实战。

1. Maven 配置文件方式

在 Maven 的 conf 目录下编辑 settings.xml 文件，新增 SonarQube 服务的地址以及被注释的插件，内容如下。

```
<pluginGroups>
  <!-- pluginGroup
   | Specifies a further group identifier to use for plugin lookup.
  <pluginGroup>com.your.plugins</pluginGroup>
  -->
  <pluginGroup>org.sonarsource.scanner.maven</pluginGroup>
</pluginGroups>
<profile>
  <id>sonar</id>
  <activation>
```

```
    <activeByDefault>true</activeByDefault>
  </activation>
  <properties>
    <!-- 配置 Sonar Host 地址，默认为 http://localhost:9000 -->
    <sonar.host.url>
      http://101.43.158.84:9000
    </sonar.host.url>
  </properties>
  </profile>
```

配置成功后，在 Maven 工程下执行如下命令就会显示分析代码的过程。

```
mvn clean install sonar:sonar
```

执行后，输出的结果如图 5-28 所示。

```
[INFO] 7 files to be analyzed
[INFO] 6/7 files analyzed
[WARNING] Missing blame information for the following files:
[WARNING]   * pom.xml
[WARNING] This may lead to missing/broken features in SonarQube
[INFO] 2 files had no CPD blocks
[INFO] Calculating CPD for 1 file
[INFO] CPD calculation finished
[INFO] Analysis report generated in 63ms, dir size=94 KB
[INFO] Analysis report compressed in 40ms, zip size=23 KB
[INFO] Analysis report uploaded in 541ms
[INFO] ANALYSIS SUCCESSFUL, you can browse http://101.43.158.84:9000/dashboard?i
d=com.example%3Aapp
[INFO] Note that you will be able to access the updated dashboard once the serve
r has processed the submitted analysis report
[INFO] More about the report processing at http://101.43.158.84:9000/api/ce/task
?id=AYH_6WJhoOSaKg6DAN4J
[INFO] Analysis total time: 6.651 s
[INFO] ------------------------------------------------------------------------
[INFO] BUILD SUCCESS
[INFO] ------------------------------------------------------------------------
[INFO] Total time:  16.260 s
[INFO] Finished at: 2022-07-15T11:31:34+08:00
[INFO] ------------------------------------------------------------------------
```

图 5-28　分析代码后的输出结果

在 SonarQube 平台查看分析的结果，如图 5-29 所示。

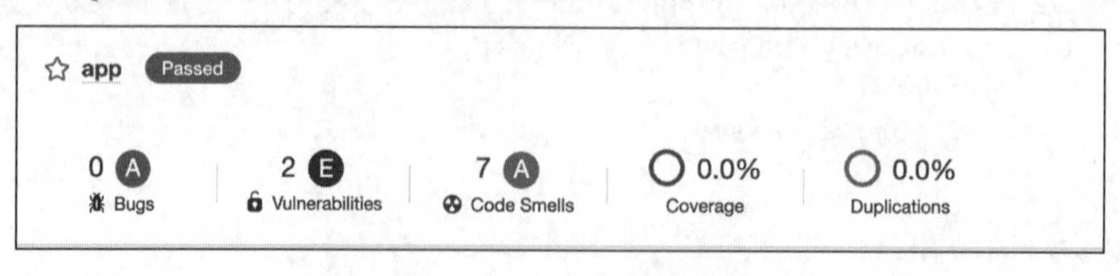

图 5-29　SonarQube 平台展示分析的结果

从图 5-29 中可以看到 Bugs 是 0 个，Vulnerabilities 是 2 个，Code Smells 是 7 个，整体结果是 Passed。

2. Maven 插件方式

下面详细讲解使用 Maven 插件方式直接在项目中进行代码质量的审计，在 pom.xml 文件中新增 SonarQube 的 Maven 插件，内容如下。

```
<!--集成 SonarQube-->
<dependency>
    <groupId>org.sonarsource.scanner.maven</groupId>
    <artifactId>sonar-maven-plugin</artifactId>
    <version>3.6.1.1688</version>
</dependency>
```

使用以下命令就可以直接执行并进行代码质量的审计。

```
mvn clean install -Dmaven.test.skip=true
org.sonarsource.scanner.maven:sonar-maven-plugin:3.6.1.1688:sonar
```

执行命令后，输出的结果如图 5-30 所示。

```
[INFO] 0/1 files analyzed
[WARNING] Missing blame information for the following files:
[WARNING]   * pom.xml
[WARNING] This may lead to missing/broken features in SonarQube
[INFO] 2 files had no CPD blocks
[INFO] Calculating CPD for 1 file
[INFO] CPD calculation finished
[INFO] Analysis report generated in 65ms, dir size=92 KB
[INFO] Analysis report compressed in 31ms, zip size=22 KB
[INFO] Analysis report uploaded in 84ms
[INFO] ANALYSIS SUCCESSFUL, you can browse http://101.43.158.84:9000/dashboard?i
d=com.example%3Aapp
[INFO] Note that you will be able to access the updated dashboard once the serve
r has processed the submitted analysis report
[INFO] More about the report processing at http://101.43.158.84:9000/api/ce/task
?id=AYIBjprgo0SaKg6DAN4K
[INFO] Analysis total time: 5.581 s
[INFO] ------------------------------------------------------------------------
[INFO] BUILD SUCCESS
[INFO] ------------------------------------------------------------------------
```

图 5-30 使用 Maven 插件方式分析结果

5.4.4 Jenkins 整合 Sonar

5.4.3 节详细介绍了通过 Maven 与 SonarQube 的整合来分析代码的质量情况，下面讲解把 SonarQube 整合到 Jenkins 平台中。

1. Jenkins 插件配置

在 Jenkins 插件管理中安装 CodeSonar、SonarQube Generic Coverage 插件，插件安装成功后，下面详细讲解 SonarQube 插件在 Jenkins 平台中的配置。在配置之前需要在 SonarQube 平台中强制开启身份认证识别，单击 Administration 下的 Configuration 中的 Security，开启 Force user authentication，如图 5-31 所示。

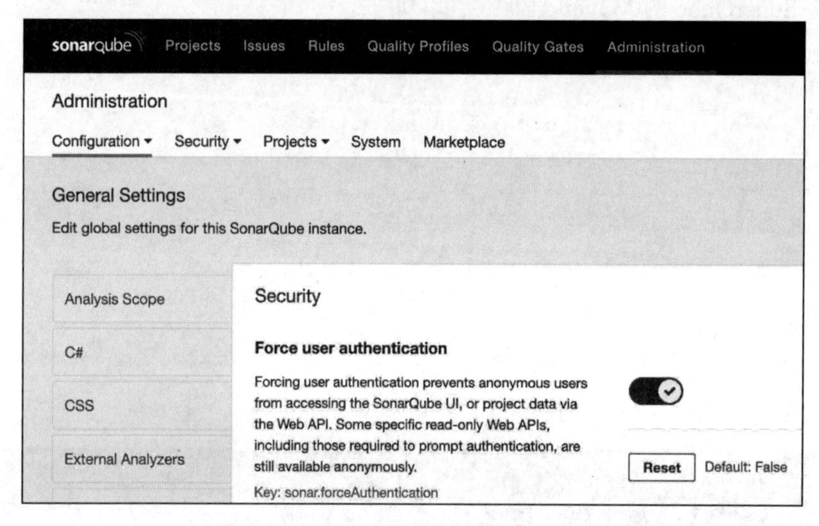

图 5-31 SonarQube 开启强制身份认证

SonarQube 开启强制身份认证后，在 Jenkins 系统管理中的系统配置下的 SonarQube servers 中进行配置，如图 5-32 所示。

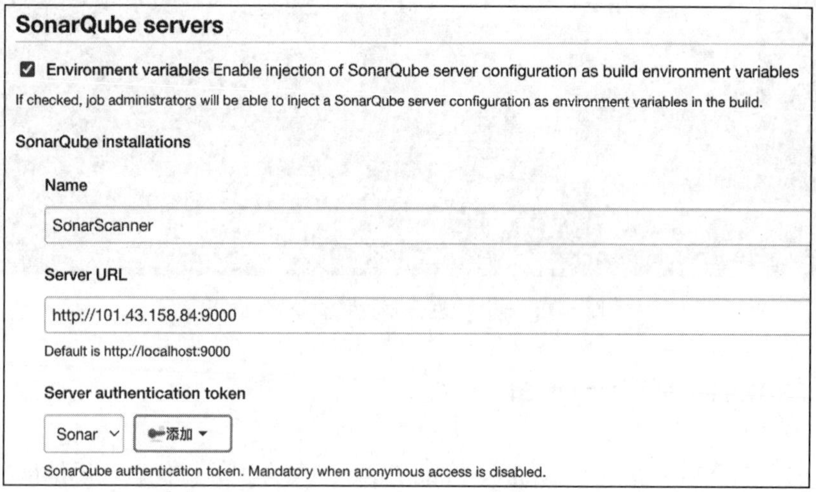

SonarQube servers

Environment variables Enable injection of SonarQube server configuration as build environment variables

If checked, job administrators will be able to inject a SonarQube server configuration as environment variables in the build.

SonarQube installations

Name

SonarScanner

Server URL

http://101.43.158.84:9000

Default is http://localhost:9000

Server authentication token

Sonar 添加

SonarQube authentication token. Mandatory when anonymous access is disabled.

图 5-32 SonarQube servers 配置页

2．配置 SonarScanner

在系统管理的全局工具配置中配置 SonarScanner，如图 5-33 所示。

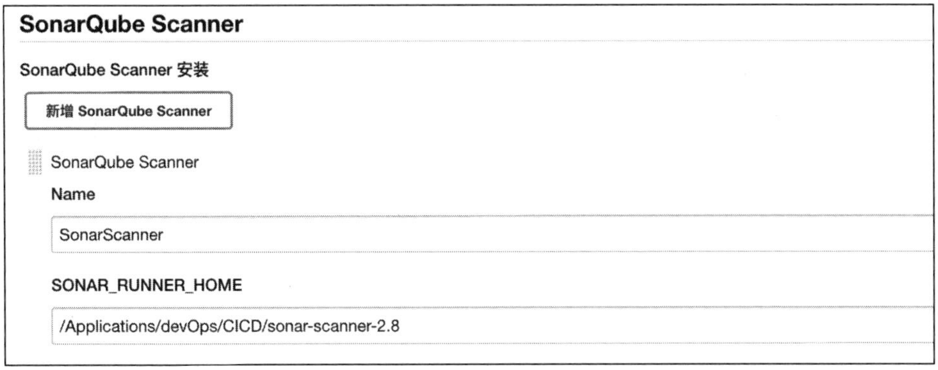

SonarQube Scanner

SonarQube Scanner 安装

新增 SonarQube Scanner

SonarQube Scanner

Name

SonarScanner

SONAR_RUNNER_HOME

/Applications/devOps/CICD/sonar-scanner-2.8

图 5-33　配置 SonarScanner

3．分析 Maven 工程

在 Jenkins 中创建项目 sonar-java，在 Git 中填写仓库的地址，在构建环境中选中 Prepare SonarQube Scanner environment 复选框，如图 5-34 所示。

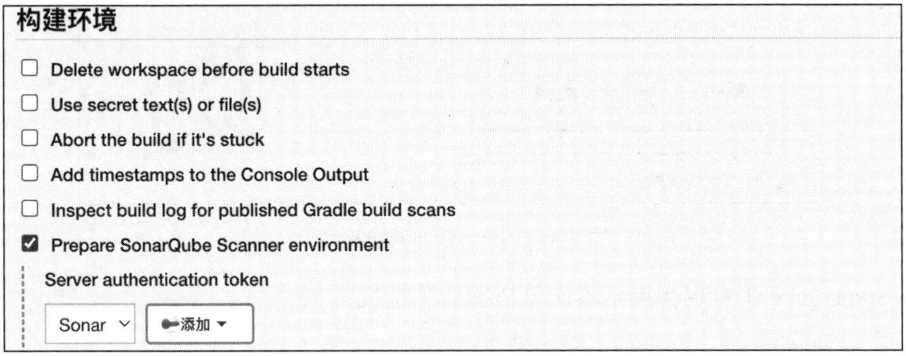

构建环境

- [ ] Delete workspace before build starts
- [ ] Use secret text(s) or file(s)
- [ ] Abort the build if it's stuck
- [ ] Add timestamps to the Console Output
- [ ] Inspect build log for published Gradle build scans
- [x] Prepare SonarQube Scanner environment

Server authentication token

Sonar　添加

图 5-34　SonarQube Scanner enviroment 配置

在构建中选择 Execute shell，填写 mvn package，在 Execute SonarQube Scanner 的 Analysis properties 中填写分析工程的信息，内容如下。

```
sonar.projectKey=app
sonar.projectName=app
sonar.projectVersion=1.0.1
sonar.language=java
sonar.sources=src
sonar.java.binaries=target/classes
```

```
sonar.java.source=1.8
sonar.username=admin
sonar.password=admin
```

构建 sonar-java 的 Job，项目构建后的执行结果如图 5-35 所示。

图 5-35　sonar-java 的构建结果

在 SonarQube 平台也会展示本次分析的质量情况。

5.5　打造企业级的 CI/CD 持续交付

在企业中，从开发提交代码到冒烟测试以及自动化测试的引入，我们期望的是一个智能化、自动化测试的过程。这样研发团队可以把更多的精力和时间聚焦于底层服务的稳定性体系保障和编写更高质量的代码，测试团队可以把更多的精力和时间放在难以使用自动化测试实现的功能测试、新迭代版本测试上，以及针对底层服务稳定性的体系保障上。

下面结合主流的技术来实现自动化测试环境的部署、自动化测试的冒烟测试和自动化测试技术的引入，具体思路是通过 GitLab 管理代码，结合 SonarQube、Docker 和 GitLab 整合 Jenkins 持续集成平台，结合 Pipeline 打造可持续交付的流水线。创建 Pipeline 工程涉及的 Pipeline 脚本如下。

```
pipeline{
    agent any
    stages{
        stage('Code Pull') {
            steps {
               git 'http://47.95.142.233/wuya/app.git'
            }
        }
       stage('Code Check') {
            steps {
                withSonarQubeEnv('SonarScanner') {
                    sh '''
                    mvn package
                    mvn clean install -Dmaven.test.skip=true org.sonarsource.
scanner.maven:sonar-maven-plugin:3.6.1.1688:sonar  -D"sonar.login=admin"
-D"sonar.password=admin"
                    '''}
            }
        }
        stage('container init'){
            steps{
                sh '''cd src/main/docker
                 docker-compose down
                 sleep 6s
                 docker rmi app:0.0.1-SNAPSHOT
                 sleep 10s
                 '''
            }
        }
        stage('Build The Image'){
            steps{
                sh '''
                mvn clean package  -Dmaven.test.skip=true   docker:build'''
            }
        }
        stage('Run The Container'){
            steps{
                sh '''cd src/main/docker
                docker-compose up -d '''
            }
```

```
        }
        stage('Smoke Test'){
            steps{
                sh '''cd src/main/docker
                sleep 10s
                python3 -m pytest -v test_springboot.py'''
            }
        }
        stage('UI Automation Testing'){
            steps{
                sh '''echo UI Automation Testing'''
            }
        }
        stage('API Automation Testing'){
            steps{
                sh '''echo API Automation Testing'''
            }
        }
    }
}
```

运行创建的 Pipeline，就能实现自动部署以及代码质量审计和一系列的自动化验证，执行结果如图 5-36 所示。

Code Pull	Code Check	container init	Build The Image	Run The Container	Smoke Test	UI Automation Testing	API Automation Testing
381ms	28s	17s	14s	2s	14s	334ms	312ms
381ms	28s	17s	14s	2s	14s	334ms	312ms

图 5-36　执行结果

至此，从代码提交到环境部署以及自动化测试验证已经形成了可持续交付的流水线。

第 6 章 性能测试理论

随着互联网技术的日益普及，用户在看重产品功能性的同时也更加看重产品的用户体验和产品的快速响应能力。对质量交付团队而言，实施性能测试是非常有必要的。通过对本章内容的学习，读者可以掌握以下知识。

☑ 性能测试常用术语、性能测试方法。

☑ 常用性能测试理论以及原理。

6.1 软件性能的概念

对用户而言，用户体验是非常重要的，而影响用户体验最直观的因素是软件加载的响应时间以及软件的流畅度。对产品而言，衡量性能的因素分为软件使用的响应时间和吞吐量，响应时间是指用户操作一个软件的行为所需要的时间，对用户而言，响应时间就是端到端的用户基本体验；而吞吐量是指软件可以提供多少人同时使用，而不会出现崩溃等影响软件稳定性的问题。

在公司中，不同角色的人对性能的看法是不同的，对运维而言，他们更加关注的是系统资源和系统的最大容量。而开发需要考虑的是前后端交互的响应时间、线程同步、线程死锁、连接数泄露、内存泄露，以及是否存在不合理的内存使用情况、整体的系统架构设计是否合理、是否能保证在产品所预期的目标用户数同时使用产品的情况下系统的稳定性和承载能力。作为测试工程师，我们需要思考的点是什么？

笔者认为，作为测试工程师关注的视角应该是全栈性的，既要站在用户的角度，也要站在开发和运维的视角来考虑产品的性能。在性能测试中，测试工程师的工作职责总结如下。

☑ 设计合理的场景和性能测试用例来验证系统的性能指标数据稳定。

☑ 验证在高并发的情况下，架构是否满足目前的业务形态和客户形态。

☑ 利用测试过程中产生的数据为架构师以及开发人员提供有价值的中间件等组件

的参数配置。

☑ 使用技术手段监控云服务操作系统、DB、中间件并把全链路以及分布式追踪监控方案引入到实际的工作中。

6.2 性能测试常用术语

1．响应时间

响应时间是指用户一次操作完成需要的时间，如用户打开某短视频 App，那么响应时间是指打开 App 的时间与 App 播放视频的时间之和。准确地说，就是客户端发送请求到服务端，服务端返回客户端响应数据的时间，这中间包含了客户端发送请求过程和客户端等待服务端返回结果以及返回结果过程中网络资源的加载时间，因此，响应时间=网络资源加载时间+应用程序处理请求时间，如图 6-1 所示。

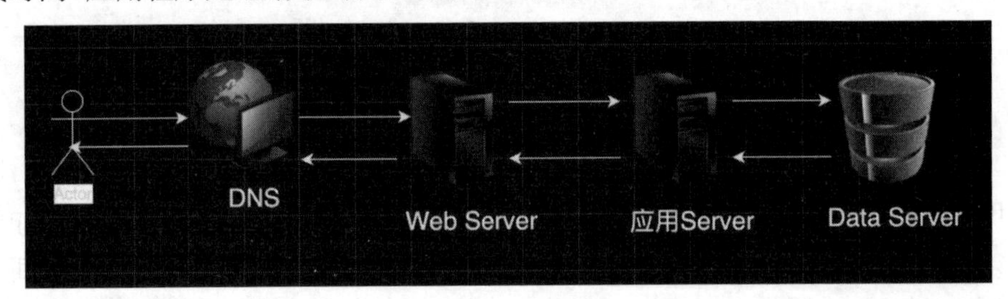

图 6-1　响应时间

2．IOPS

IOPS（Input/Output operations per second，每秒进行读写操作的次数）主要是指磁盘的 I/O 读写以及数据库的 I/O 读写的速率，即每秒发生的输入/输出操作的次数。在性能测试中，往往使用 IOPS 来衡量系统的磁盘读写或数据库服务器读写的次数。

3．TPS

在性能测试中，事务是指某个操作或一组操作的组合，如登录事务会包含输入账户、输入密码以及单击登录按钮三个步骤。在性能测试中，TPS 是指每秒处理的事务数，即系统每秒能够处理事务的数量。

4．QPS

QPS 是指每秒查询率，是 DB 服务器在规定的时间内处理流量多少的衡量标准。

5. 吞吐量

吞吐量是指每秒操作数和每秒操作的业务数，即单位时间内客户端请求的数量。吞吐量主要用来描述数据传输的速度，以及被测试目标服务器的执行效率。

6. 延时

延时是指客户端向服务端发送请求后，客户端等待来自服务端的回应。在某些情况下，也指整体的响应时间是延时的，超过用户能够接受的响应时间。如客户端发送支付请求后，来自支付端的服务迟迟没返回支付结果，那么对客户端而言，服务端的延时会导致客户端没有收到服务端的响应结果数据；对服务端而言，超时会导致没有及时地向客户端返回支付结果。

7. 使用率

使用率是针对服务所请求的资源，主要用来描述指定的时间区域内资源的繁忙程度。对存储资源而言，使用率是指所消耗的存储容量，如在一个业务中会消耗大量的内存资源，那么给指定的服务分配 2GB 的内存资源，在一定数据量的情况下执行该业务逻辑，随着程序的运行，内存的使用率随着业务逻辑的执行一直上升到 1.7GB，那么内存的使用率就达到了 75%，此时可能会存在 out of memory（内存溢出）的情况。从服务的角度而言，使用率从两个维度来看，一个是服务所在的系统资源的使用率，如 CPU 和内存资源；另一个是服务针对分配给自己本身资源的消耗导致使用率的上升，如 out of memory 等情况。

8. 饱和度

饱和度是指某一个资源的使用率达到瓶颈时，可以和资源的使用率结合起来分析。如在同步任务中，最多能处理的任务数是 50，当客户端发送过来的任务数超过 50 时，这时只能处理 50 个任务，剩余的任务只能排队，此时处理任务的队列处于饱和状态。

9. 瓶颈

在性能测试中，最核心的是找出系统、中间件、底层服务等组件的瓶颈，瓶颈是指限制系统性能的某个资源，可能是 CPU，也可能是内存等资源。

10. 工作负载

工作负载是指客户端高并发或者持续针对服务端发送的请求导致被测的目标服务器发生负载，这个过程叫作工作负载。

11．并发用户数

衡量一个系统性能最核心的指标是当前系统是否支持现有业务形态用户的访问，即系统能否满足并承受同一时间段多个用户同时访问系统。不管是从业务的视角还是服务端的视角，并发用户数都是指同一时间客户端向服务端发出的请求，有时也称为“并发测试”，并发用户数主要体现的是服务端承受的最大并发访问数。

12．思考时间

思考时间是指每个请求之间的间隔时间，也称为休眠时间（think time），它主要是站在业务的视角来考虑用户操作产品的间隔。

13．性能计数器

性能计数器是指性能测试中操作系统以及其他组件的一些性能指标数据，如操作系统需要关注 CPU、内存和平均负载，DB 需要关注 IOPS、连接数、使用率等性能指标数据。

6.3 性能测试理论

在进行性能测试之前，首先需要了解基本的性能测试理论，如资源调度涉及被执行资源的分配，以及在大批量的任务出现堵塞的情况下任务的排队机制，下面进行详细讲解。

6.3.1 调度器

不管是在操作系统级还是微服务的架构下，在客户端发送大批量的高并发请求时，如果都允许进入执行的阶段，必然会给系统带来灾难，这是因为操作系统、集群的计算资源以及可承载的能力是有限的。针对这种情况，可以使用调度策略来解决这个问题。具体思路是，把系统的计算能力以及它的承载能力设定一个边界值（这个边界值可以说是系统最大的承受能力，在这个最大边界值内系统不会出现瘫痪以及雪崩等情况），这样即使客户端发送了大批量的高并发请求资源，程序会优先进行资源的检查，在系统以及服务资源允许的情况下，会对客户端发过来的任务进行下发并下发到执行阶段，这样系统就能一直持续地提供给客户端的请求调用，也能持续地保持在一个稳定的状态下给上层应用以及用户提供服务。调度器在操作系统级别，即 CPU 时间划分给活跃的进程和线程，内部会维护一套优先级的机制，这样更重要的工作以及优先级更高的任务是优先执行的，调度器会跟踪所有 ready-to-run 进程的状态，调度策略可以通过动态地调整优先级来提升工作负载的性能。应用程序的特性以及工作负载的具体区别如下。

☑ CPU 密集型：该类型是指应用程序会执行计算量较大的任务，通常执行时间长，属于计算型的程序，会占用大量的 CPU 资源。如从几亿条数据中筛选精确查询的几百万条数据，这个过程就是计算型的过程，会占用数据库大量的 CPU 资源。

☑ IO 密集型：应用程序主要执行的是 I/O，计算型不多，会占用大量的内存资源。如大促中，筛选出几千万条的数据给用户发送短信进行精准营销，发送短信的这个过程会占用大量的内存，此时需要关注的是，服务是否会出现内存溢出的情况。

系统的最小运行粒度是线程，系统中的调度策略主要是对线程的调度，下面详细介绍调度策略机制、时间片轮换调度、抢占式式调度与非抢占式调度的区别。

1．调度策略机制

假设在一个单核的 CPU 下运行 20 个线程任务，同一时间只能有一个线程运行，调度算法会筛选执行任务的优先级，指定哪个线程优先在 CPU 上执行，哪个线程需要排队等待。

2．时间片轮换调度

如果一个线程在执行很短的时间后会立刻释放资源，那么 CPU 会立刻切换到另外一个任务。每个程序执行的时间都是由调度算法进行计算的，通过这样的方式可以保证调度策略的公平性，但是在很多时候给我们的错觉是，许多任务都是同时执行，即并发执行，所以并发并不是真正意义上的并发。

3．抢占式调度

抢占式调度是指在多线程的情况下，所有执行的线程都需要按照操作系统的调度策略抢占系统资源的方式来获取系统资源的使用权，从而让自己优先获取资源，优先被执行。如以竞争的方式获取 CPU 的时间分片，一般而言，时间划分都是非常小的，所以在这样的情况下，更多感觉是所有执行的多线程都是以并行的方式在执行。如果系统资源出现负载，它的调度策略是，优先级高的线程更加容易获取资源。所以优先级高的线程的执行效率会比较高；如果系统有足够的资源，优先级高的线程并不能体现出它的执行效率。例如，在现实生活中，假设银行的 VIP 客户去银行办理业务，当有足够多的 VIP 接待室时，VIP 客户可以获取优先办理业务的特权；如果 VIP 客户人数大于 VIP 接待室的数量，那么这种特权就无法体现出来，需要使用谁先到谁先办理的策略。以 Java 语言为例，线程的最高优先级是 10，最低优先级是 1，默认优先级是 5，具体案例代码如下。

```
package com.example.concurrent;

public  class ThreadPriorityTest  implements  Runnable
{
  @Override
  public void run() {
    int calc=0;
    for(int i=0;i<999999999;i++)
    {
      calc+=i;
    }
    System.out.println(Thread.currentThread().getName()+"执行任务,执行结果:
"+calc);
  }

  public static void main(String[] args) {
    Thread objThread1=new Thread(new ThreadPriorityTest());
    Thread objThread2=new Thread(new ThreadPriorityTest());
    Thread objThread3=new Thread(new ThreadPriorityTest());
    Thread objThread4=new Thread(new ThreadPriorityTest());
    Thread objThread5=new Thread(new ThreadPriorityTest());
    objThread1.setPriority(8);
    objThread1.setName("线程优先级是 8");
    objThread1.start();
    objThread1.setPriority(3);
    objThread2.setName("线程优先级是 3");
    objThread2.start();
    objThread3.setPriority(1);
    objThread3.setName("线程优先级是 1");
    objThread3.start();
    objThread4.setPriority(10);
    objThread4.setName("线程优先级是 10");
    objThread4.start();
    objThread5.setName("线程优先级是 5");
    objThread5.start();
  }
}
```

执行结果如图 6-2 所示。

```
/Library/Java/JavaVirtualMachines/jdk1.8.0_241.jdk/Contents/Home/bin/java ...
线程优先级是10执行任务,执行结果:2051657985
线程优先级是8执行任务,执行结果:2051657985
线程优先级是3执行任务,执行结果:2051657985
线程优先级是1执行任务,执行结果:2051657985
```

图 6-2　执行结果

4．非抢占式调度

非抢占式调度是指在多线程的情况下，系统会针对各个线程按照一定的排序来分配系统的资源，而且系统资源分配给一个线程后，就允许该线程一直占用这个资源，直到整个线程的任务执行结束为止。例如，在微服务架构下集群部署的模式中，集群的计算能力是有限的，集群中部署的每个客户针对公司的价值是不一样的，那么在这种模式下，特别是在大促以及各种节假日营销活动中，可以让价值大的客户优先获取系统的计算能力优先执行。这种策略既有优势，也有劣势，即如果某个线程获取了执行的权限，但是该线程存在计算量大或者执行过程中计算逻辑出现严重问题，就会导致其他线程一直处于等待中，这种情况大概率会导致线程死锁的情况。所以针对这种情况，可以在设计层面就要考虑到任务执行时间的边界，如果无限次地执行下去，在系统整体层面上来说，效果不是很好。至于执行时间的边界设置多少，以及到设置的时间强制停止任务后，针对任务进行几次重试的机会，需要根据每个公司的业务形态进行设计，很难一概而论。

6.3.2　等待队列

在服务端的程序中都会涉及队列机制，不管是同步通信还是异步通信，在客户端的高并发请求下，服务端处理任务的能力是有限的，即不管是同步还是异步的方式，为了服务端的稳定性，都会存在最大处理任务是多少的机制，当客户端请求发送过来的任务数大于最大执行的任务数时，那么超过的任务数只能使用排队的机制解决，这样的机制可以避免服务端承受巨大的请求导致服务端出现雪崩甚至瘫痪的情况。对底层服务而言，系统稳定性尤为重要，系统稳定性的核心要素是，能够接收来自客户端的请求并且处理客户端的请求，同时底层能够持续不断地提供服务，因此通过队列的设计就可以保证底层服务的稳定性。在测试中需要考虑的是，假设被测服务同时能够处理的任务数是 10，但是请求任务数是 15，那么排队的任务数就是 5，每个排队的任务都需要考虑排队的时长，如果任务排队的时长在分钟级别，那么很可能导致服务层出现异常。设计这部分测试场景主要考虑如下几个维度。

- ☑ 客户端与服务端交互的过程中使用的是同步通信还是异步通信。
- ☑ 队列大小。
- ☑ 超过队列大小后的排队策略、任务优先级的调用策略。
- ☑ 被排队的任务可允许的排队时间限制，超过排队限制时间后排队任务的处理策略。

6.3.3 并行&并发

1. 并行

并行是指多个线程在并发后，在同一个跑道内是并行的，假设队列中的任务数是 20，那么同时执行的 20 个任务可以理解为是并行的。服务端根据它的计算能力设置了最大的访问数，当客户端的请求数超过服务端设置的访问数时，除了排队中的任务，正在执行中的任务都是并行中的任务。如 10 个人去银行办理业务，银行最大能够接待 5 位客户，正在办理业务中的 5 位客户就可以理解为银行客户正在并行为 5 位客户处理业务。

2. 并发

并发是指用户线程并发执行，但不一定是并行的。在单核的 CPU 系统中可能会存在线程的交替执行。在多核的 CPU 系统中，所有的任务并发执行后，也会受到操作系统以及调度策略的限制。并发与并行存在本质上的区别，在客户端高并发发送请求后，并不是所有的任务都在处理中，部分任务在处理中，部分任务在排队中。以马拉松比赛为例，所有的运动员在做好准备的情况下，鸣枪后开始跑步，这个过程就是并发，由于跑道的宽度是有限制的，所有运动员同时开始跑步并不代表所有运动员都在开始跑步后是在同一个跑道内。

性能测试的目标是保障产品的高可用和底层服务的稳定性，产品在高并发下能够给客户提供稳定、良好的用户体验。所以在这个过程中，性能测试的验证会涵盖上层应用以及底层服务，针对不同层次的服务以及应用，会有不同的性能诉求，如针对一个文件上传的服务，服务分配多少内存合理就需要测试工程师不断地测试和验证，最后给出建设性的意见，当然这个过程中一切都是基于数据的。下面详细介绍各个性能测试方法。

1）压力测试

压力测试是指被测系统在一定饱和的情况下，系统能够处理会话以及验证系统是否会出现其他错误，如 ResponseTimeOut、Out Of Memory、ConnectionTimeOut 等错误，压力测试的特点如下。

☑ 检验系统在处于压力情况下应用的性能表现。

☑ 压力测试在某些时候等价于负载测试，使系统的资源一直处于瓶颈状态。

☑ 压力测试在某些时候用于验证系统的稳定性。

2）负载测试

负载测试是指对被测系统持续不断地增加压力，直到性能指标超过之前设置的预定目标或服务以及服务器的资源达到饱和状态。负载测试的核心是通过负载的方式来验证系统在资源极限的情况下处理业务的能力，为系统提供调优数据，从而达到了解系统性能容量的目的。

3）配置测试

配置测试是指被测目标服务以及服务器环境参数的调整，使之达到最优的分配原则。如发送短信的服务会占用大量的内存资源，那么给该服务分配多少内存资源是合理的？如果分配的太多，会导致资源的浪费；如果分配的太少，则无法满足业务的需求，可能还会导致内存溢出的情况。所以针对该服务内存分配大小的问题，作为测试工程师首先需要使用负载测试的方式找出它的最大瓶颈，如业务最大同时发送短信是 100 万条，那么同时发送 100 万条短信，该服务实际占用多少内存，根据测试的结果分配内存资源后，需要达到的目标是否同时满足 100 万条短信的发送，而且服务不会出现内存溢出的情况。在测试时还需要考虑的点是，一个任务是 100 万条数据能够满足，那么 10 个任务，每个任务 10 万条数据服务的实际状态是怎么样的，以及两个任务如果都是 100 万条数据服务的状态又是怎么样的，这个过程中设置最大任务数是多少是合理的，以及使用哪种通信方式更加有利于用户的最佳体验，同时又能够平衡服务的稳定性。所以配置测试不是简单地找出参数的调整，而是需要找到用户体验、产品架构、系统架构的整体平衡点。

4）并发测试

并发测试是指模拟用户的并发访问，主要用来测试多用户并发访问同一个应用时，在多线程的情况下是否存在死锁或者其他问题。并发测试的特点如下。

☑ 发现系统中可能隐藏的并发访问的问题。

☑ 通过并发测试关注系统中可能存在多线程导致的线程同步问题、死锁问题、资源争用问题，以及其他可能存在的问题，如连接数泄露、队列存在堵塞、内存泄露等。

5）稳定性测试

稳定性测试是指通过持续不间断地对目标服务器发送请求，验证目标服务器的高可用性。通过这种方式验证系统在持续访问下系统是否能够稳定地运行，这中间包含了验证系统服务器的网络资源，以及系统资源和服务本身的资源情况。如可以通过针对公司的底层服务持续不断地发送请求来验证底层服务的可用性，以及持续提供服务的能力。

6）故障演练测试

故障演练测试是指技术团队通过一定的技术手段模拟系统在出现故障的情况下，使用成熟的技术解决方案以及快速的团队配合的模式应对出现的故障，从而能够快速地解决系统中出现的问题，如快速地扩容系统的资源等。故障演练主要考验的是团队之间的紧密配合和快速响应应急情况下突发问题的能力。

7）容灾恢复测试

容灾恢复测试是指模拟极端情况下，当系统出现问题时确保测试系统的业务恢复能力和业务持续性流程，能够在突发的情况下保证系统正常运行、系统的核心业务数据不会出现丢失、或即使在出现数据丢失的情况下也能够快速地恢复数据。

第 7 章 常用性能测试工具及实战

本章主要介绍常用的性能测试工具及实战。通过对本章内容的学习，读者可以掌握以下知识。

☑ 主流性能测试工具 JMeter、Gatling、nGrinder 的详解与实战。

☑ 基于协程设计的 Locust 性能测试工具详解与实战。

☑ 设计与自研性能测试工具。

7.1 常用性能测试工具概述

在性能测试工具中，除了主流的 LoadRunner，还包含开源的 JMeter，以及轻量级性能测试工具 nGrinder、微服务架构下高性能服务器性能测试工具 Gatling、基于协程设计的测试工具 Locust。下面详细介绍各个性能测试工具以及具体的案例实战。

7.2 JMeter 实战

JMeter 是 100%由 Java 语言编写的有 GUI 交互界面的性能测试工具，方便测试人员在无代码的基础上也可以做性能测试。JMeter 性能测试工具的特点如下。

☑ 支持多种协议进行性能测试，如 HTTP、gRPC 等。

☑ 支持脚本的方式，也支持录制的方式。

☑ 不仅支持性能测试，对 API 的测试也是非常友好的。

☑ 具有良好的 GUI 交互界面，初学者可以很快地上手学习，因此学习的成本是比较低的。

☑ 包含丰富的插件和断言。

7.2.1 JMeter 执行原理

JMeter 通过现场组驱动线程数（等价于 LoadRunner 测试工具中的虚拟用户数）执行测试脚本来对目标服务器发送大量的网络请求，以验证客户端的负载承受能力。在每个客户端上都可以运行多个线程组，在一个测试计划中可以包含多个线程组。

7.2.2 测试计划

在 JMeter 中，测试计划可以理解为一个工程的目录，在一个测试计划中可以有 N 个线程组，测试计划是这些线程组的根目录，下面详细介绍线程组的作用及其特性。

线程组可以理解为模拟虚拟用户的起发点，在线程组中可以设置线程数（虚拟用户数）、运行时间和运行次数。添加线程组的步骤为右击 Test Plan，在弹出的快捷菜单中选择 Add→Threads(Users)→Thread Group 选项，如图 7-1 所示。

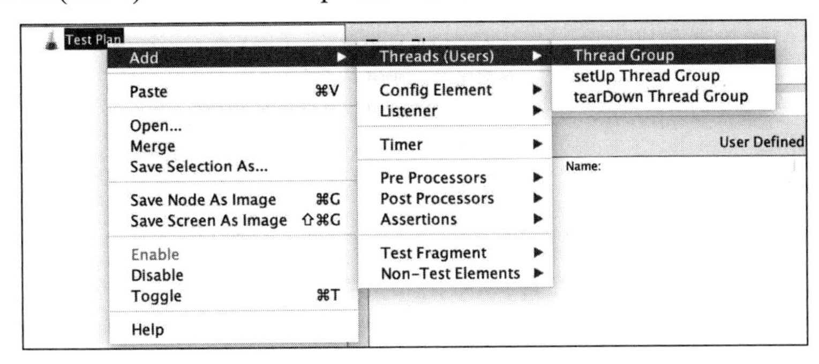

图 7-1 添加线程组

7.2.3 场景设置

在性能测试中，最核心的是性能测试场景的设置，性能测试场景的设置在线程属性中。可以把 JMeter 中的线程组理解为一个线程池，在执行的过程中需要处理线程组中的各个业务逻辑，线程属性如图 7-2 所示。

下面详细介绍线程组中线程属性以及调度器的各个不同选项的情况。

1. 线程数

在 JMeter 线程组中，线程属性中的线程数可以理解为模拟的虚拟用户数，设置的线程数越多也就意味着虚拟用户数越多，例如，在性能测试中最大虚拟用户数是 1000，那么就在线程数中填写 1000。

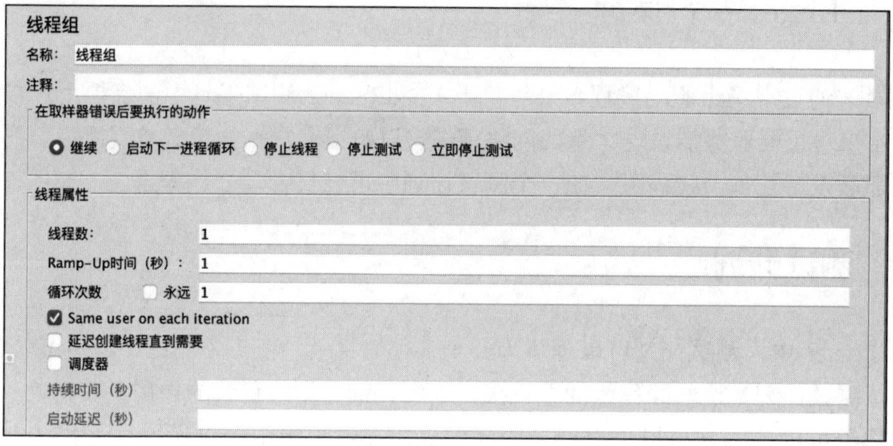

线程组
名称：线程组
注释：
在取样器错误后要执行的动作
继续 启动下一进程循环 停止线程 停止测试 立即停止测试
线程属性
线程数： 1
Ramp-Up时间（秒）： 1
循环次数 永远 1
Same user on each iteration
延迟创建线程直到需要
调度器
持续时间（秒）
启动延迟（秒）

图 7-2 线程属性

2. Ramp-Up（时间/秒）

该属性主要是指所有线程从启动到运行所需要的时间，即所有线程是在多久时间范围内执行结束，如线程数设置的是 50，Ramp-Up（时间/秒）设置的是 5 秒，那么是指每秒启动的虚拟用户数是 10，即总共需要约 5 秒执行完成，线程数与 Ramp-Up（时间/秒）的计算公式为

每秒执行线程数=线程数/Ramp-Up（时间/秒）

例如，性能测试的场景总的线程数是 1000，每秒启动 10 个虚拟用户数，那么线程数设置为 1000，Ramp-Up（时间/秒）设置为 100，这样就可以达到该性能测试的场景需求。

3. 循环次数

在线程属性中的循环次数默认是 1，如果把循环次数修改为大于 1，那么指的是线程属性中的线程数执行 N 次，假设线程数是 100，设置的循环次数是 5，那么总共就会执行 100 次。循环次数设置为“永远”是指线程组中的取样器请求会一直请求下去，这个场景比较适合针对服务端的稳定性测试。

4. 持续时间

持续时间是指测试计划需要多久的时间执行完成，这个时间需要结合线程属性的场景来综合使用。例如，线程数是 4，Ramp-Up（时间/秒）设置的是 2，即每秒启动 2 个虚拟用户，持续时间设置为 1，会在 2 秒执行完所有的虚拟用户的基础上再依据任务的调度执行 1 秒。

5. 启动延迟

启动延迟是指从当前时间开始延长多长时间真正运行测试任务，即单击运行后，启动延迟的时间可以理解为是一个初始化的过程，而不是立刻开始执行所有的任务，一直等待延迟时间加载完成才开始运行测试任务，执行的时间为设置的持续时间，该场景主要针对高并发的服务测试。如线程数设置为 100，Ramp-Up（时间/秒）设置为 5，每秒启动虚拟用户是 20 个，启动延迟时间设置为 3 秒，即单击运行后，从启动开始到启动延迟加载 3 秒，加载虚拟用户的个数是 60，运行时是每秒并发用户数 60，而不再是 20。这是因为一个进程启动后并不是真正地运行进程，它会经历一个从启动到运行的过渡状态。

7.2.4　JMeter 监听器

在 JMeter 测试工具中，测试任务执行结束后需要反馈执行的结果，该结果主要由监听器下的各个组件进行收集数据和反馈。下面详细介绍监听器中的各个组件。

1. 聚合报告

在 JMeter 测试工具中，聚合报告是以表格的形式来反馈测试的结果的，聚合报告显示了取样器执行后的结果。下面详细汇总结果中各个字段的内容。

- ☑ Label：取样器名称。
- ☑ Samples：取样器的运行次数。
- ☑ Average：单个请求的平均响应时间。
- ☑ Median：50%请求的响应时间。
- ☑ 90%Line：90%请求的响应时间。
- ☑ 95%Line：95%请求的响应时间。
- ☑ 99%Line：99%请求的响应时间。
- ☑ Min：请求的最小响应时间。
- ☑ Max：请求的最大响应时间。
- ☑ Std.Dev：响应时间的标准方差。
- ☑ Error%：事务错误率。
- ☑ Throughput：吞吐率，即 TPS。
- ☑ KB/sec：每秒数据包流量。
- ☑ Avg.Bytes：平均数据流量。
- ☑ Received KB/sec：每秒从服务器端接收到的数据量 。
- ☑ SentKB/sec：每秒从客户端发送请求的数量。

2. 查看结果树

结果树会详细展示每个取样器执行后的信息，包含请求/响应的响应信息，如对百度发送网络请求后展示的结果树信息如图 7-3 所示。

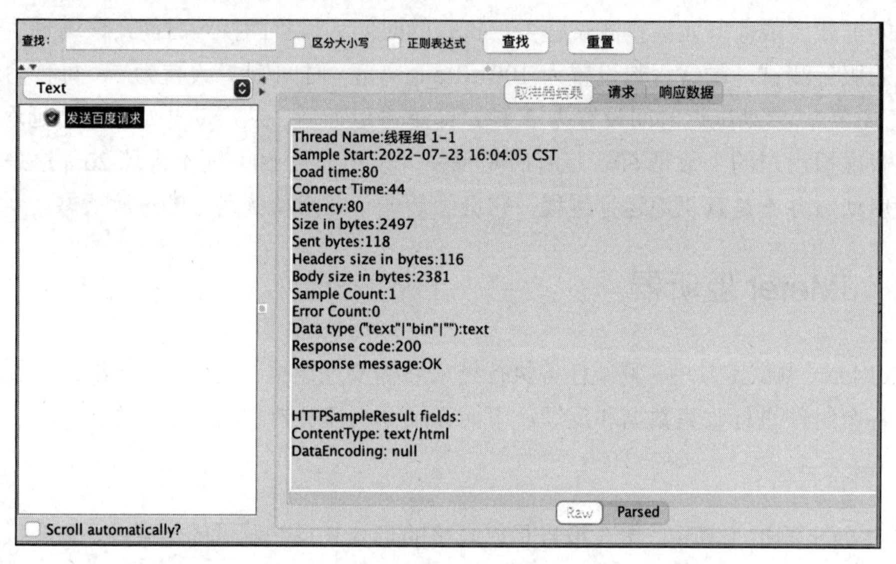

图 7-3　结果树信息

在图 7-3 中可以根据需求查看详细请求信息和服务端响应信息。

3. 后端监听器

在 JMeter 的后端监听器中可以把 JMeter、Influxdb 以及 Grafana 整合起来搭建基于 JMeter 的性能测试平台，它的核心逻辑思想是 JMeter 先通过后端监听器中的 InfluxdbBackendListenerClient 把 JMeter 取样器执行中的结果信息写到时序数据库 Influxdb，然后通过 Grafana 平台展示出来，这样就能看到从任务执行开始到任务执行结束的整个响应时间、吞吐量、线程活跃度以及其他数据的动态趋势图。

7.2.5 JMeter 配置元件

在 JMeter 中有很丰富的配置元件，使用这些配置元件可以针对取样器的请求进行各种辅助配置，从而提高测试的效率。

1. HTTP 信息头管理器

HTTP 信息头主要填写取样器发送请求时的请求头信息，如 User-Agent、Content-Type、

Referer 等信息。

2. HTTP COOKIE 管理器

HTTP COOKIE 管理器主要解决的是所有请求之间的 COOKIE 共享，这样无论是在 API 测试中，还是在性能测试中都不需要单独地处理登录成功后服务端生成的 SESSIONID，其实 HTTP COOKIE 管理器可以理解成 Requests 中的 Session()类，一方面，所有请求之间的 COOKIE 是共享的；另一方面，所有底层请求的 TCP 连接会被重用，这样对服务端来说不会有太多的性能损耗。

3. 用户定义的变量

用户定义的变量可以分离到公共数据中，如在使用 JMeter 做 API 测试以及性能测试的过程中，使用的公共数据可以先分离到用户定义的变量中，然后通过“${变量名称}”的方式进行调用。下面将登录的账户和密码分离到用户定义的变量中，如图 7-4 所示。

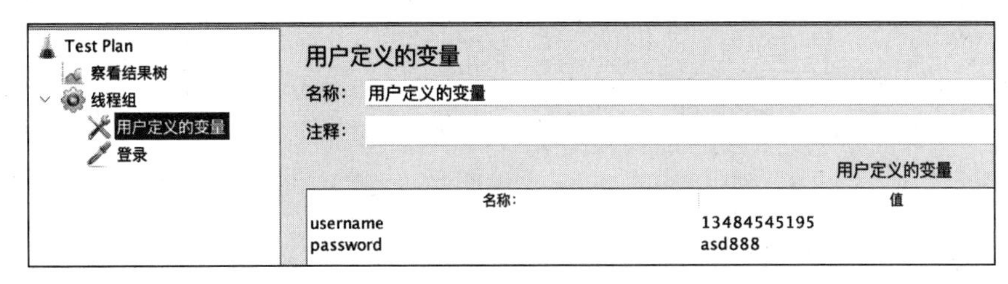

图 7-4　将公共数据分离到用户定义的变量中

这样在用户请求的参数中就可以调用用户定义的变量了，如图 7-5 所示。

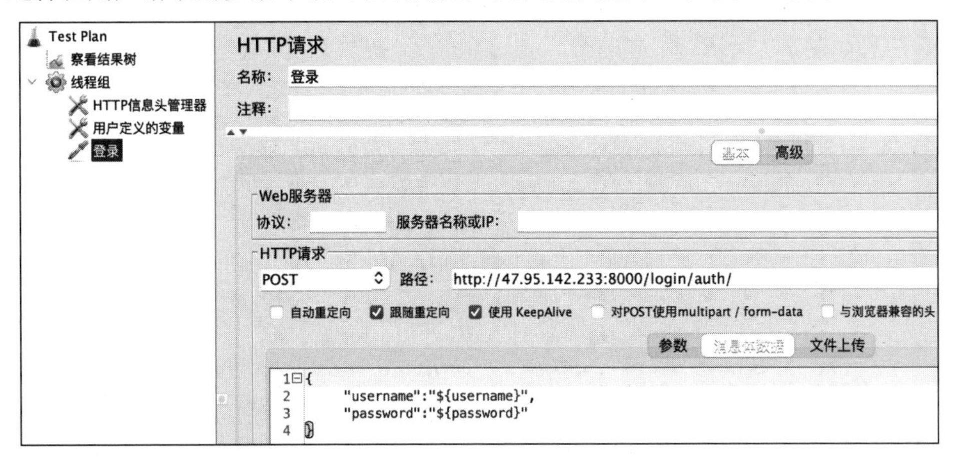

图 7-5　调用用户定义的变量

通过用户定义的变量可以把公共数据分离出来，这样直接调用就可以了，即使后期这些公共的数据进行了调整，那么只需要修改用户定义的变量中的一处，而其他地方完全不需要调整，这样能有效地提升测试脚本的维护。

4. HTTP 请求默认值

HTTP 请求默认值主要解决的是取样器发送网络请求的地址信息问题，即不管在 API 测试还是性能测试中，客户端向服务端发送请求时都需要带上被请求服务器的 IP 地址和端口信息，如果有很多取样器，在 IP 地址和端口发生变化时，涉及的取样器就都需要被修改，如果把请求的 IP 地址和端口分离到 HTTP 请求默认值，后面取样器的 URL 只需要带上路径地址，这样即使在 IP 地址和端口发生调整时，也只需要修改一个地方。下面结合一个具体案例详细介绍这部分的应用。就是把 IP 地址和端口，以及编码分离到 HTTP 请求默认值，如图 7-6 所示。

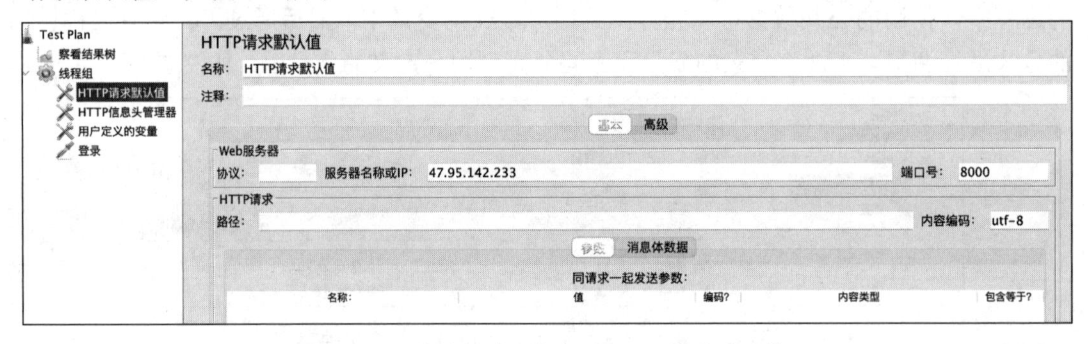

图 7-6 IP 地址和端口分离到 HTTP 请求默认值

在取样器中只需要填写路径信息，就不需要单独填写 IP 地址和端口信息了，取样器的 URL 信息如图 7-7 所示。

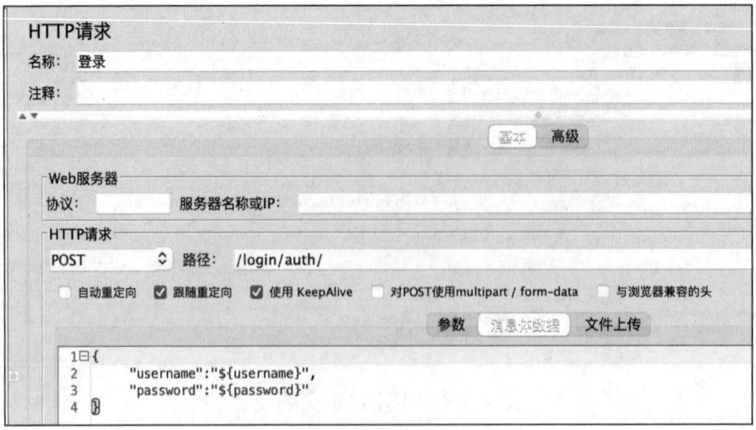

图 7-7 取样器的 URL 信息

7.2.6　JMeter 性能测试实战

下面针对测试平台的登录服务进行高并发请求，验证登录服务的吞吐量以及登录服务的响应时间。虚拟用户数是 200，每秒并发 10 个用户登录，Ramp-Up（时间/秒）为 20，JMeter 性能测试目录如图 7-8 所示。

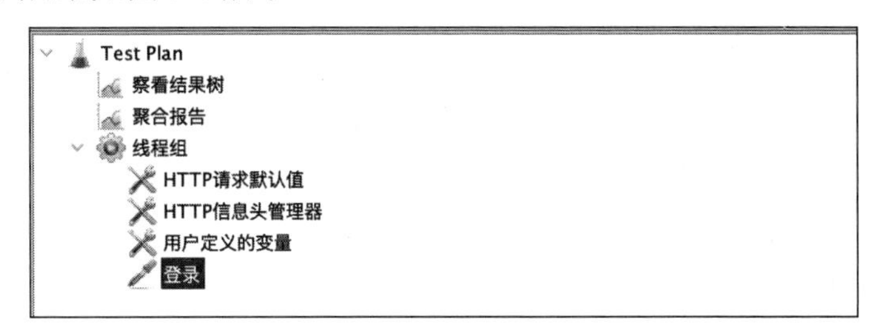

图 7-8　JMeter 性能测试目录

在 GUI 中单击“启动”按钮运行测试任务，执行后的聚合报告结果如图 7-9 所示。

聚合报告

名称：聚合报告

注释：

所有数据写入一个文件

文件名　浏览...　显示日志内容：仅错误日志　仅成功日志　配置

Label	# 样本	平均值	中位数	90% 百分位	95% 百分位	99% 百分位	最小值	最大值	异常 %	吞吐量	接收 KB/sec	发送 KB/sec
登录	200	3040	3187	4926	5515	7230	299	7861	0.00%	8.4/sec	5.22	1.98
总体	200	3040	3187	4926	5515	7230	299	7861	0.00%	8.4/sec	5.22	1.98

图 7-9　聚合报告结果

从图 7-9 中可以看到服务的吞吐量是每秒 8.4，而平均响应时间达到 3 秒以上，其中最大响应时间为 7 秒以上，说明服务这层还需要进行优化，虽然在虚拟用户数为 200，每秒 20 个用户登录系统的业务下都是成功的，但是随着用户数的增加，服务这层就会出现 TimeOut 异常。

7.2.7　JMeter 命令行执行

在 7.2.6 节中聚合报告只能显示一个最终的性能测试结果，而不是一个动态的性能测试结果，所以下面以 JMeter 命令行模式生成 HTML 性能测试报告，实现过程如下。

1．JMeter 常用命令行

在 JMeter 中，常用的命令行总结如下。

- ☑ -n：命令行模式。
- ☑ -t：被执行的测试文件.jmx。
- ☑ -l：结果文件。
- ☑ -s：运行 JMeter 服务器。
- ☑ -J：定义其他 JMeter 属性的值。
- ☑ -r：远程运行，启动远程服务器。
- ☑ -R：指定 JMeter 远程服务器。
- ☑ -e：负载测试后生成报表仪表盘。
- ☑ -o：保存 HTML 报告路径，此文件夹必须为空或者不存在。

2. 生成 HTML 性能测试报告

把 JMeter 配置到 PATH 环境变量中，在 JMeter 目录下，修改配置文件 jmeter.properties，把 jmeter.save.saveservice.output_format 的注释放开，同时修改为 jmeter.save.saveservice.output_format=csv。使用如下命令执行性能测试脚本，同时生成 HTML 性能测试报告。

```
jmeter -n -t login.jmx  -l login.jtl -e -o report
```

备注：

login.jmx 是要执行的测试脚本，report 是 HTML 测试报告的存储目录。

命令行的执行结果如图 7-10 所示。

```
Creating summariser <summary>
Created the tree successfully using login.jmx
Starting standalone test @ Sat Jul 23 18:03:30 CST 2022 (1658570610340)
Waiting for possible Shutdown/StopTestNow/HeapDump/ThreadDump message on port 44
45
summary +      1 in 00:00:01 =    1.6/s Avg:   448 Min:   448 Max:   448 Err:
  0 (0.00%) Active: 6 Started: 6 Finished: 0
summary +    199 in 00:00:23 =    8.6/s Avg:  3178 Min:   505 Max:  7796 Err:
  0 (0.00%) Active: 0 Started: 200 Finished: 200
summary =    200 in 00:00:24 =    8.5/s Avg:  3164 Min:   448 Max:  7796 Err:
  0 (0.00%)
Tidying up ...    @ Sat Jul 23 18:03:54 CST 2022 (1658570634325)
... end of run
```

图 7-10　控制台输出执行结果

命令执行结束后，会在当前目录下生成 report 文件夹，文件夹中存放的是 HTML 性能测试报告 index.html，性能测试报告的概要信息如图 7-11 所示。

图 7-11 中的概要信息展示了执行结果的百分比、聚合报告的信息、执行任务的总耗时等。单击报告左边栏的 Charts 链接就会显示吞吐量以及每秒点击率等信息。相对而言，HTML 性能测试报告看起来会更加直观和友好，也能看到响应时间、活跃线程的变化趋势。

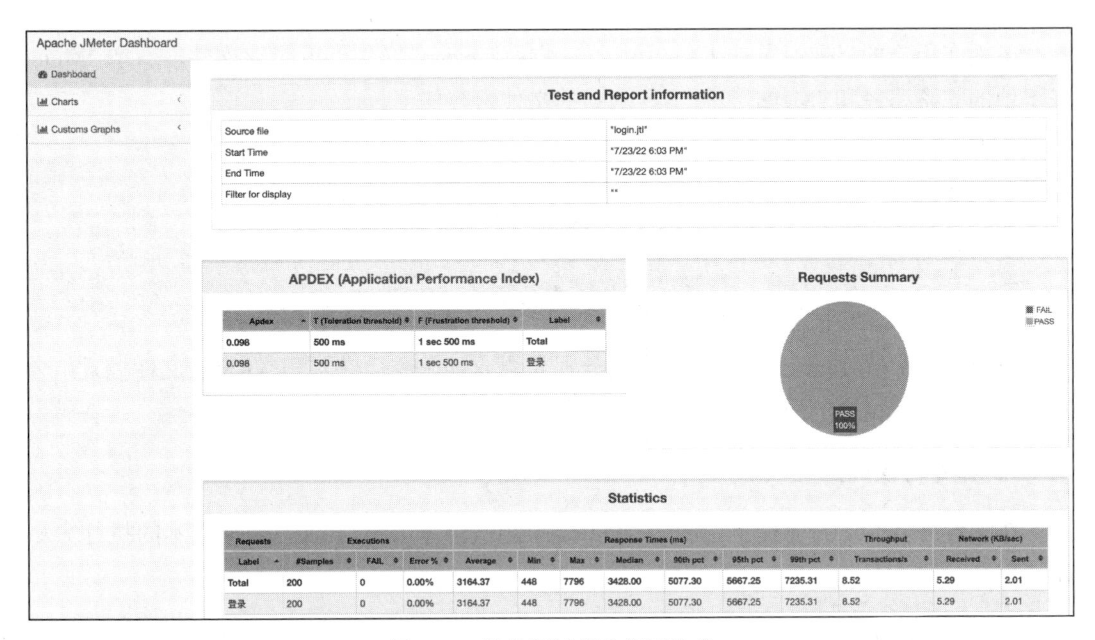

图 7-11　性能测试报告概要信息

7.2.8　JMeter 整合 Taurus

JMeter 也可以使用 Taurus 命令行来运行测试，Taurus 支持常规测试工具的测试执行引擎，使用命令行模式和 YAML 文件的模式执行被测试的目标。在 Python 环境搭建的基础上，使用如下命令进行安装 Taurus。

```
pip install bzt
```

Taurus 安装成功后，在控制台中输入 bzt -h 命令，当显示信息如图 7-12 所示时，则表示 Taurus 环境搭建成功。

```
Usage: bzt [options] [configs] [-aliases]

BlazeMeter Taurus Tool v1.16.8, the configuration-driven test running engine

Options:
  -h, --help            show this help message and exit
  -l LOG, --log=LOG     Log file location
  -o OPTION, --option=OPTION
                        Override option in config
  -q, --quiet           Only errors and warnings printed to console
  -v, --verbose         Prints all logging messages to console
  -n, --no-system-configs
                        Skip system and user config files
```

图 7-12　验证 Taurus 环境已搭建成功

下面在用户的当前目录（/Users/用户）下找到.bzt-rc 文件，编辑该文件，新增 JMeter 在本地的完整路径和 JMeter 的版本，编辑的文件内容如下。

```
modules:
  jmeter:
    path: /Applications/devOps/tools/apache-jmeter-5.4.1
    version: 5.4.1
    force-ctg: true   # true by default
    detect-plugins: true
```

搭建以及配置 Taurus 成功后，下面分别介绍通过命令行模式和 YAML 文件模式结合 JMeter 在性能测试中的应用。

1. 命令行模式执行 Taurus

在配置好.bzt-rc 的前提下，执行 JMeter 的测试脚本 login.jmx，测试脚本的执行命令如下。

```
bzt login.jmx
```

执行命令后，就会出现监测的可视化界面，如图 7-13 所示。

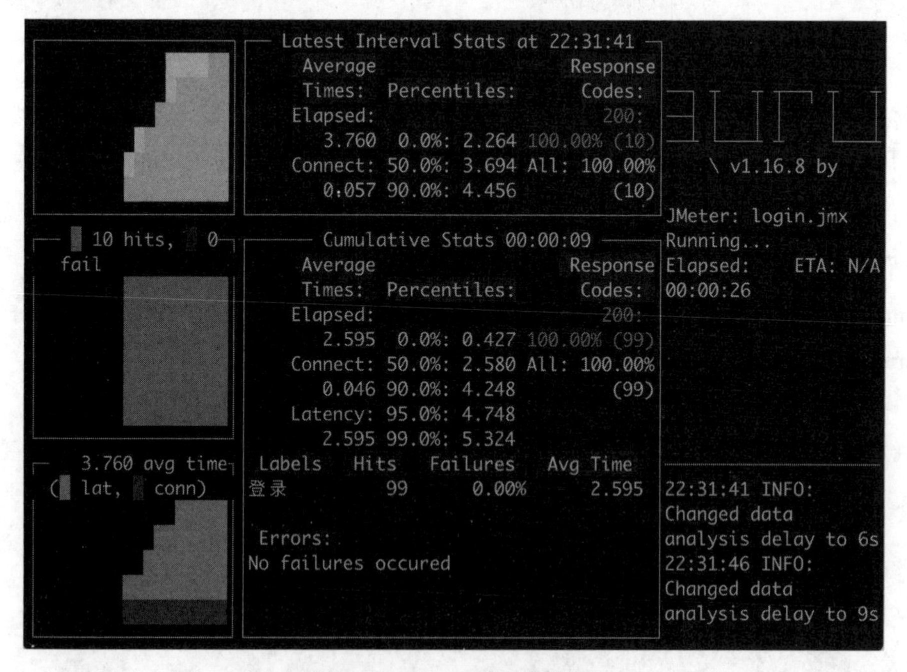

图 7-13　Taurus 可视化界面

在图 7-13 中显示了 JMeter 执行脚本变化的过程。执行后会汇总完整的测试结果信息，如图 7-14 所示。

```
22:31:58 INFO: Test duration: 0:00:27
22:31:58 INFO: Samples count: 200, 0.00% failures
22:31:58 INFO: Average times: total 3.758, latency 3.758, connect 0.190
22:31:58 INFO: Percentiles:
+--------------+--------------+
| Percentile, % | Resp. Time, s |
+--------------+--------------+
|          0.0 |        0.427 |
|         50.0 |        3.882 |
|         90.0 |        5.496 |
|         95.0 |        6.368 |
|         99.0 |         8.16 |
|         99.9 |        9.312 |
|        100.0 |        9.312 |
+--------------+--------------+
22:31:58 INFO: Request label stats:
+-------+--------+---------+--------+-------+
| label | status |    succ | avg_rt | error |
+-------+--------+---------+--------+-------+
| 登录  |   OK   | 100.00% |  3.758 |       |
+-------+--------+---------+--------+-------+
```

图 7-14 Taurus 执行结果

可以看到，执行结果中显示了不同百分比的执行耗时，以及执行成功的百分比等内容。

2. YAML 文件模式执行 Taurus

下面通过编写 YAML 文件的模式来执行 JMeter 的测试脚本，编写的测试脚本名称为 login.yaml，文件内容如下。

```
execution:
  - scenario: existing
    competition: 10
    hold-for: 10s
    ramp-up: 5s

scenarios:
  existing:
    script: login.jmx
```

备注：

总共的虚拟用户数是 10，执行时间是 10 秒，每 2 秒启动 1 个虚拟用户。

编写 YAML 配置文件成功后，执行以下命令。

```
bzt login.yaml
```

命令执行过程中可视化信息与命令行模式展示的信息基本一致，Taurus 脚本执行方式可视化如图 7-15 所示。

图 7-15　Taurus 脚本执行方式可视化

在实际工作中，可以根据自己的具体需求，通过 Taurus 将 JMeter 整合起来进行性能测试。

7.2.9　JMeter 整合 CI

在企业的 CI/CD 持续交付体系中，也会把 JMeter 的性能测试整合到 Jenkins 的持续集成平台中，结合 Jenkins 的 Pipeline 把压力测试以及负载测试整合到持续交付的流水线中，实现过程如下。

1．安装 Jenkins 插件

在 Jenkins 中安装插件 HTML Publisher plugin 和 Performance Plugin。插件安装成功后，在 Jenkins 中创建自由风格的 Job。

2．CI 集成 JMeter

在 Jenkins 工程中的构建中选择 Execute shell，填写如下命令。

```
cd /Users/liwangping/Desktop
jmeter -n -t login.jmx -l login.jtl -e -o html/
```

“构建后操作”选择 Publish Performance test result report 选项，在 Source data files 中指定 login.jtl 目录，如图 7-16 所示。

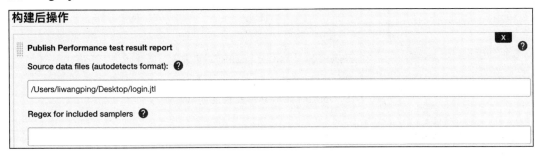

图 7-16　指定 login.jtl 目录

在 Performance display 中选中 Display Performance Report with Throughput(requests per second)复选框，显示吞吐量如图 7-17 所示。

Select graphed metric
Average Response Time
Select display percentiles
0,50,90,100
Performance display
☐ Display Performance Report Per Test Case
☑ Display Performance Report with Throughput (requests per second)
☐ Exclude response time of errored samples
☑ Fail build when result files are not present
Baseline build number
0

图 7-17　显示吞吐量

保存配置信息后，在性能测试结果中就会显示测试执行后的响应时间和差错率百分比的信息，如图 7-18 所示。

这样就可以很完整地把 JMeter 与 Jenkins 持续集成整合到一起，在整体的质量交付中也可以增加针对服务的基准测试。

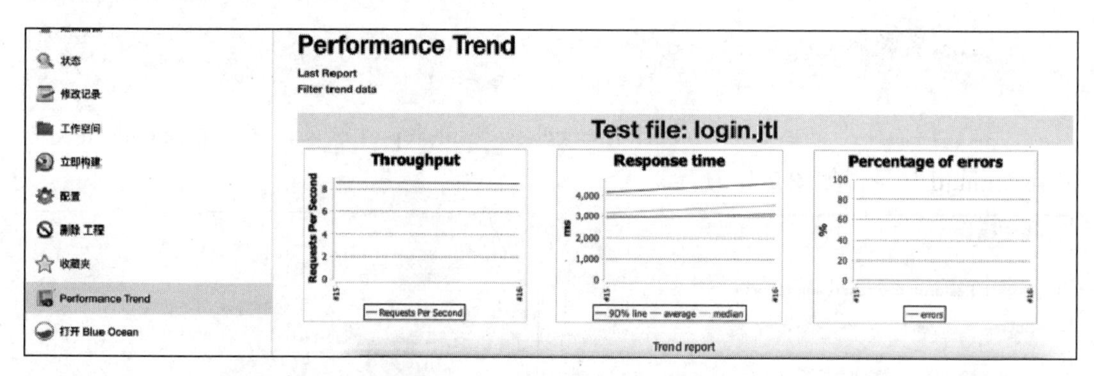

图 7-18 Jenkins 显示 JMeter 性能测试结果

7.2.10 JMeter 分布式执行

很多时候我们测试都是采用单机的模式，客户端存在资源的瓶颈，如出现 Too Many Open Files 等错误，当一个被测服务发送的虚拟用户数大于 2000 时，就需要采用分布式模式来对服务进行高并发的请求，JMeter 分布式交互模式如图 7-19 所示。

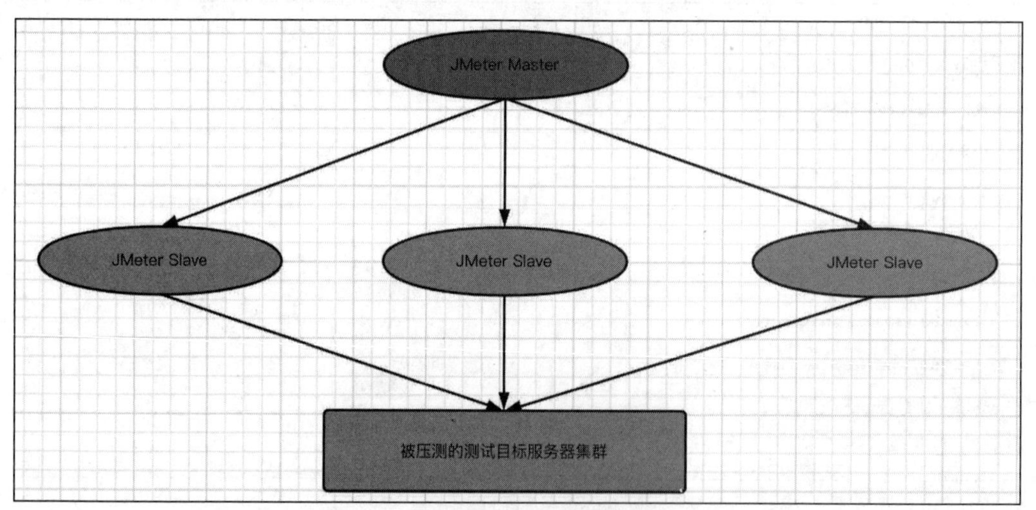

图 7-19 JMeter 分布式交互模式

在本案例中终端的分布式模式只有一台 Master（47.95.142.233）和一台 Slave（101.43.158.84）服务器。下面详细介绍配置和案例实战。

1. 配置 Master

在 Master 终端 JMeter 的 bin 目录下修改 JMeter 的配置文件 jmeter.properties，打开配

置文件后，填写 remote_hosts 信息，内容如下。

```
remote_hosts=101.43.158.84:1099,47.95.142.233:1099
```

默认端口是 1099，所以在云服务器中就需要保持 1099 端口是开放的。

2. 配置 SSL

由于 JMeter 4.0 以后的版本使用的是 RMX 的传输机制，因此需要配置密钥与证书，通常先在 Master 的 JMeter 下生成密钥，生成密钥的方式是在 JMeter 的 bin 目录下执行 ./create-rmi-keystore.sh 命令，生成密钥的配置信息如下。

```
[root@k8s-master bin]# ./create-rmi-keystore.sh
What is your first and last name?
  [Unknown]:  rmi
What is the name of your organizational unit?
  [Unknown]:  cn
What is the name of your organization?
  [Unknown]:  cn
What is the name of your City or Locality?
  [Unknown]:  cn
What is the name of your State or Province?
  [Unknown]:  cn
What is the two-letter country code for this unit?
  [Unknown]:  cn
Is CN=rmi, OU=cn, O=cn, L=cn, ST=cn, C=cn correct?
  [no]:  y

Enter key password for <rmi>
       (RETURN if same as keystore password):
Re-enter new password:

Warning:
The JKS keystore uses a proprietary format. It is recommended to migrate
to PKCS12 which is an industry standard format using "keytool -importkeystore
-srckeystore rmi_keystore.jks -destkeystore rmi_keystore.jks -deststoretype
pkcs12".
Copy the generated rmi_keystore.jks to jmeter/bin folder or reference it
in property 'server.rmi.ssl.keystore.file'
```

备注：

在生成密钥的过程中，first name 和 last name 必须是 rmi，password 必须是 changit。

执行成功后，会在 JMeter 的 bin 目录下生成 rmi_keystore.jks 文件，把它复制到 Slave 的 JMeter 的 bin 目录下，复制命令如下。

```
[root@k8s-master bin]# scp rmi_keystore.jks  root@101.43.158.84:/root/
tools/apache-jmeter-5.4.1/bin
root@101.43.158.84's password:
rmi_keystore.jks                                100% 2181   494.7KB/s   00:00
```

3. 启动 Slave 端

在 Slave 终端 JMeter 的 bin 目录下修改 jmeter.properties，需要通过 RMI_HOST_DEF 配置信息指定 IP 地址、端口 1099，修改信息如下。

```
# Remote Hosts - comma delimited
remote_hosts=101.43.158.84:1099
#remote_hosts=localhost:1099,localhost:2010

# RMI port to be used by the server (must start rmiregistry with same port)
#server_port=1099
server_port = 1099
server.rmi.port=1099
server.rmi.localport = 1099
```

修改配置成功后，下面启动 Slave 的结点。在 JMeter 的 bin 目录下执行./jmeter-server 命令。

```
[root@k8s-node1 bin]# ./jmeter-server
Using local port: 1099
Created remote object: UnicastServerRef2 [liveRef: [endpoint:[101.43.158.84:
1099](local),objID:[1162beb5:182597afee6:-7fff, 4357853295844070719]]]
```

4. Master 端执行监听

在 Master 终端中，在 JMeter 的目录下执行脚本以及指定要执行的测试脚本，命令如下。

```
[root@k8s-master apache-jmeter-5.4.1]# ./bin/jmeter.sh -n -t
tests/script/LoginServer.jmx  -r
Creating summariser <summary>
Created the tree successfully using tests/script/LoginServer.jmx
Configuring remote engine: 101.43.158.84:1099
Using local port: 1099
Starting distributed test with remote engines: [101.43.158.84:1099] @ Mon
Aug 01 21:00:29 CST 2022 (1659358829666)
```

Slave 连接 Master 成功后，会显示如下信息。

```
Starting the test on host 101.43.158.84:1099 @ Mon Aug 01 21:02:40 CST 2022
(1659358960652)
```

Master 结点显示信息如下。

```
Remote engines have been started:[101.43.158.84:1099]
Waiting for possible Shutdown/StopTestNow/HeapDump/ThreadDump message on
port 4445
```

以上信息表示 Slave 结点与 Master 结点连接成功，下面执行测试脚本 LoginServer.jmx。

5. 分布式执行过程

在 Slave 与 Master 结点连接成功的情况下，就会执行脚本 LoginServer.jmx，执行的过程中，被测服务器的请求来自 Slave 和 Master 的请求信息，如图 7-20 所示。

```
101.43.158.84 - - [25/Jun/2022 09:28:25] "GET /login HTTP/1.1" 200 -
101.43.158.84 - - [25/Jun/2022 09:28:26] "GET /login HTTP/1.1" 200 -
47.95.142.233 - - [25/Jun/2022 09:28:26] "GET /login HTTP/1.1" 200 -
101.43.158.84 - - [25/Jun/2022 09:28:26] "GET /login HTTP/1.1" 200 -
47.95.142.233 - - [25/Jun/2022 09:28:26] "GET /login HTTP/1.1" 200 -
```

图 7-20　目标服务器的请求来自 Slave 与 Master 的请求信息

执行结束后，显示如下信息。

```
Finished the test on host 101.43.158.84:1099 @ Sat Jun 25 09:52:01 CST 2022
(1656121921970)
```

7.2.11　JMeter 性能测试平台

在 JMeter 测试工具中，结合后端监听器可以将执行过程中的数据发送到 InfluxDB 时序数据库中，最后整合到 Grafana 平台中。下面详细介绍在 Grafana 平台中 InfluxDB 环境的搭建配置以及 InfluxDB 的数据展示，即结合 InfluxDB 以及 Grafana 打造基于 JMeter 的性能测试平台，JMeter 性能测试平台整体交互如图 7-21 所示。

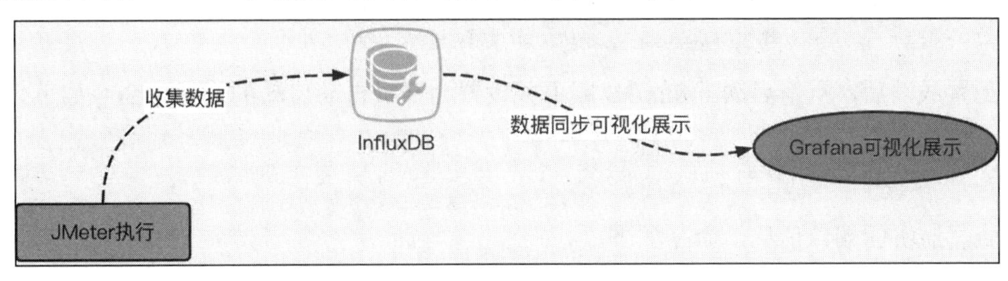

图 7-21　JMeter 性能测试平台整体交互

1．搭建 InfluxDB 环境

先下载 influxdb-1.6.0.x86_64.rpm 文件，然后直接使用如下命令安装。

```
yum  localinstall influxdb-1.6.0.x86_64.rpm
```

文件安装成功后，完善/etc/influxdb/influxdb.conf 配置文件，完善后的配置文件信息如下。

```
[meta]
  dir = "/usr/local/influxdb/meta"
[data]
  dir = "/usr/local/influxdb/data"
  wal-dir = "/usr/local/influxdb/wal"
[coordinator]
[retention]
[shard-precreation]

[admin]
  enable = true
  bind-address = ":8083"
  https-enabled=false


[[graphite]]
  enabled=true
  database="jmeter"
  bind-address= ":2003"
  #retention-policy=""
  protocol="tcp"
  consistency-level="one"
```

备注：

在配置文件中，data 是存储数据的目录，meta 是存放元数据的目录，下面创建目录并更新权限，命令如下。

```
mkdir -pv /usr/local/influxdb/
chown -R influxdb:influxdb /usr/local/influxdb/
```

配置成功后，重新启动 InfluxDB 服务并设置为开机自动启动的模式，命令如下。

```
systemctl restart influxdb
systemctl enable influxdb
```

查看监听的端口信息，命令如下。

```
[root@k8s-master ~]# netstat -tulnp | grep  influx
tcp        0       0 127.0.0.1:8088    0.0.0.0:*    LISTEN      19901/influxd
```

```
tcp6       0      0 :::2003                 :::*            LISTEN      19901/influxd
tcp6       0      0 :::8086                 :::*            LISTEN      19901/influxd
```

创建登录 InfluxDB 的账户，命令如下。

```
CREATE USER "wuya" WITH PASSWORD '123456' WITH ALL PRIVILEGES
```

账户创建成功后，就可以登录进入 InfluxDB 中了，创建数据库 jmeter，具体操作如下。

```
[root@k8s-master ~]# influx -username "wuya" -password "123456"
Connected to http://localhost:8086 version 1.7.8
InfluxDB shell version: 1.7.8
> create database jmeter;
> show databases;
name: databases
name
----
jmeter
```

2．InfluxDB 整合 Grafana

InfluxDB 环境搭建并配置成功后，在 Grafana 数据源中配置 InfluxDB 数据源，如图 7-22 所示。

图 7-22　在 Grafana 中配置 InfluxDB 数据源

单击页面下面的 Save&Test 按钮，显示如图 7-23 所示页面。

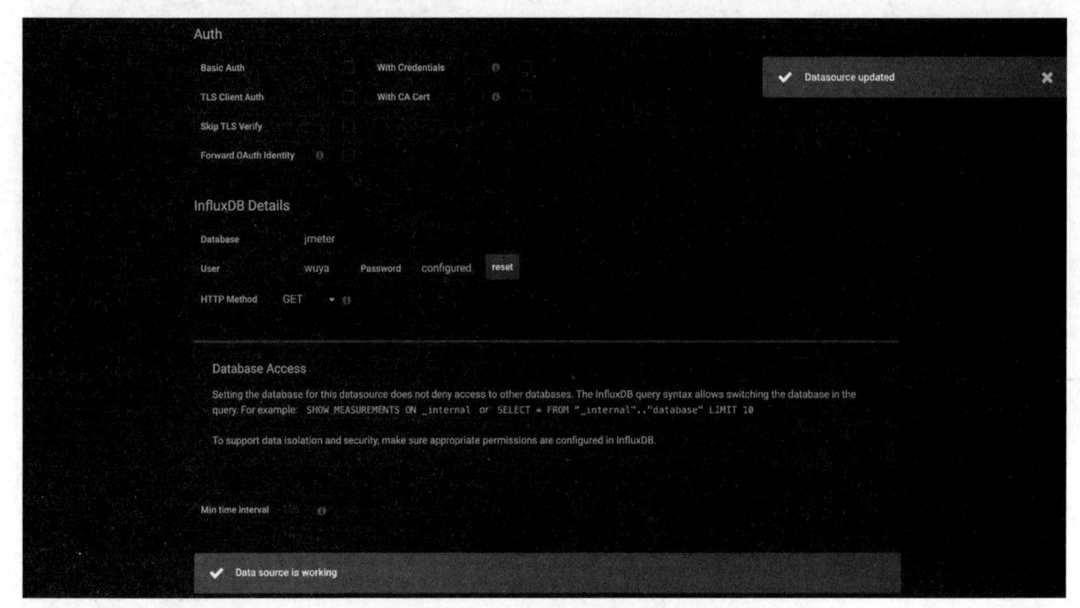

图 7-23　保存测试配置的数据源

如图 7-23 所示信息，表示 InfluxDB 数据源配置成功。

3. JMeter 执行数据可视化

在 JMeter 监听器中添加后端监听器，先选择 InfluxdbBackendListenerClient 后端监听器，然后填写 InfluxDB 的地址信息和数据库信息，JMeter 后端监听器配置如图 7-24 所示。

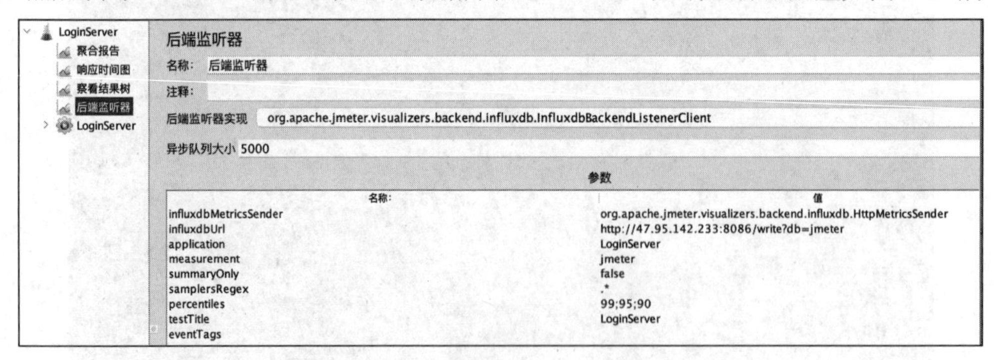

图 7-24　JMeter 后端监听器配置

发送请求会把 JMeter 执行过程中的数据发送并写入 InfluxDB 的 jmeter 数据库中，可视化展示在 Grafana 平台，在 Grafana 平台中可以直接使用官方现有的模板，模板 ID 为 5496，任务执行后在 Grafana 平台中展示的可视化执行结果如图 7-25 所示。

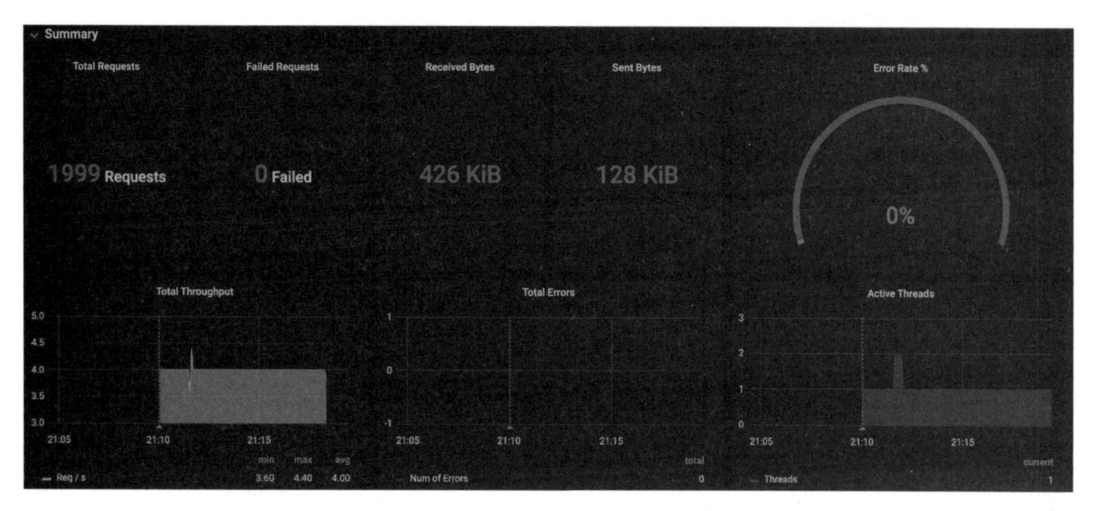

图 7-25 可视化执行结果

响应时间趋势图如图 7-26 所示。

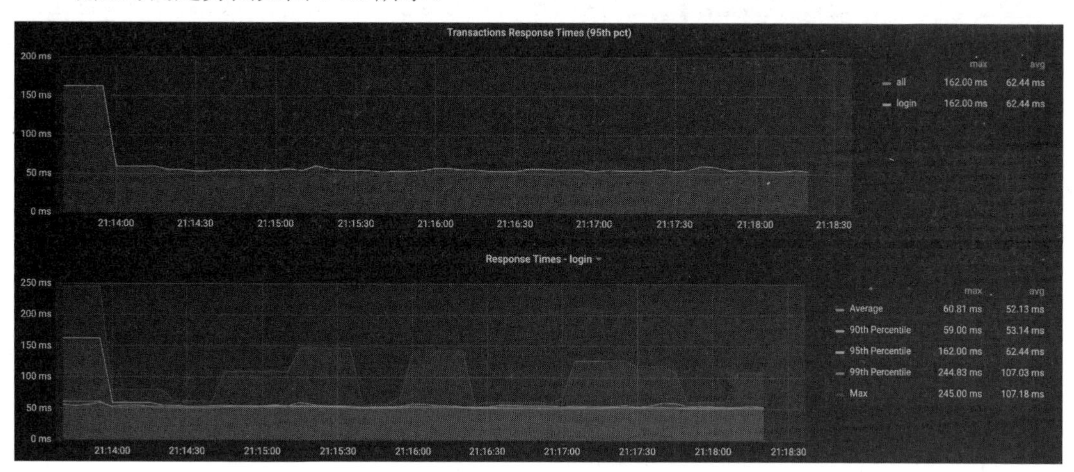

图 7-26 响应时间趋势图

从图 7-26 中能够看到任务在执行过程中的吞吐量、活跃线程数、响应时间变化的趋势，这样分析程序的性能瓶颈比使用聚合报告更加友好和直观。

7.3 Gatling 实战

Gatling 是一款基于 Scala 开发的高性能服务器性能测试工具，同时也是非常强大的负载测试工具，它易于使用，基于高可维护性和高性能而设计，开箱即用。Gatling 是负载测试中一款非常优秀的测试工具，对 HTTP 协议的支持也非常友好。

7.3.1 Gatling 安装配置

1. 安装 Gatling

打开链接 https://gatling.io/open-source/下载最新版本的 Gatling，下载成功后进行解压，Gatling 解压后的目录结构如图 7-27 所示。

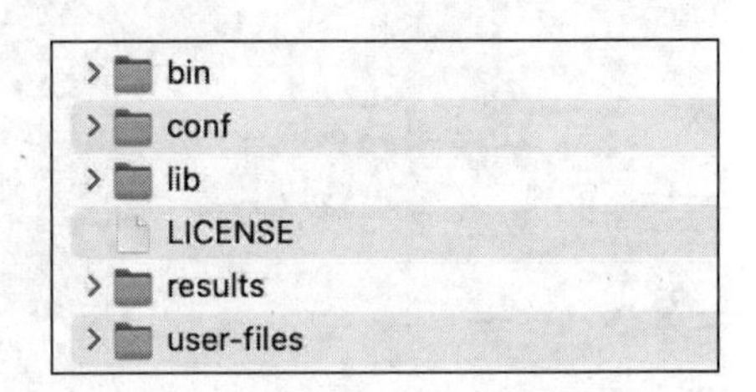

图 7-27 Gatling 解压后的目录结构

2. Gatling 配置

Gatling 解压成功后，配置到 PATH 环境变量中，配置成功后在控制台输入 recorder.sh，按 Enter 键后就会显示 Gatling 的 GUI 主界面，如图 7-28 所示。

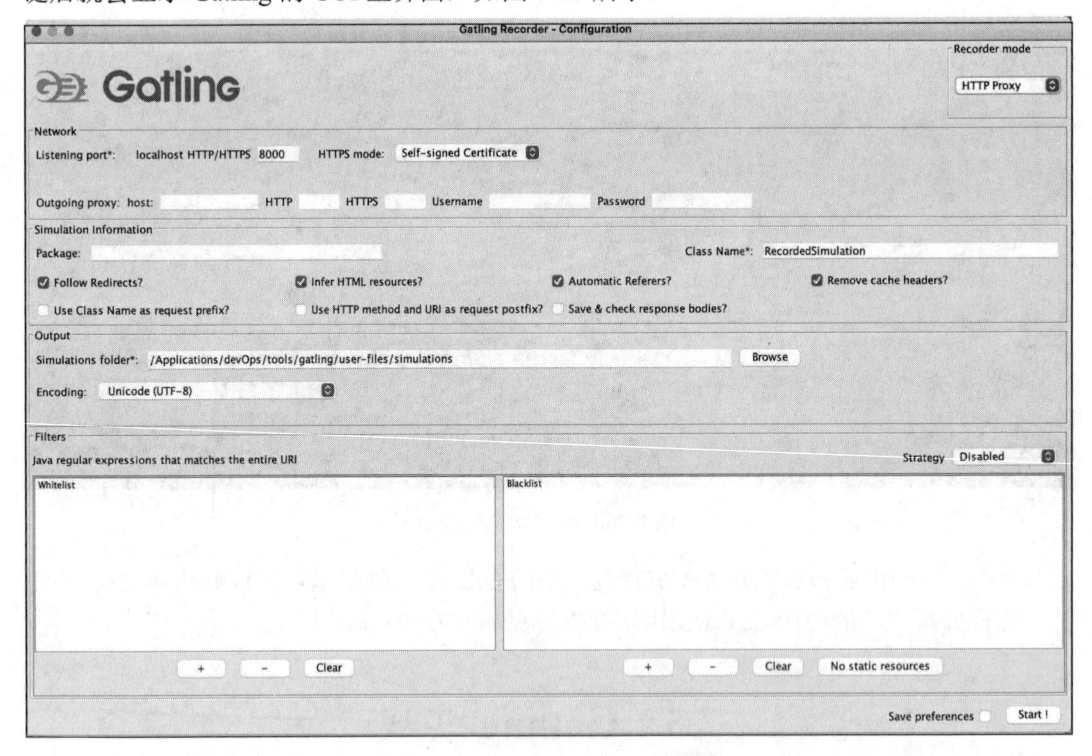

图 7-28 Gatling 的 GUI 主界面

在实际使用 Gatling 做负载测试以及压力测试时用的是 Scala 编写代码的模式，即命令行的模式。

7.3.2　Gatling 性能测试实战

1．初用 Gatling

下面结合 Gatling 自带的案例介绍它的具体使用方法。在控制台中输入 gatling.sh，会显示如图 7-29 所示的信息。

```
GATLING_HOME is set to /Applications/devOps/tools/gatling
Choose a simulation number:
     [0] computerdatabase.BasicSimulation
     [1] computerdatabase.advanced.AdvancedSimulationStep01
     [2] computerdatabase.advanced.AdvancedSimulationStep02
     [3] computerdatabase.advanced.AdvancedSimulationStep03
     [4] computerdatabase.advanced.AdvancedSimulationStep04
     [5] computerdatabase.advanced.AdvancedSimulationStep05
```

图 7-29　Gatling 官方案例

在控制台中选择需要测试的 demo，如选择 0，就会显示执行序号为 0 的任务的执行过程以及执行后的性能测试结果信息，执行过程如图 7-30 所示。

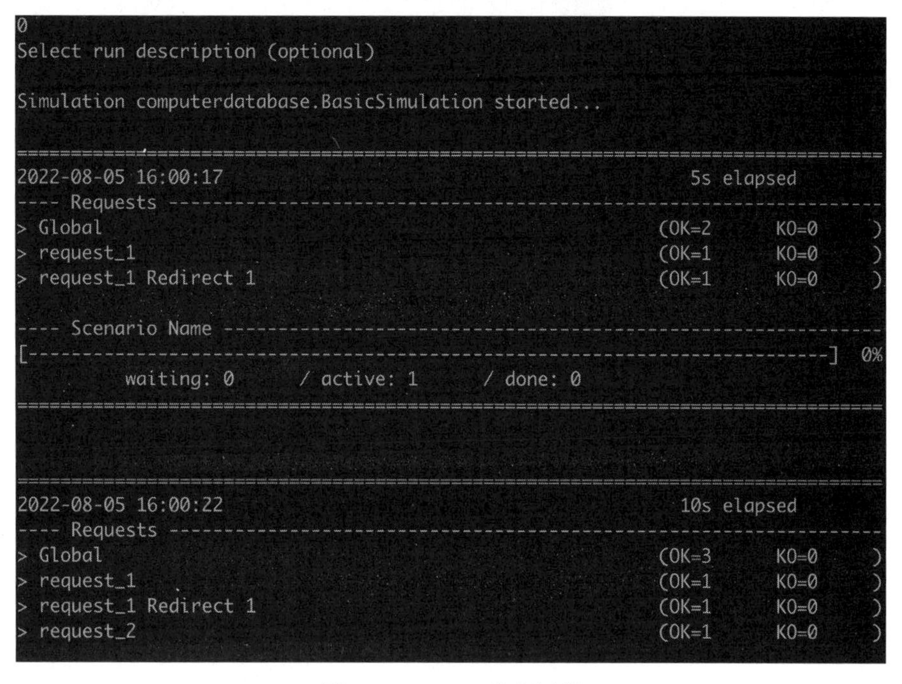

图 7-30　Gatling 执行过程

demo 执行结束后，就会显示 Gatling 性能测试报告路径，如图 7-31 所示。

```
================================================================================
---- Global Information --------------------------------------------------------
> request count                                         13 (OK=13     KO=0     )
> min response time                                    245 (OK=245    KO=-     )
> max response time                                   1751 (OK=1751   KO=-     )
> mean response time                                   576 (OK=576    KO=-     )
> std deviation                                        388 (OK=388    KO=-     )
> response time 50th percentile                        496 (OK=496    KO=-     )
> response time 75th percentile                        566 (OK=566    KO=-     )
> response time 95th percentile                       1200 (OK=1200   KO=-     )
> response time 99th percentile                       1641 (OK=1641   KO=-     )
> mean requests/sec                                  0.433 (OK=0.433  KO=-     )
---- Response Time Distribution ------------------------------------------------
> t < 800 ms                                            10 ( 77%)
> 800 ms < t < 1200 ms                                   2 ( 15%)
> t > 1200 ms                                            1 (  8%)
> failed                                                 0 (  0%)
================================================================================

Reports generated in 0s.
Please open the following file: /Applications/devOps/tools/gatling/results/basic
simulation-20220805080009300/index.html
```

图 7-31　Gatling 性能测试报告路径

从图 7-31 中可以看到，请求的次数是 13，最小响应时间是 245ms，最大响应时间是 1751ms，平均响应时间是 576ms，在响应时间分布中，有 10 个请求的响应时间小于 800ms，有两个请求的响应时间为 800～1200ms，1 个请求的响应时间大于 1200ms，0 个请求 failed。打开测试报告，就会显示可视化的 Gatling 概要信息，如图 7-32 所示。

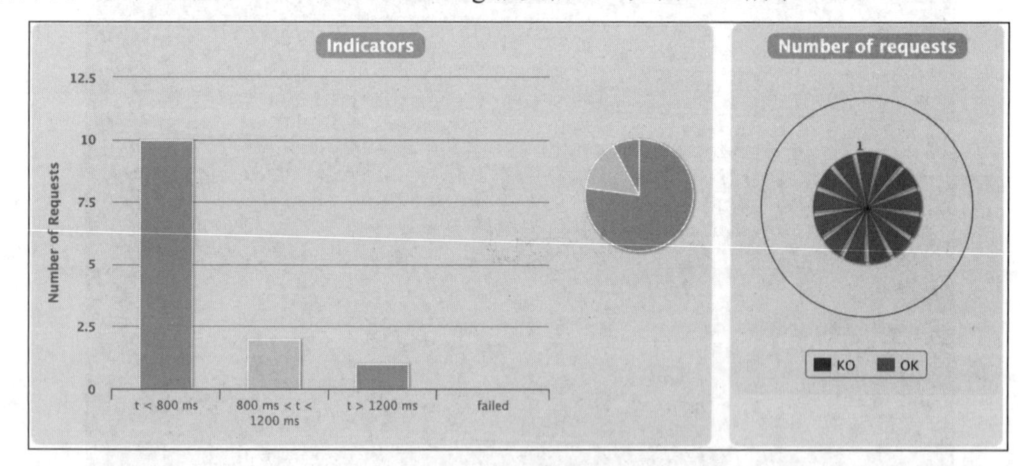

图 7-32　Gatling 概要信息

图 7-32 展示的是整体的概要信息，在测试报告中也会展示最小、最大以及平均响应时间等信息，如图 7-33 所示。

在 Gatling 中，也会展示各个响应时间的百分比以及响应时间的变化趋势，如图 7-34 所示。

STATISTICS　　Expand all groups | Collapse all groups

Requests	Executions					Response Time (ms)							
	Total	OK	KO	% KO	Cnt/s	Min	50th pct	75th pct	95th pct	99th pct	Max	Mean	Std Dev
Global Information	13	13	0	0%	0.433	245	496	566	1200	1641	1751	576	388
request_1	1	1	0	0%	0.033	496	496	496	496	496	496	496	0
request_...direct 1	1	1	0	0%	0.033	564	564	564	564	564	564	564	0
request_2	1	1	0	0%	0.033	250	250	250	250	250	250	250	0
request_3	1	1	0	0%	0.033	255	255	255	255	255	255	255	0
request_4	1	1	0	0%	0.033	833	833	833	833	833	833	833	0
request_...direct 1	1	1	0	0%	0.033	566	566	566	566	566	566	566	0
request_5	1	1	0	0%	0.033	489	489	489	489	489	489	489	0
request_6	1	1	0	0%	0.033	809	809	809	809	809	809	809	0
request_7	1	1	0	0%	0.033	487	487	487	487	487	487	487	0
request_8	1	1	0	0%	0.033	245	245	245	245	245	245	245	0
request_9	1	1	0	0%	0.033	1751	1751	1751	1751	1751	1751	1751	0
request_10	1	1	0	0%	0.033	246	246	246	246	246	246	246	0
request_...direct 1	1	1	0	0%	0.033	503	503	503	503	503	503	503	0

图 7-33　Gatling 中的各个响应时间

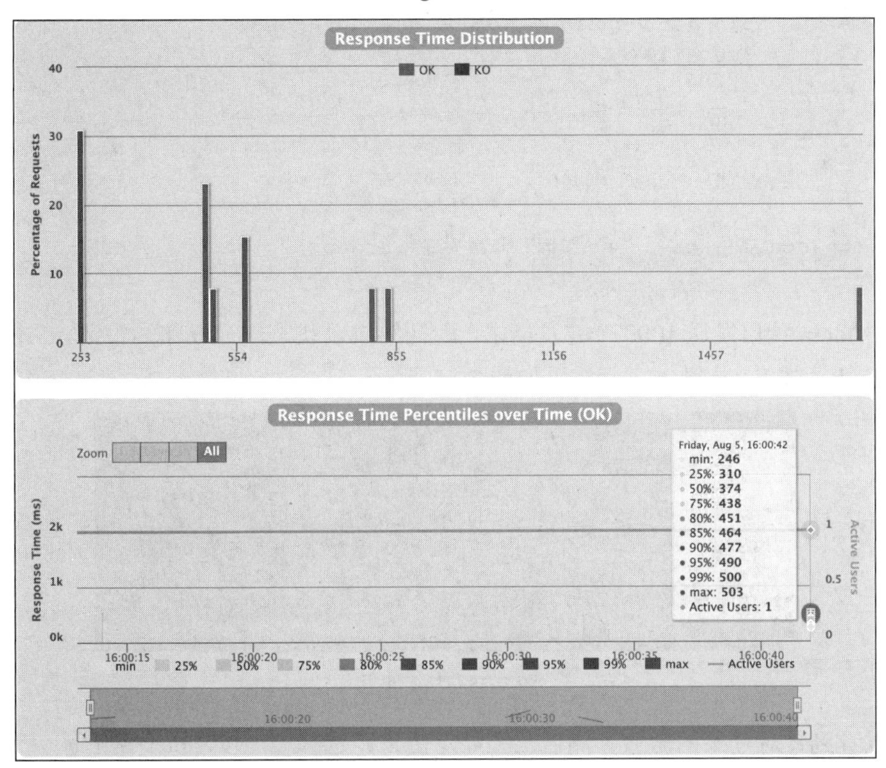

图 7-34　各个响应时间的百分比以及响应时间的变化趋势

2. Gatling 负载测试

下面编写 Scala 代码对登录的微服务进行测试，在 Gatling 的目录/user-files/simulations/computerdatabase 下创建 BasicSimulationLogin.scala 文件，编写针对登录操作的地址、并发数以及结果状态码验证，BasicSimulationLogin.scala 的代码如下。

```
package computerdatabase

import scala.concurrent.duration._

import io.gatling.core.Predef._
import io.gatling.http.Predef._

class BasicSimulationLogin extends Simulation {

  val httpProtocol = http
    // Here is the root for all relative URLs
    .baseUrl("http://101.43.158.84:5000")

  // A scenario is a chain of requests and pauses
  val scn = scenario("LoginServiceApi")
    .exec(
      http("request_1")
        .get("/login")
        .check(status.is(200))
    )
  setUp(scn.inject(atOnceUsers(1000)).protocols(httpProtocol))
}
```

针对/login 接口发送 1000 个并发请求，验证结果以状态码 200 作为验证。在控制台输入 gatling.sh，按 Enter 键，执行结果如图 7-35 所示。

图 7-35　执行结果

可以看到针对登录的微服务测试已经显示出来，选择 1，按 Enter 键后就会对登录的微服务进行高并发的负载测试，控制台中的测试结果如图 7-36 所示。

```
---- Global Information --------------------------------------------------------
> request count                                      1000 (OK=1000   KO=0     )
> min response time                                   319 (OK=319    KO=-     )
> max response time                                  3629 (OK=3629   KO=-     )
> mean response time                                 1153 (OK=1153   KO=-     )
> std deviation                                       528 (OK=528    KO=-     )
> response time 50th percentile                      1060 (OK=1060   KO=-     )
> response time 75th percentile                      1582 (OK=1582   KO=-     )
> response time 95th percentile                      1866 (OK=1866   KO=-     )
> response time 99th percentile                      2366 (OK=2366   KO=-     )
> mean requests/sec                                   250 (OK=250    KO=-     )
---- Response Time Distribution ------------------------------------------------
> t < 800 ms                                          289 ( 29%)
> 800 ms < t < 1200 ms                                231 ( 23%)
> t > 1200 ms                                         480 ( 48%)
> failed                                                0 (  0%)
================================================================================

Reports generated in 0s.
Please open the following file: /Applications/devOps/tools/gatling/results/basic
simulationlogin-20220805110234475/index.html
```

图 7-36　登录微服务的测试结果

打开 HTML 性能测试报告，登录微服务测试结果的概要信息如图 7-37 所示。

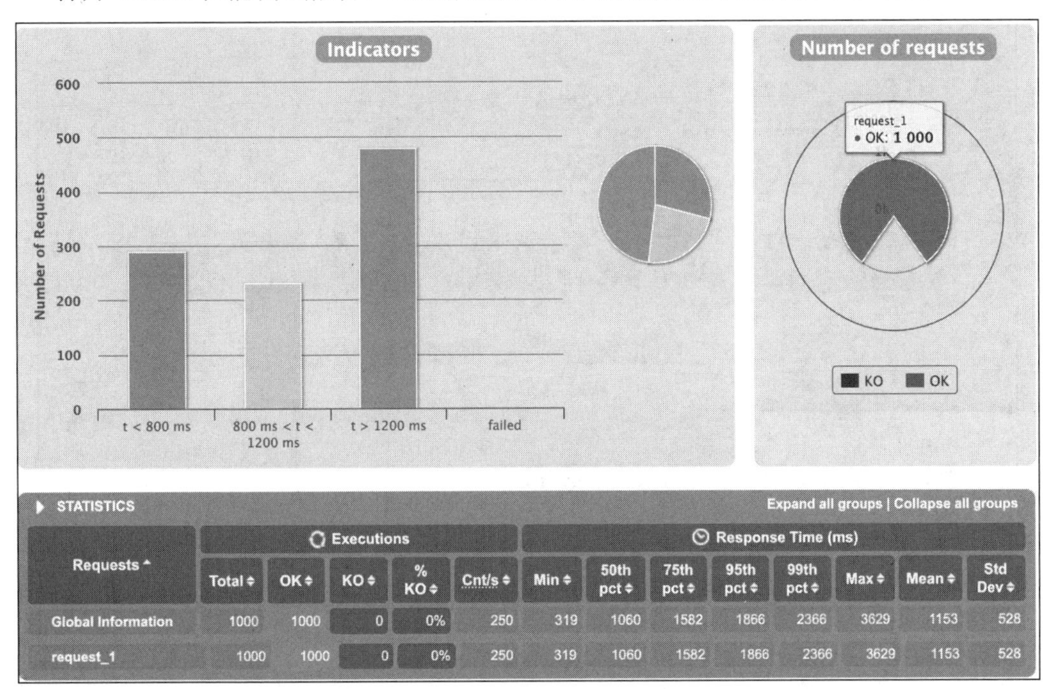

Requests	Executions					Response Time (ms)							
	Total	OK	KO	% KO	Cnt/s	Min	50th pct	75th pct	95th pct	99th pct	Max	Mean	Std Dev
Global Information	1000	1000	0	0%	250	319	1060	1582	1866	2366	3629	1153	528
request_1	1000	1000	0	0%	250	319	1060	1582	1866	2366	3629	1153	528

图 7-37　登录微服务测试结果概要信息

活跃用户趋势如图 7-38 所示。

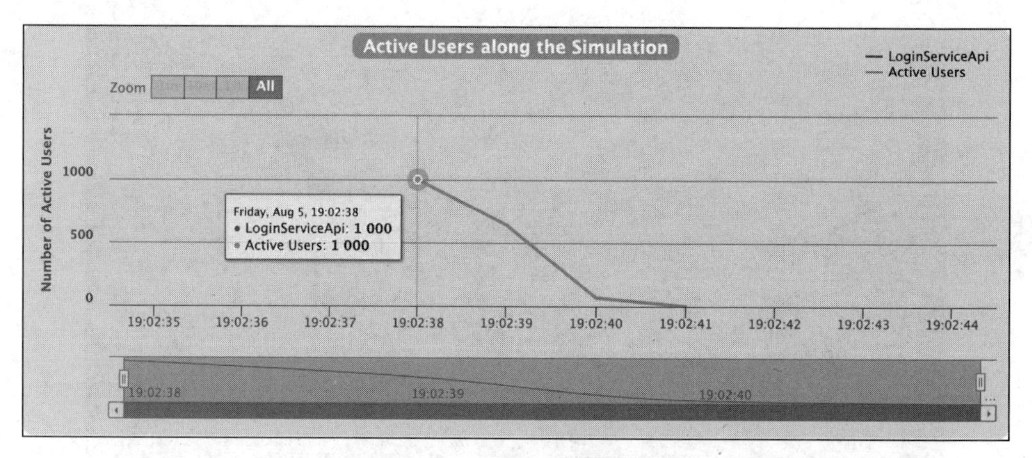

图 7-38　活跃用户趋势

每秒请求数以及每秒响应数趋势如图 7-39 所示。

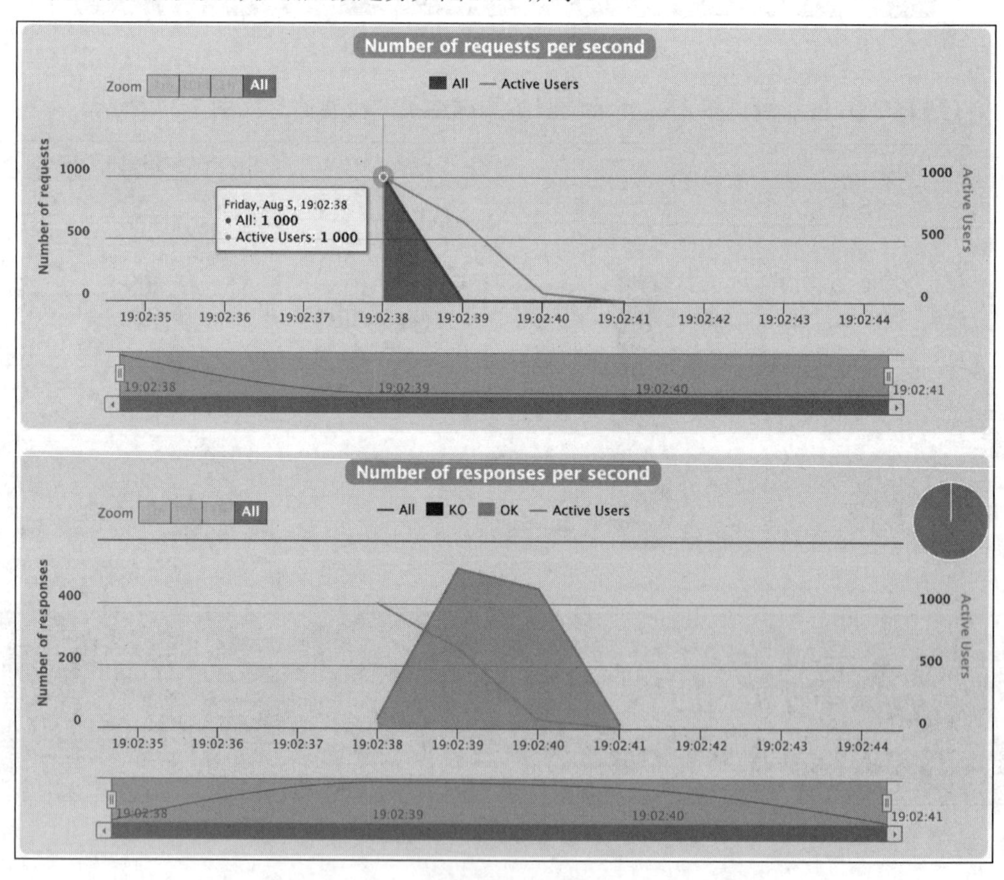

图 7-39　每秒请求数和每秒响应数趋势

可以看到，使用 Gatling 测试工具做微服务的高并发测试以及负载测试是非常有优势的，特别是在被测的业务中存在调度机制、任务执行最大的数量限制以及排队的机制时，可以使用 Gatling 测试服务在调度机制以及排队机制下的正确性和稳定性。

7.4　nGrinder 实战

nGrinder 是一款轻量级和平台级的性能测试工具，使用起来比较简单，是基于 controller-agent 分布式的一款强大的性能测试工具。nGrinder 也可以通过编写 Python 代码进行测试。按照规范编写好性能测试脚本后，controller 会把脚本执行后的资源分发到 agent 中，使用 iython 来执行，在执行的过程中收集执行的详细数据，这些数据主要包含运行情况、响应时间、测试目标的系统资源（CPU 和内存资源）。执行结束后会把执行结果保存为结果数据用来分析性能测试的情况。其优势是支持单点 3000 的并发、支持分布式模式、可以集成到公司的性能测试平台中。

7.4.1　nGrinder 安装配置

下面介绍 nGrinder 工具的下载、安装和配置。

1．下载、安装 nGrinder

打开链接 https://github.com/naver/ngrinder/releases 下载 ngrinder-controller-3.5.5.war，把下载文件放在 Tomcat 的 webapps 目录下，将 Tomcat 服务的端口修改为 18080，启动 Tomcat，在浏览器中访问 http://localhost: 18080/ngrinder-controller-3.5.5/login 就会显示 nGrinder 的登录界面，如图 7-40 所示。

图 7-40　nGrinder 登录界面

登录的账户和密码都是 admin，登录语言选择中文，登录成功后就会显示 nGrinder 的主界面，如图 7-41 所示。

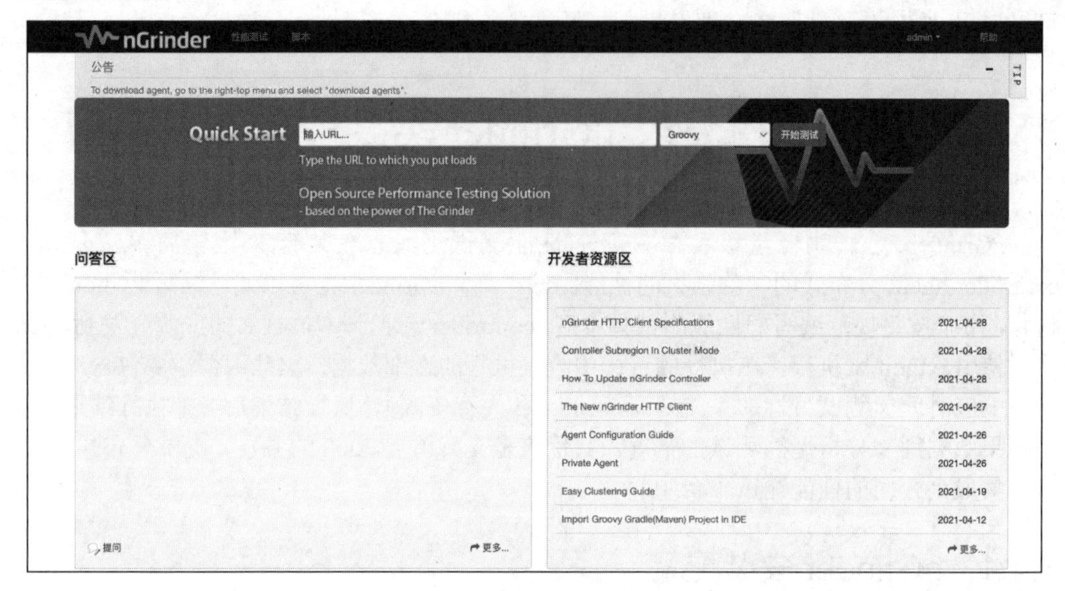

图 7-41　nGrinder 主界面

2. 安装代理

ngrinder-controller 执行的过程是中需要代理的，所以需要下载代理。在 nGrinder 的主页面中单击 admin，在下拉框中单击“下载代理”按钮，就会下载 ngrinder-agent-3.5.5-localhost.tar。将下载后的文件进行解压，解压后进入 ngrinder-agent 目录，执行./run-agent.sh 命令，就会启动代理节点，ngrinder-agent 启动输出信息如图 7-42 所示。

```
2022-08-06 17:47:33,843 INFO  starter: ***************************************************
2022-08-06 17:47:33,844 INFO  starter:    Start nGrinder Agent ...
2022-08-06 17:47:33,844 INFO  starter: ***************************************************
2022-08-06 17:47:33,844 INFO  starter: JVM server mode is disabled.
2022-08-06 17:47:37,971 INFO  starter: connecting to controller 127.0.0.1:16001
2022-08-06 17:47:38,014 INFO  agent controller daemon: The agent controller daemon is start
ed.
2022-08-06 17:47:38,065 INFO  agent controller: Connected to agent controller server at /12
7.0.0.1:16001
2022-08-06 17:47:38,066 INFO  agent controller: Waiting for agent controller server signal
```

图 7-42　ngrinder-agent 启动输出信息

3. 安装 Monitor

在 ngrinder-controller 执行的过程中需要收集被测目标的服务器资源，所以需要安装 ngrinder-monitor，具体步骤是在 nGrinder 的主页单击 admin 后，先在下拉框中选择“下载监控”下载 ngrinder-monitor-3.5.5.tar，然后进行解压，文件解压后进入 ngrinder-monitor 目录，最后执行./run_monitor.sh 命令启动 ngrinder-monitor 程序，输出信息如图 7-43 所示。

```
17:52:27.601 [main] INFO agent config - Overwrite the existing agent.conf with __agent.conf
17:52:28.302 [main] INFO starter - ***************************************************
17:52:28.303 [main] INFO starter - * Start nGrinder Monitor...
17:52:28.303 [main] INFO starter - ***************************************************
17:52:32.559 [main] INFO org.ngrinder.monitor.agent.RegisterMXBean - Added MXBean:org.ngrin
der.monitor:name=System.
17:52:32.560 [main] INFO org.ngrinder.monitor.agent.RegisterMXBean - Default MXBean Initial
ized.
17:52:32.560 [main] INFO org.ngrinder.monitor.agent.MonitorServer - Service URL:service:jmx
:rmi://[::]:13243/jndi/rmi://[::]:13243/jmxrmi is initiated.
17:52:32.640 [main] INFO org.ngrinder.monitor.collector.DataCollectManager - SystemDataColl
ector started.
17:52:32.640 [main] INFO org.ngrinder.monitor.collector.DataCollectManager - Collection int
erval : 1s).
```

图 7-43　ngrinder-monitor 启动输出信息

7.4.2　nGrinder 性能测试实战

下面介绍针对登录服务使用 nGrinder 工具进行性能测试。在基本配置页面填写需要发送的虚拟用户数，nGrinder 基本配置页面如图 7-44 所示。

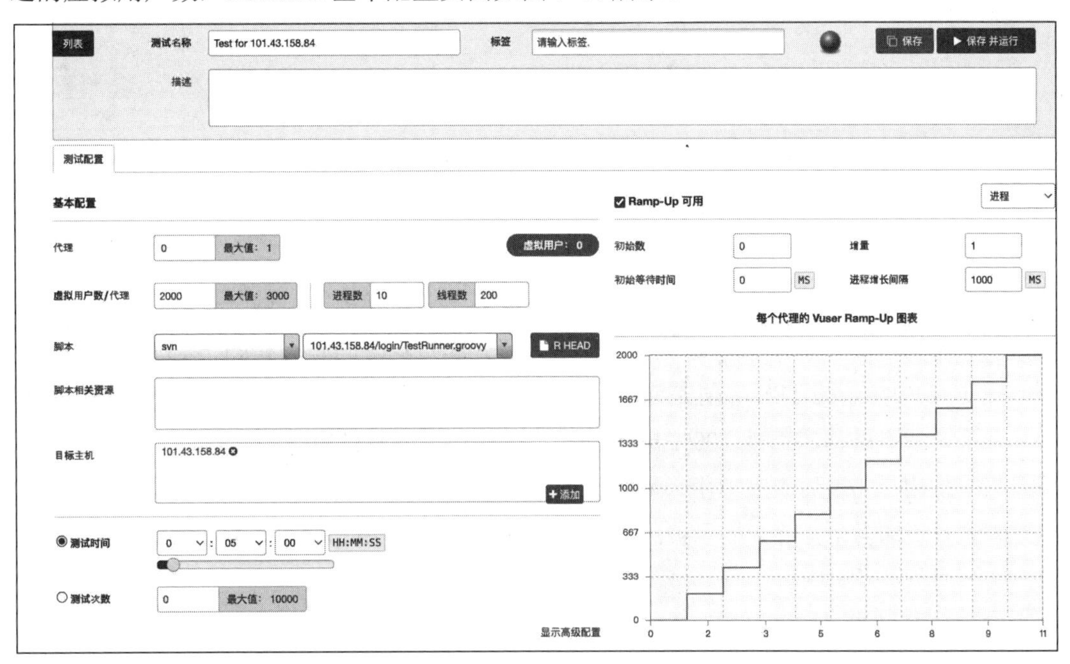

图 7-44　nGrinder 基本配置页面

在图 7-44 中，配置的虚拟用户数是 2000，进程数与线程数会自动显示对应比例的数字，“Ramp-up 可用”部分选择默认的模式，测试时间填写 5 分钟，填写好基本配置后，单击“保存并运行”按钮，就会对目标服务器发送高并发请求，nGrinder 运行过程以及 TPS 趋势如图 7-45 所示。

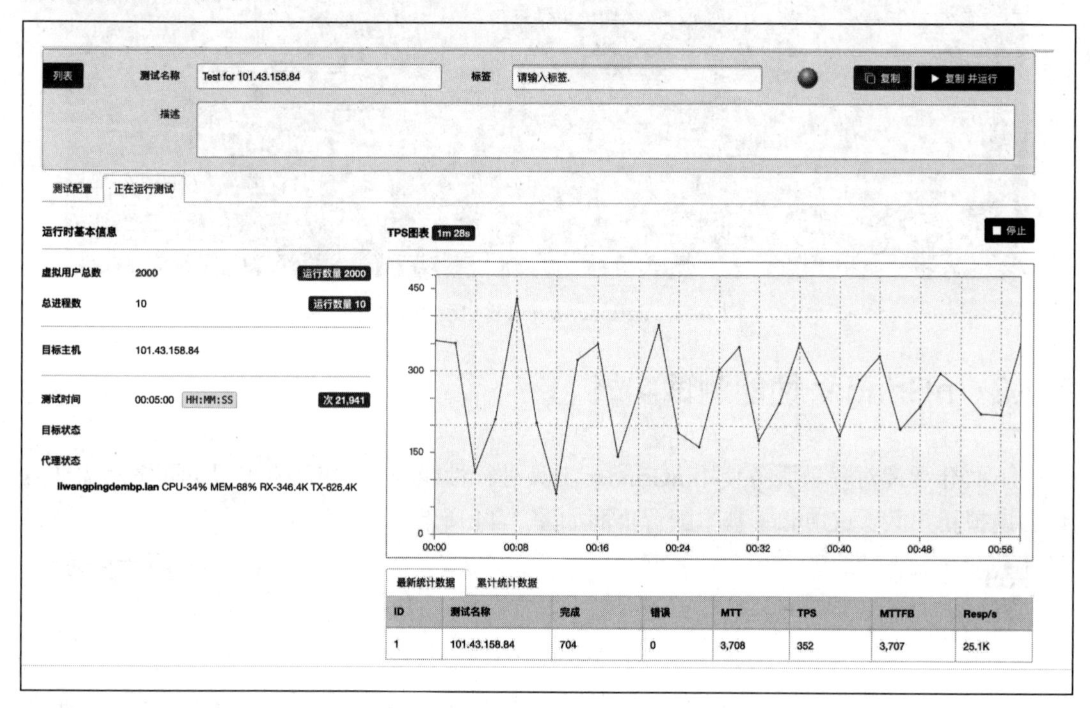

ID	测试名称	完成	错误	MTT	TPS	MTTFB	Resp/s
1	101.43.158.84	704	0	3,708	352	3,707	25.1K

图 7-45　nGrinder 运行过程及 TPS 趋势

如果想停止运行，可以单击“停止”按钮。

测试执行结束后，单击详细测试结果，就会显示非常详细的测试结果信息，包含 TPS 趋势图、平均时间、虚拟用户数和错误信息。TPS 和平均时间趋势如图 7-46 所示。

图 7-46 中显示的 TPS 峰值是 773，平均时间约为 4s，错误数是 2306，从结果信息来看，并不是所有的请求都是 100% 成功的，不过这在性能测试中是很常见的，在加载虚拟用户数中使用了 16s 后的虚拟用户趋势如图 7-47 所示。

单击目标服务器，就会显示被测目标服务器的 CPU 和内存变化趋势，如图 7-48 所示。

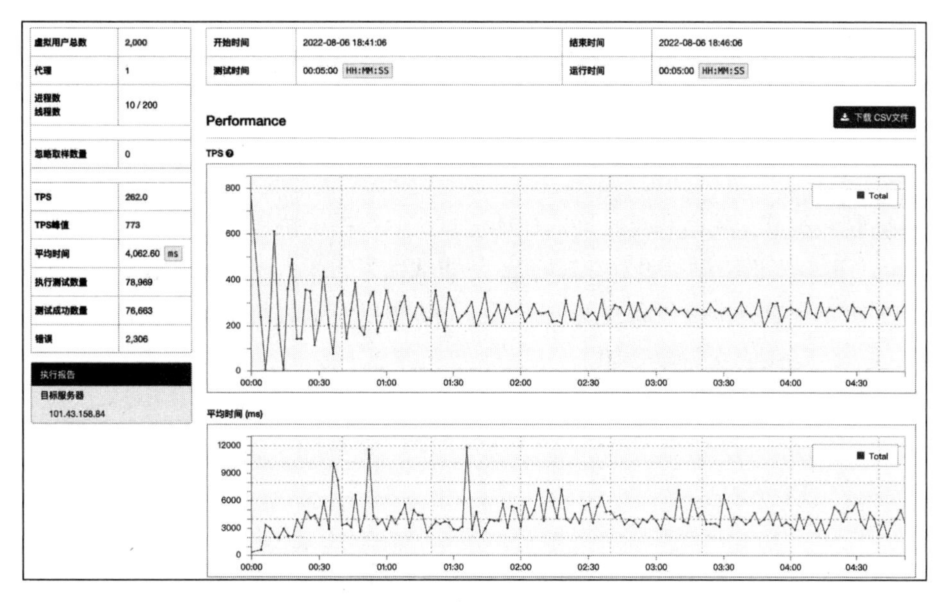

图 7-46　nGrinder 中 TPS 和平均时间趋势

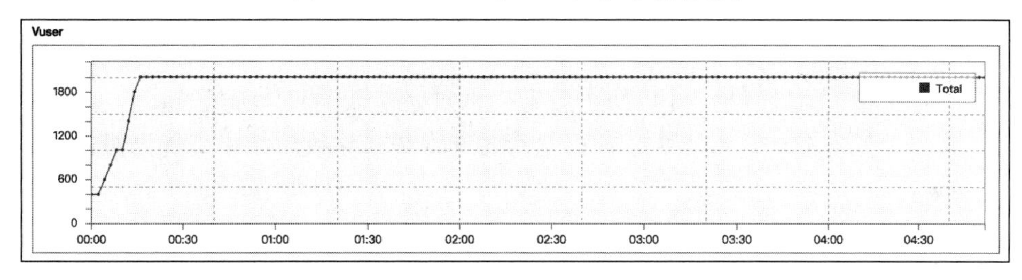

图 7-47　nGrinder 虚拟用户趋势

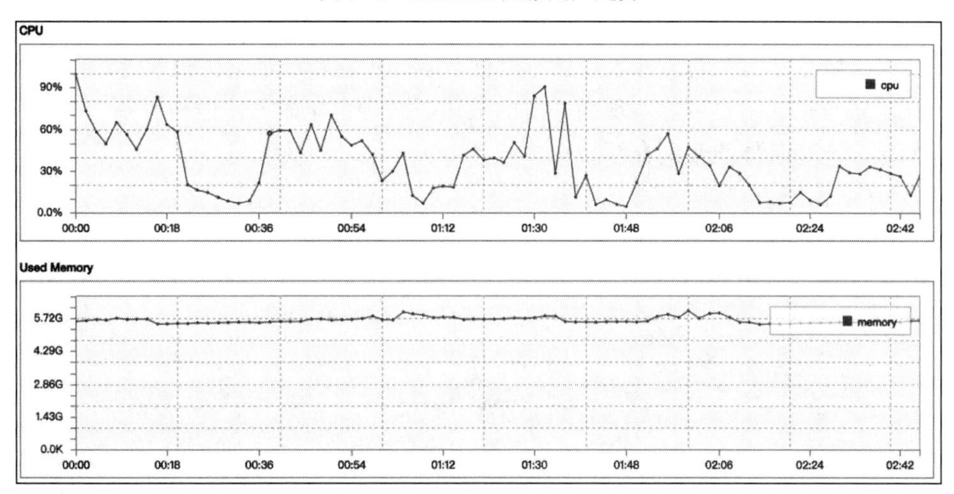

图 7-48　目标服务器的 CPU 和内存变化趋势

7.5 Locust 实战

Locust 是一种易于编写和可扩展的性能测试工具，基于协程进行设计，即基于 Python 中的 event（事件）机制进行设计。Locust 是非常优秀的压力测试和负载测试工具，在产品的稳定性测试中它是非常具备优势的。下面从协程以及负载测试的角度详细介绍 Locust 的案例实战。Locust 的安装命令如下。

```
pip3 install locust
```

7.5.1 什么是协程

Python 的多线程技术无法充分发挥 CPU 的多核优势，因此在 Python 中设计了协程，可以把“协程”理解为“微线程”。从性能测试的角度而言，并发就是不断地切换 CPU 的时间分片，同时保存状态进行模拟程序高并发的过程，在这种模式下会出现的异常情况如下。

☑ 高并发使 CPU 时间分片切换不过来，从而导致执行的任务堵塞。

☑ 某一个任务的计算量太大，任务执行时间太久，导致后续更高优先级的程序无法执行。

所以在单线程的模式下程序就会出现 I/O 问题，在这种模式下使用协程技术能够把多个任务在遇到 I/O 堵塞的情况下切换到另外一个 I/O 操作，这样既能保证执行中的任务高效地执行，也能保证系统的资源得到最大化的利用。协程的核心本质是在单线程的模式下，任务遇到 I/O 堵塞时切换到另外一个任务执行。Locust 主要是基于协程设计的，所以该测试工具在单线程模式下也可以实现高并发的效果，同时也能最大化地利用系统 CPU 的资源。下面结合一个具体的案例介绍协程中遇到 I/O 堵塞时切换到另外一个任务的场景，代码如下。

```
#! /usr/bin/env python
# -*- coding:utf-8 -*-
# author:无涯

import  gevent
from gevent import  monkey;monkey.patch_all()

def eat(name):
  print('{0} eat 1'.format(name))
```

```
  gevent.sleep(2)
  print('{0} eat 2'.format(name))

def play(name):
  print('{0} play 1'.format(name))
  gevent.sleep(1)
  print('{0} play 2'.format(name))

if __name__ == '__main__':
  g1 = gevent.spawn(eat, 'wuya')
  g2 = gevent.spawn(play, '无涯')
  gevent.joinall([g1, g2])
```

按照协程遇到 I/O 堵塞就切换任务的操作，当函数 eat()第一次输出遇到堵塞时，立刻就会切换到第二个函数 play()，执行后的输出结果如图 7-49 所示。

图 7-49　协程案例输出结果

7.5.2　Locust 测试实战

下面结合具体的案例介绍 Locust 在负载测试中的应用，我们将从 Locust 的 Web 模式、负载测试模式以及命令行模式分别介绍案例应用实战。

1. Web 模式

下面编写代码对登录的微服务进行性能测试，通过控制台的命令行以及 Web 平台查看收集的性能测试结果数据，涉及的案例代码如下。

```
#! /usr/bin/env python
# -*- coding:utf-8 -*-
# author:无涯

from  locust import  HttpUser,task,between

class QuickStartUser(HttpUser):
   wait_time = between(1,2.5)
   @task
```

```
    def index(self):
        r=self.client.get('/login')
        assert r.status_code==200
```

在如上代码中，在装饰器@task 中定义了微线程的用户请求，模拟 HTTP 协议的路由地址是/login，wait_time 是指模拟每个用户的耗时为 1～2.5s，该文件模块名称为 locustfile.py，进入该目录下执行如下命令启动它。

```
locust -f locustfile.py
```

命令执行后会输出如下信息。

```
[2022-08-08 23:25:39,907] localhost/INFO/locust.main: Starting web interface at http://0.0.0.0:8089 (accepting connections from all network interfaces)
[2022-08-08 23:25:39,925] localhost/INFO/locust.main: Starting Locust 2.9.0
```

在浏览器中访问 http://localhost:8089，就会显示如图 7-50 所示界面。

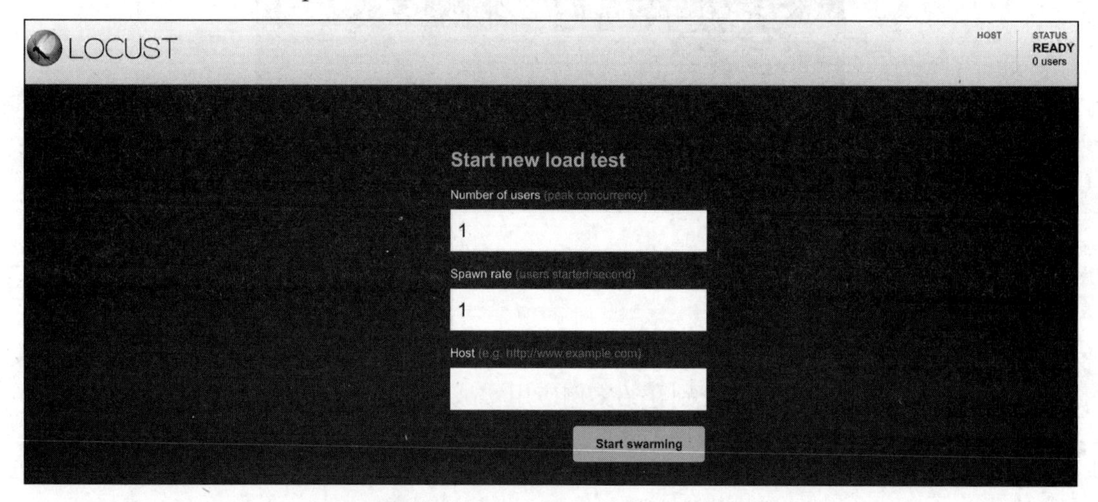

图 7-50　Locust 启动后的主界面

下面针对各个参数进行详细解释。

☑　Number of users：设置模拟的用户总数。

☑　Spawn rate：每秒启动的虚拟用户数。

☑　Host：被测目标服务器地址。

下面配置 Locust 性能测试场景（见图 7-51），设置模拟的用户总数为 100，每秒启动 10 个用户。

配置成功后，单击 Start swarming 按钮，就会对目标服务器发送高并发的请求，Locust 执行过程如图 7-52 所示。

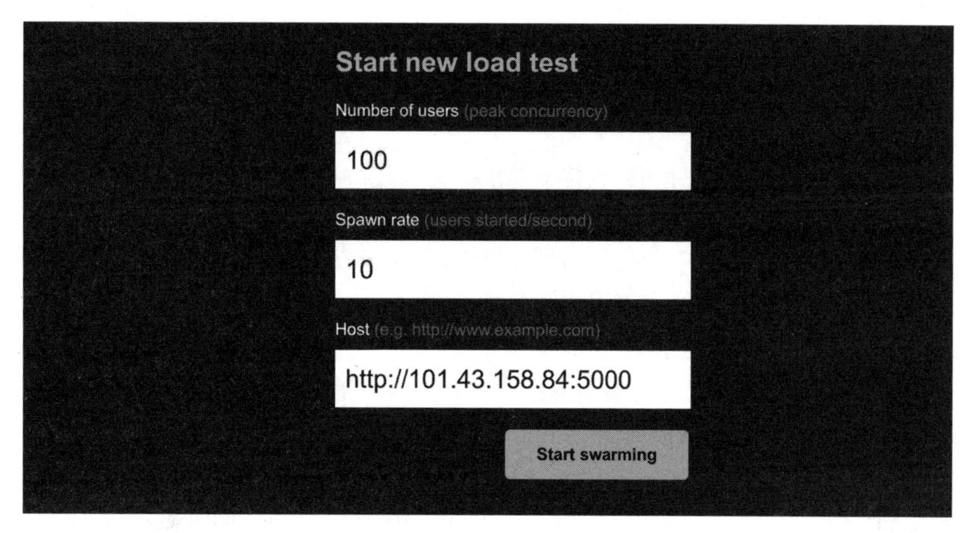

图 7-51　配置 Locust 性能测试场景

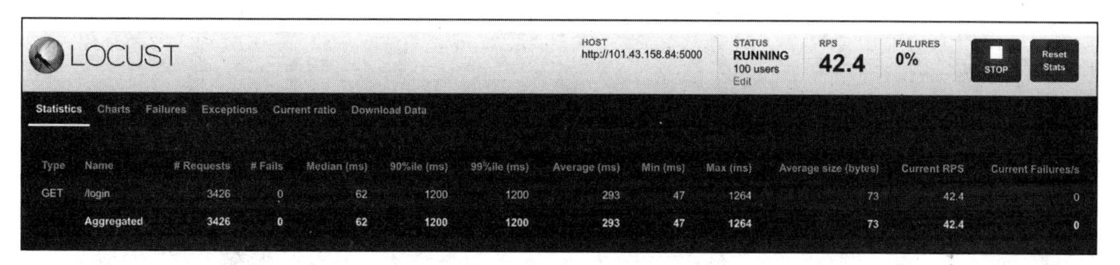

图 7-52　Locust 执行过程

下面针对执行过程中显示的各个维度的值进行详细说明。

☑　Type：请求类型（即请求哪个方法）。

☑　Name：请求的路径地址信息。

☑　Requests：当前已完成的请求数量。

☑　Fails：当前失败的数量。

☑　Median (ms)：响应时间的中位数。

☑　90%ile (ms)：90%的请求响应时间。

☑　Average (ms)：平均响应时间。

☑　Min (ms)：最小响应时间。

☑　Max (ms)：最大响应时间。

☑　Average size (bytes)：平均请求的数据量。

☑　Current RPS：每秒处理请求的数量。因为 RPS（requests per second）模式主要是为了方便直接衡量系统的吞吐能力，即每秒事务数（transaction per second，TPS）

而设计的（站在服务端视角），所以需要按照被压测端要达到的 TPS 等量设置相应的 RPS。

Locust 菜单栏中的命令具体如下。

☑ New test：单击该按钮可对模拟的总虚拟用户数和每秒启动的虚拟用户数进行编辑。

☑ Statistics：聚合报告。

☑ Charts：测试结果变化趋势的曲线展示图，分别为每秒完成的请求数（RPS）、响应时间、不同时间的虚拟用户数。

☑ Failures：失败请求的展示界面。

☑ Exceptions：异常请求的展示界面。

☑ Download Data：测试数据下载模块，提供三种类型的 CSV 格式下载，分别是 Statistics、responsetime、exceptions。

单击 STOP 按钮停止测试，单击菜单栏中的 Charts 就能看到 Locust 针对登录微服务的性能测试结果，如图 7-53 所示。

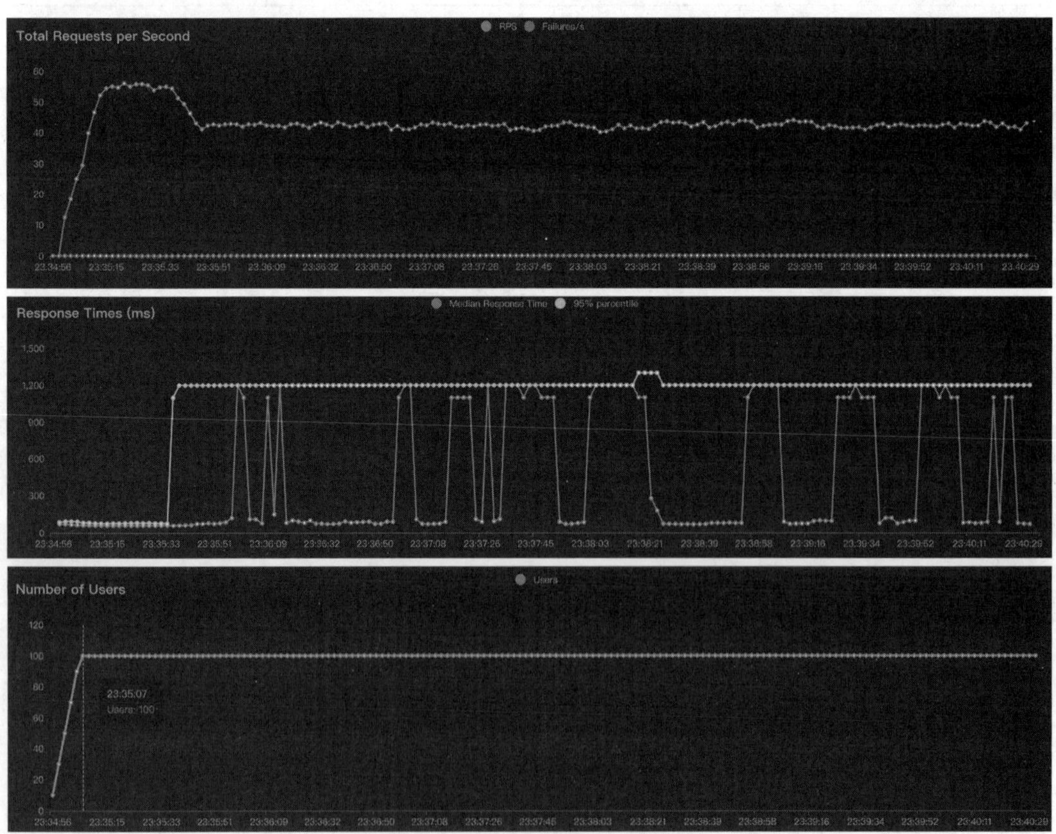

图 7-53　Locust 性能测试结果

从图 7-53 中可以看到，10s 加载完 100 个虚拟用户，其中 RPS 最高是 56.1。

2. 负载测试模式

Locust 在单机模式下也可以做负载测试，由于服务层发送高并发请求时会对服务端造成很大的负载，下面对代码进行调整，调整后的代码如下。

```
#! /usr/bin/env python
# -*- coding:utf-8 -*-
# author:无涯

import  time
from  locust import  HttpUser,task,between

class QuickStartUser(HttpUser):
  host = 'http://101.43.158.84:5000'
  min_wait = 3000
  max_wait = 6000

  @task
  def index(self):
    r=self.client.get('/login')
    assert r.status_code==200
```

下面启动该文件，测试的虚拟用户总数是 100，每秒启动 10 个虚拟用户数，启动后，负载测试结果如图 7-54 所示。

Statistics　Charts　Failures　Exceptions　Current ratio　Download Data

Type	Name	# Requests	# Fails	Median (ms)	90%ile (ms)	99%ile (ms)	Average (ms)	Min (ms)	Max (ms)	Average size (bytes)	Current RPS
GET	/login	3473	0	120	1300	1300	621	47	1307	73	163
	Aggregated	3473	0	120	1300	1300	621	47	1307	73	163

图 7-54　负载测试结果

如图 7-54 所示，同样虚拟用户数是 100，每秒启动 10 个虚拟用户，与之前的测试结果相比，不管是最大响应时间还是 RPS，都比 Web 模式下的数据呈上升的趋势。从数据可以看出，在负载测试下对服务端的破坏压力会更加大，所以如果需要测试服务端的稳定性以及服务端的负载，建议使用 Locust 的性能测试工具。

3. 命令行模式

如果 Locust 需要整合到 CI/CD 的体系中，那么就不能使用 Web 模式进行测试，需要使用命令行模式进行性能测试。依然是针对登录的微服务发送请求，该部分的测试代码如下。

```
#! /usr/bin/env python
# -*- coding:utf-8 -*-
# author:无涯

import  time
from  locust import  HttpUser,task,between

class QuickStartUser(HttpUser):
   host = 'http://101.43.158.84:5000'
   wait_time = between(1,2.5)

   @task
   def login(self):
      r=self.client.get('/login')
      assert r.status_code==200
```

下面使用命令行模式执行测试脚本，在命令行中指定总的虚拟用户数、每秒启动的虚拟用户数、测试执行的时间，执行的命令如下。

```
locust -f locustfile.py -headless -u 100 -r 10 -run-time 30s
```

如上命令中，指定的测试执行时间是 30 秒，按 Enter 键后就会使用命令行模式执行测试脚本，执行结果如图 7-55 所示。

```
[2022-08-10 07:14:40,392] localhost/INFO/locust.main: Shutting down (exit code 0)
Type     Name                                  # reqs      # fails |    Avg     Min     Max     Med |   req/s  failures/s
--------|-------------------------------------|-------|-------------|-------|-------|-------|-------|--------|-----------
GET      /login                                  1308     0(0.00%) |    188      45    1226      58 |   44.22        0.00
--------|-------------------------------------|-------|-------------|-------|-------|-------|-------|--------|-----------
         Aggregated                              1308     0(0.00%) |    188      45    1226      58 |   44.22        0.00

Response time percentiles (approximated)
Type     Name                                          50%    66%    75%    80%    90%    95%    98%    99%  99.9% 99.99
%   100% # reqs
--------|---------------------------------------------|--------|------|------|------|------|------|------|------|------|-----
-|------|------
GET      /login                                         58     64     71     78   1200   1200   1200   1200   1200    120
0   1200   1308
--------|---------------------------------------------|--------|------|------|------|------|------|------|------|------|-----
-|------|------
         Aggregated                                     58     64     71     78   1200   1200   1200   1200   1200    120
0   1200   1308
```

图 7-55　命令行模式的执行结果

在如图 7-55 所示的结果中详细地展示了各个性能指标的信息。

7.6　自研性能测试工具实战

虽然可供选择的测试工具有很多，但是在工作中，测试人员与开发人员经常需要在性能测试的过程中针对某些服务进行多次的联调测试，然而性能测试工具的使用并不是开发人员所擅长的，在这种情况下，可以根据实际情况开发一个性能测试工具，结合测试服务化的思想，将编写的测试工具结合轻量级的 Flask Web 开发框架，以服务的形式提供给相关人员，这样在测试时就可以直接使用了，涉及的源码如下。

```
#! /usr/bin/env python
# -*- coding:utf-8 -*-
# author:无涯

from flask import  Flask,make_response,jsonify,abort,request
from flask_restful import  Api,Resource
from flask import Flask
import  requests
import time
import  matplotlib.pyplot as plt
from threading import  Thread
import  datetime
import  numpy as np
import  json
import re
import hashlib
from urllib import parse
import datetime

app=Flask(__name__)
api=Api(app=app)

class OlapThread(Thread):
   def __init__(self,func,args=()):
      '''
      :param func: 被测试的函数
      :param args: 被测试的函数的返回值
      '''
      super(OlapThread,self).__init__()
      self.func=func
      self.args=args

   def run(self) -> None:
      self.result=self.func(*self.args)

   def getResult(self):
      try:
         return self.result
      except BaseException as e:
```

```
        return e.args[0]

def targetURL(code,seconds,text,requestUrl):
    '''
    高并发请求目标服务器
    :param code:
    :param seconds:
    :param text:
    :param requestUrl: 请求地址
    :return:
    '''
    r=requests.get(url=requestUrl)
    print('输出状态码:{0},响应结果:{1}'.format(r.status_code,r.text))
    code=r.status_code
    seconds=r.elapsed.total_seconds()
    text=r.text
    return code,seconds,text

def calculationTime(startTime,endTime):
    '''计算两个时间之差，单位是秒'''
    return (endTime-startTime).seconds

def getResult(seconds):
    '''获取服务端的响应时间信息'''
    data={
        'Max':sorted(seconds)[-1],
        'Min':sorted(seconds)[0],
        'Median':np.median(seconds),
        '99%Line':np.percentile(seconds,99),
        '95%Line':np.percentile(seconds,95),
        '90%Line':np.percentile(seconds,90)
    }
    return data

def show(i,j):
    '''
    :param i: 请求总数
    :param j: 请求响应时间列表
    :return:
    '''
    fig,ax=plt.subplots()
    ax.plot(list_count,seconds)
    ax.set(xlabel='number of times', ylabel='Request time-consuming',
           title='request response time (seconds)')
```

```
    ax.grid()
    fig.savefig('target.png')
    plt.show()

def highConcurrent(count,requestUrl):
    '''
    对服务端发送高并发的请求
    :param count: 并发数
    :param requestData:请求参数
    :param requestUrl: 请求地址
    :return:
    '''
    startTime=datetime.datetime.now()
    sum=0
    list_count=list()
    tasks=list()
    results = list()
    #失败的信息
    fails=[]
    #成功的任务数
    success=[]
    codes = list()
    seconds = list()
    texts=[]

    for i in range(0,count):
        t=OlapThread(targetURL,args=(i,i,i,requestUrl))
        tasks.append(t)
        t.start()
        print('测试中:{0}'.format(i))

    for t in tasks:
        t.join()
        if t.getResult()[0]!=200:
            fails.append(t.getResult())
        results.append(t.getResult())

    for item in fails:
        print('请求失败的信息:\n',item[2])
    endTime=datetime.datetime.now()
    for item in results:
        codes.append(item[0])
        seconds.append(item[1])
        texts.append(item[2])
```

```
    for i in range(len(codes)):
        list_count.append(i)

    #生成可视化的趋势图
    fig,ax=plt.subplots()
    ax.plot(list_count,seconds)
    ax.set(xlabel='number of times', ylabel='Request time-consuming',
           title='taobao continuous request response time (seconds)')
    ax.grid()
    fig.savefig('target.png')
    plt.show()

    for i in seconds:
        sum+=i
    rate=sum/len(list_count)
    # print('\n总共持续时间:\n',endTime-startTime)
    totalTime=calculationTime(startTime=startTime,endTime=endTime)
    if totalTime<1:
        totalTime=1
    #吞吐量的计算
    try:
        throughput=int(len(list_count)/totalTime)
    except Exception as e:
        print(e.args[0])
    getResult(seconds=seconds)
    errorRate=0
    if len(fails)==0:
        errorRate=0.00
    else:
        errorRate=len(fails)/len(tasks)*100
    throughput=str(throughput)+'/S'
    timeData=getResult(seconds=seconds)
    # print('总耗时时间:',(endTime-startTime))
    timeConsuming=(endTime-startTime)
    return timeConsuming,throughput,rate,timeData,errorRate,len(list_count),
len(fails)

class Index(Resource):
    def get(self):
        return {'status':0,'msg':'ok','datas':[]}

    def post(self):
        if not request.json:
            return jsonify({'status':1001,'msg':'请求参数不是JSON的数据，请检查，
谢谢！'})
```

```
        else:
            try:
                data={
                    'count':request.json.get('count'),
                    'requestUrl':request.json.get('requestUrl')
                }
                timeConsuming,throughput,rate,timeData,errorRate,sum,fails=
highConcurrent(
                    count=data['count'],
                    requestUrl=data['requestUrl'])
                print('执行总耗时:',timeConsuming)
                return  jsonify({'status':0,'msg': '请求成功','datas':[{
                    '吞吐量':throughput,
                    '平均响应时间':rate,
                    '响应时间信息':timeData,
                    '错误率':errorRate,
                    '请求总数':sum,
                    '失败数':fails
                }]}, 200)
            except Exception as e:
                return e.args[0]

api.add_resource(Index,'/v1/index')

if __name__ == '__main__':
    app.run(debug=True,port=5001,host='0.0.0.0')
```

在如上代码中，结合 Python 的多线程技术，先把执行的结果返回，根据获取的协议状态码以及响应时间，生成请求的趋势图，执行服务，然后在请求参数中填写请求地址、并发次数，单击发送请求后，就能得到性能测试的响应结果了。性能测试工具的服务启动后，向登录微服务发送高并发的请求，如图 7-56 所示。

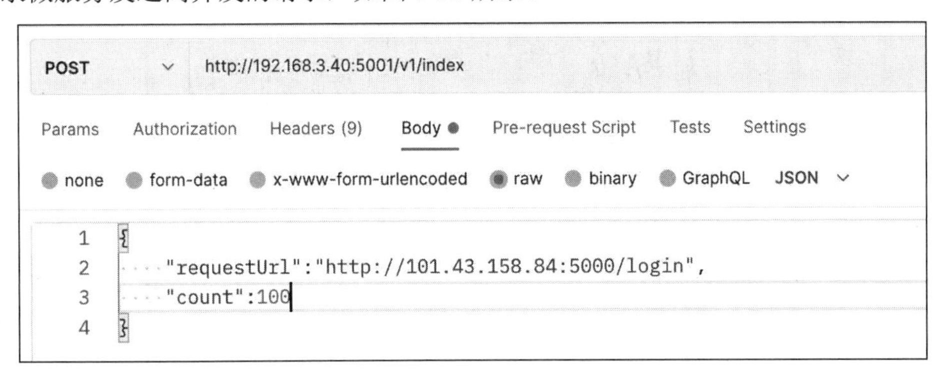

图 7-56　性能测试工具测试登录微服务

如图 7-56 所示，对登录的微服务发送 100 个请求，单击发送请求后，得到的测试结果如图 7-57 所示。

```
1  [
2      {
3          "datas": [
4              {
5                  "吞吐量": "100/S",
6                  "响应时间信息": {
7                      "90%Line": 0.08182809999999999,
8                      "95%Line": 0.08523355,
9                      "99%Line": 0.08931275000000008,
10                     "Max": 0.105326,
11                     "Median": 0.0676785,
12                     "Min": 0.051174
13                 },
14                 "失败数": 0,
15                 "平均响应时间": 0.06923571,
16                 "请求总数": 100,
17                 "错误率": 0.0
18             }
19         ],
20         "msg": "请求成功",
21         "status": 0
22     },
23     200
24 ]
```

图 7-57　测试结果

测试执行结束后，也会生成每个请求次数的响应时间趋势，如图 7-58 所示。

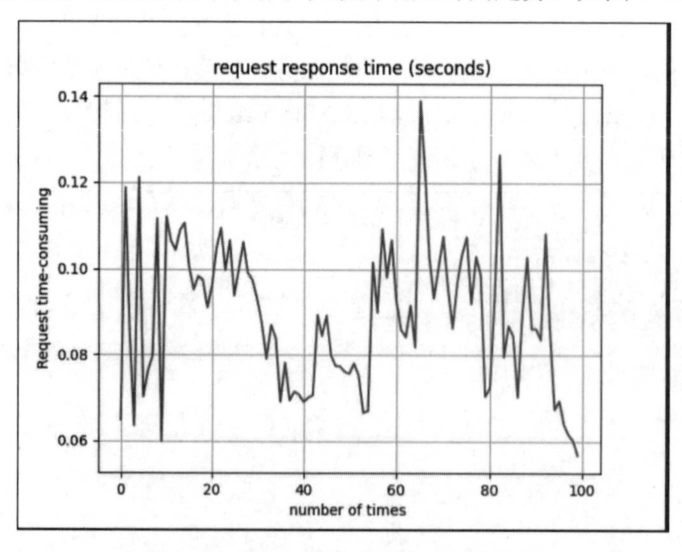

图 7-58　每个请求次数的响应时间趋势

第8章 性能测试监控实战

在性能测试实施的过程中需要关注测试中使用的操作系统、应用程序、MQ、DB等中间件的性能计数器的指标。本章介绍主流的监控解决方案与分布式追踪下的应用程序监控。通过对本章内容的学习，读者可以掌握以下知识。

☑ Prometheus监控解决方案与实战应用。

☑ Skywalking全链路监控解决方案实战应用。

☑ 分布式追踪监控解决方案实战应用。

8.1 构建监控基础设施

在性能测试的过程中需要关注系统性能测试的指标，在系统性能指标中，会使用Prometheus（Prometheus是一款基于时序数据库的开源监控告警系统）把收集的数据展示到Grafana的可视化平台中，以此来分析性能测试过程中各个资源的变化趋势。

8.1.1 Grafana

Grafana提供了可视化的解决方案，把收集的数据使用优美的模板展示出来，这样在观测系统的资源目标时会更加灵活和友好。

通过如下命令下载Grafana的安装包。

```
wget https://dl.grafana.com/oss/release/grafana-6.1.6-1.x86_64.rpm
```

安装包下载成功后，使用如下命令安装。

```
yum localinstall grafana-6.1.6-1.x86_64.rpm -y
```

安装成功后，使用如下命令启动Grafana服务。

```
systemctl restart grafana-server
```

Grafana 服务监听的端口是 3000，启动服务成功后，在浏览器的地址栏中输入 http://47.95.142.233:3000 并按 Enter 键，就能访问 Grafana 的登录界面了，如图 8-1 所示。

图 8-1　Grafana 登录界面

8.1.2　Prometheus

Prometheus 是非常主流的监控系统，下面详细介绍 Prometheus 的下载以及配置。

1．下载 Prometheus

在 https://github.com/prometheus/prometheus/releases/下载 prometheus-2.31.1.linux-amd64.tar.gz，把安装包移动到/usr/local 目录下进行解压，解压后的目录如下。

```
console_libraries  data     NOTICE     prometheus.yml
consoles           LICENSE  prometheus  promtool
```

2．Prometheus 配置

下面详细介绍 Prometheus 的配置，在 prometheus.yml 文件中配置要被监控的目标服务器地址以及端口信息，编辑 prometheus.yml 文件，配置信息如下。

```
# my global config
global:
  scrape_interval: 15s # Set the scrape interval to every 15 seconds. Default
is every 1 minute.
  evaluation_interval: 15s # Evaluate rules every 15 seconds. The default
is every 1 minute.
```

```
  # scrape_timeout is set to the global default (10s).

# Alertmanager configuration
alerting:
  alertmanagers:
    - static_configs:
        - targets:
          # - alertmanager:9093

# Load rules once and periodically evaluate them according to the global
'evaluation_interval'.
rule_files:
  # - "first_rules.yml"
  # - "second_rules.yml"

# A scrape configuration containing exactly one endpoint to scrape:
# Here it's Prometheus itself.
scrape_configs:
  # The job name is added as a label `job=<job_name>` to any timeseries scraped
from this config.
  - job_name: "prometheus"

    # metrics_path defaults to '/metrics'
    # scheme defaults to 'http'.

    static_configs:
      - targets: ["47.95.142.233:9090"]

  #监控 Linux 资源
  - job_name: "腾讯云 Linux"
    static_configs:
      - targets: ["101.43.158.84:9100"]
```

备注：

targets 中配置的主要是被监控的目标地址。

3．Prometheus 启动

配置文件配置成功后，使用如下命令启动 Prometheus 服务。

```
cd /usr/local/prometheus
./prometheus  --config.file=prometheus.yml
```

服务启动成功后，在浏览器的地址栏中输入 http://47.95.142.233:9090 并按 Enter 键就会显示 Prometheus 主页，如图 8-2 所示。

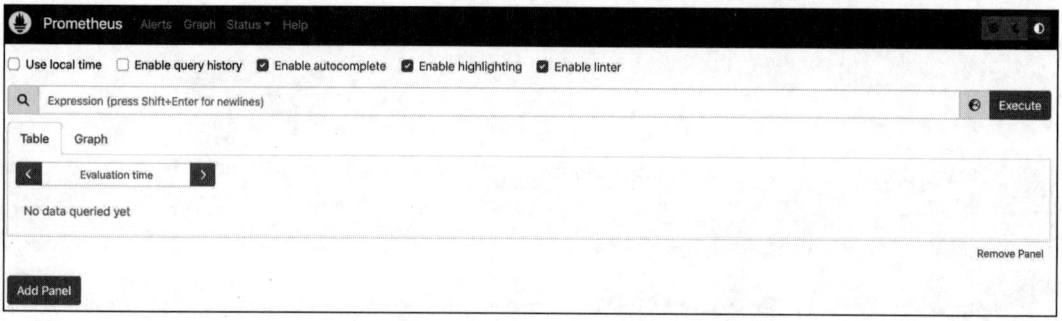

图 8-2　Prometheus 主页

4．部署 Exporter

Exporter 是 Prometheus 中用于数据采集的组件，它负责从目标服务器收集数据，并把收集到的数据转换为 Prometheus 支持的格式，Prometheus 每隔 15 秒收集一次数据。在 Prometheus 的配置文件中需要被监控的云服务器地址是 101.43.158.84。下载 Linux 服务器的 Exporter 组件，下载地址为 https://github.com/prometheus/node_exporter/releases/tag/v1.3.1，把 Exporter 组件下载到 101.43.158.84（笔者的地址）的服务器，进行解压后启动，启动的命令如下。

```
[root@k8s-node1 monitor]# cd node_exporter-linux/
[root@k8s-node1 node_exporter-linux]# ls
LICENSE  node_exporter  NOTICE
[root@k8s-node1 node_exporter-linux]# ./node_exporter
```

启动成功后，在 Prometheus 的主页菜单中单击 Status 下拉框中的 Targets，就会显示它的 State 是 UP 状态，该状态表示该服务器的 Exporter 组件与 Prometheus 已经连接且正在收集数据，如图 8-3 所示。

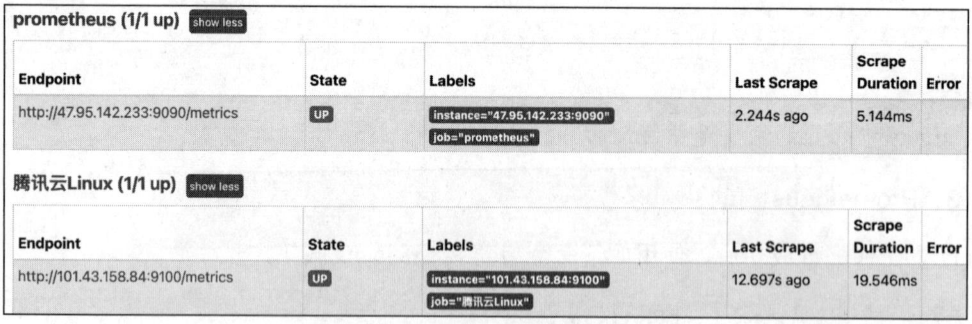
prometheus (1/1 up) show less

Endpoint	State	Labels	Last Scrape	Scrape Duration	Error
http://47.95.142.233:9090/metrics	UP	instance="47.95.142.233:9090" job="prometheus"	2.244s ago	5.144ms	

腾讯云Linux (1/1 up) show less

Endpoint	State	Labels	Last Scrape	Scrape Duration	Error
http://101.43.158.84:9100/metrics	UP	instance="101.43.158.84:9100" job="腾讯云Linux"	12.697s ago	19.546ms	

图 8-3　Prometheus 中 Targets 的状态

在 Prometheus 的主页中的搜索输入框中输入 node_cpu_seconds_total，单击 Execute 按钮就能显示 node_linux 的 Exporter 组件收集的 Linux 系统的数据，如图 8-4 所示。

图 8-4　node_linux 组件收集的 Linux 系统的数据

8.1.3　Prometheus 整合 Grafana

下面详细介绍 Grafana 平台数据源如何把 Prometheus 整合进来。在 Grafana 平台中单击 Data Sources 中新增 Prometheus 的数据源，填写 Prometheus 服务的地址以及端口信息，如图 8-5 所示。

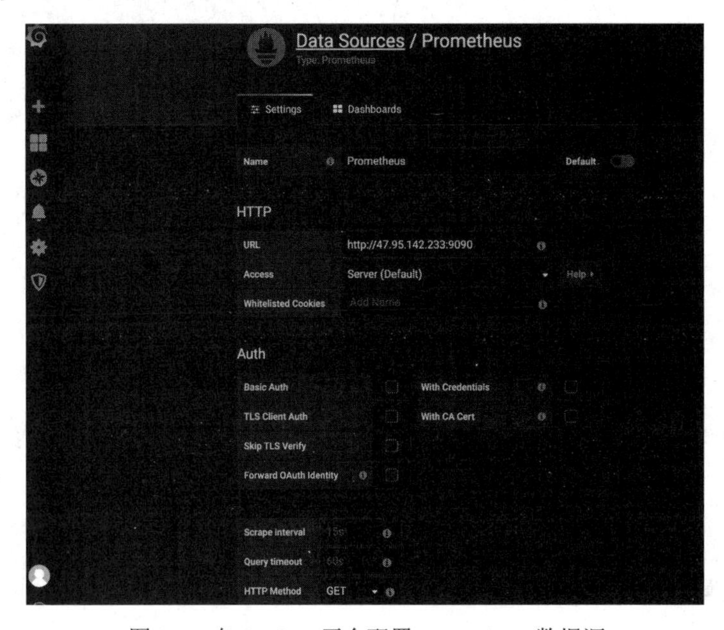

图 8-5　在 Grafana 平台配置 Prometheus 数据源

配置成功后，单击 Save&Test 按钮，当显示 Data sources is working 信息时表示配置成功。

8.1.4 Linux 资源监控

下面配置在 Grafana 平台中监控 Linux 的可视化面板。在 Grafana 官方给出的模板中，选择模板 ID 为 8919 的模板，在 Grafana 平台中单击 Import，在 Grafana.com Dashboard 的输入框中输入 8919，单击 Load 按钮就会自动加载监控 Linux 资源的可视化信息，如图 8-6 所示。

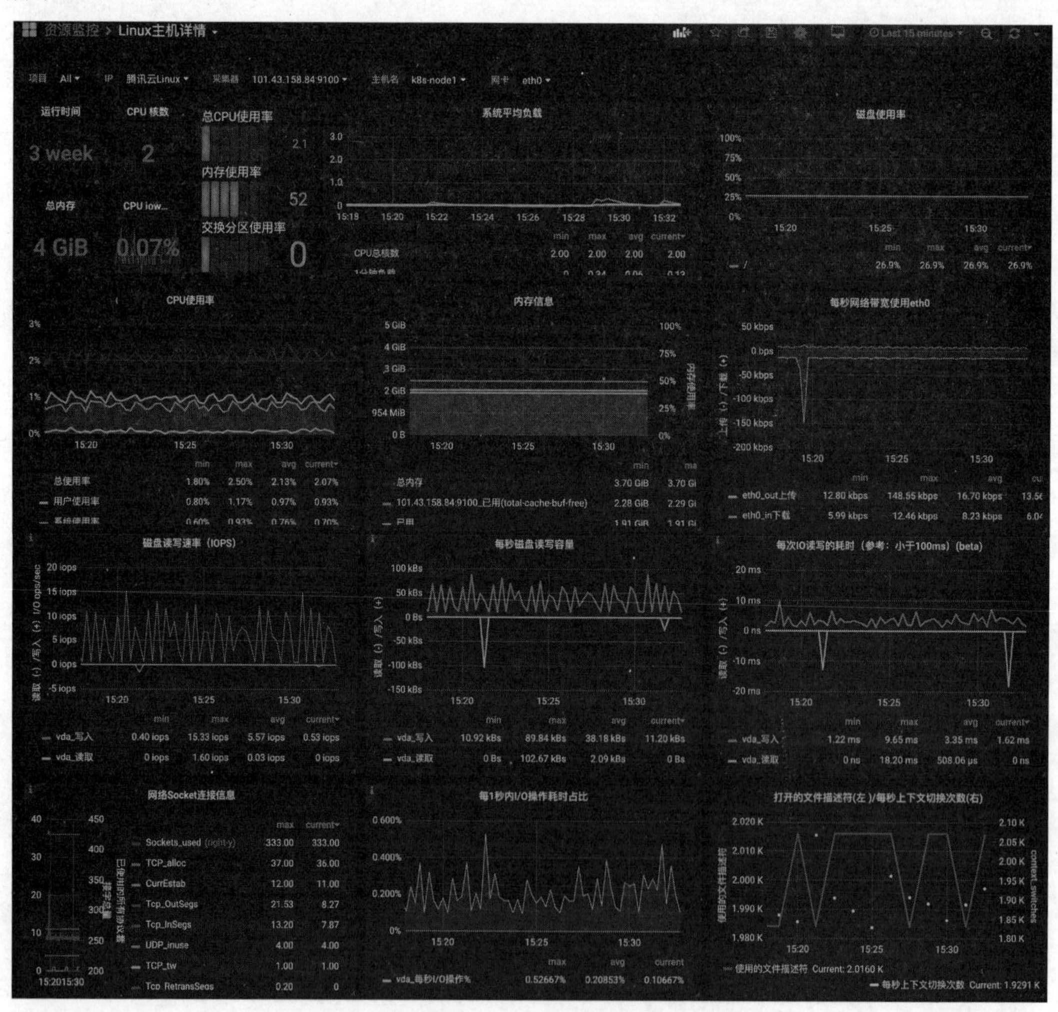

图 8-6 Grafana 展示 Linux 资源的可视化信息

如上操作，就能够在性能测试的过程中全方位地监控 Linux 的系统资源以及分析系统中可能存在的瓶颈，对系统的整体调优给出有价值的参考数据。

8.1.5　MySQL 资源监控

在性能测试的过程中，MySQL 需要关注 IOPS、连接数等性能指标。下面详细介绍 Prometheus 如何获取 MySQL 的资源数据并将其展示到 Grafana 平台上，这样可以在性能测试的过程中从 DB 层面来关注它的资源变化趋势。MySQL 的资源监控思路：首先在 Prometheus 中配置 MySQL 的 Exporter，然后选择针对 MySQL 的模板将其展示在 Grafana 的平台上，下面详细介绍实现的过程。

1．下载 MySQLExporter

监控 MySQL 的资源，首先需要下载 MySQLExporter 来收集 MySQL 数据库的性能指标。在 GitHub 中下载 mysqld_exporter-0.13.0.linux-amd64.tar.gz，先把该文件存储在 MySQL 服务器的终端，然后进行解压，解压后的文件信息如下。

```
-rw-r--r-- 1 3434 3434    11357 May 31 15:36 LICENSE
-rwxr-xr-x 1 3434 3434 14955898 May 31 15:30 mysqld_exporter
-rw-r--r-- 1 3434 3434       65 May 31 15:36 NOTICE
```

2．创建 MySQL 监控用户

在 MySQL 服务器中创建 MySQL 监控用户 monitor，创建过程以及创建命令如下。

```
MySQL [(none)]> grant select,replication client, process on *.* to
'monitor'@'localhost' identified by '123';
Query OK, 0 rows affected, 1 warning (0.06 sec)

MySQL [(none)]> flush privileges;
Query OK, 0 rows affected (0.07 sec)
```

备注：

用户创建成功后，进入MySQL数据库，在user表中能够查看到被创建的监控用户monitor。

3．MySQL 配置文件

在 mysqld_exporter 目录下创建 my.cnf 配置文件，填写被监控的 MySQL 的地址、端口以及监控用户的账户和密码，my.cnf 文件的内容如下。

```
[client]
```

```
host=101.43.158.84
port=3306
user=monitor
password=123
```

备注：

被监控的 MySQL 服务部署在 IP 地址为 101.43.158.84 的服务器上。

4．在 Prometheus 中配置 MySQL

下面需要在 Prometheus 的配置文件 prometheus.yml 中配置被监控的 MySQL 的地址信息，内容如下。

```
#监控 MySQL 资源
  - job_name: "MySQL"

    static_configs:
      - targets: ["101.43.158.84:9104"]
```

配置成功后再次启动 Prometheus 服务。

5．启动 mysqld_exporter

进入 mysqld_exporter 目录，执行如下命令启动 mysqld_exporter。

```
./mysqld_exporter --config.my-cnf=my.cnf
```

mysqld_exporter 启动成功后，在浏览器中访问 http://101.43.158.84:9104/metrics，就会显示被收集的 MySQL 的信息。在 Prometheus 的 Targets 中会看到 MySQL 的 Exporter 显示在线，如图 8-7 所示。

MySQL (1/1 up) show less

Endpoint	State	Labels	Last Scrape	Scrape Duration
http://101.43.158.84:9104/metrics	UP	instance="101.43.158.84:9104" job="MySQL"	3.768s ago	9.608ms

图 8-7　Prometheus 中 Targets 展示 MySQL 的 Exporter

在 Prometheus 中也可以查询被监控的 MySQL 资源，如图 8-8 所示。

6．Grafana 展示 MySQL 资源

配置成功后，使用 ID 为 7362 的 Grafana 官方模板来展示 MySQL 的资源，被监控的 MySQL 资源信息如图 8-9 所示。

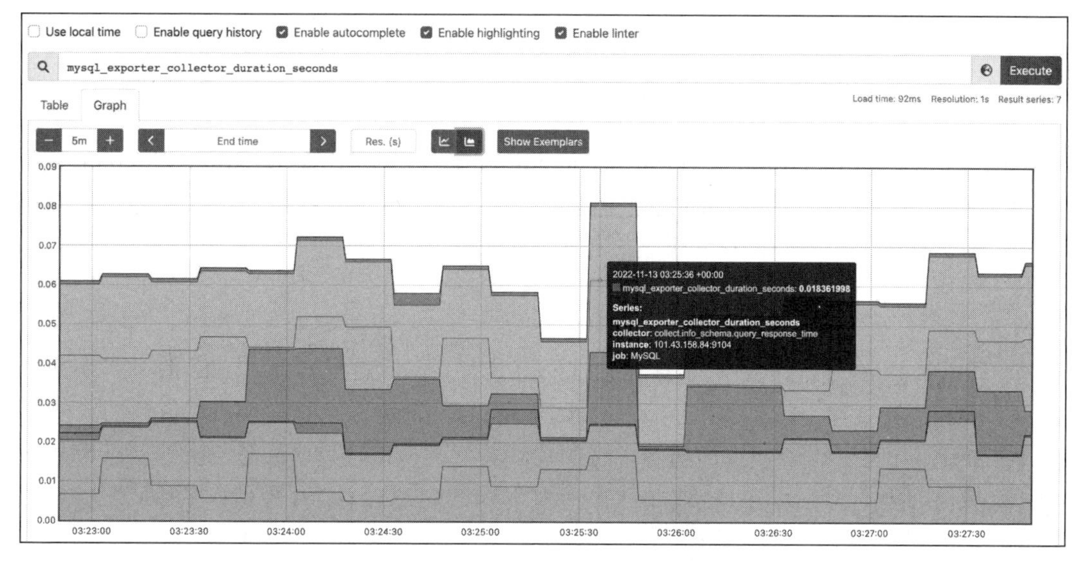

图 8-8　在 Prometheus 中查询 MySQL 资源

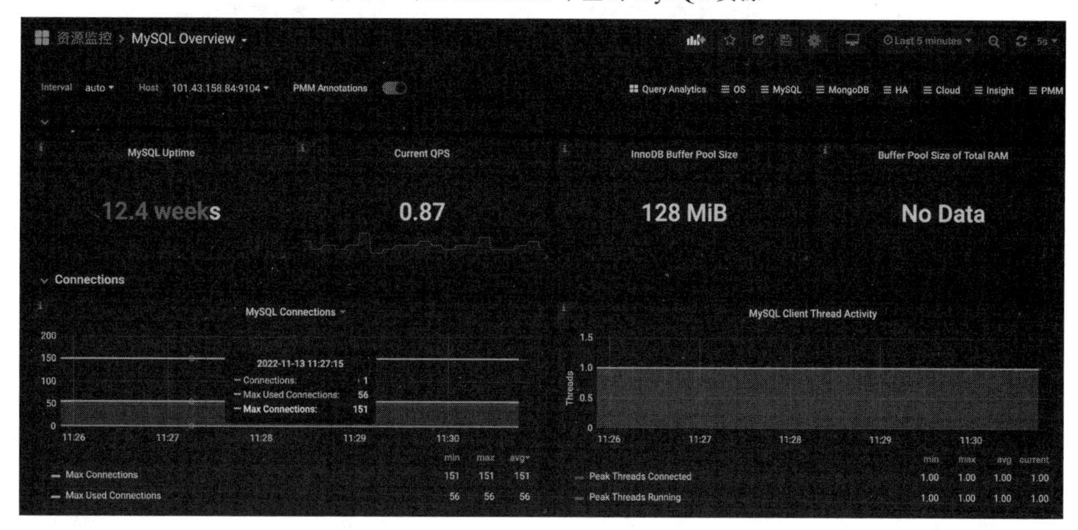

图 8-9　Grafana 展示被监控的 MySQL 资源

8.2　全链路监控

微服务的架构特性是服务比较多，特别是客户端发送一个请求后，涉及的链路请求会非常多，因此在这个过程中需要针对这些服务进行跟踪。

8.2.1 搭建 Skywalking

主流的 APM（application performance monitor）监控工具有 Skywalking、PinPoint 以及 Cat 工具链。下面详细介绍 Skywalking 全链路监控工具在 Sprint Boot 应用程序中的链路监控和案例实战。

1. 安装 ES

在 Skywalking 执行的过程中存储数据的方式有很多，这里选择以 ES 的方式来存储 Skywalking 执行过程中的数据。ES 是 ElasticSearch 的简称，它是一个高扩展性的开源全文检索和分析引擎，可以快速地实现实时的数据存储，也可以搜索和分析大量的数据集。下载 elasticsearch-6.1.1.tar.gz 后进行解压，安装并将其配置到 PATH 环境变量中，配置的环境变量信息如下。

```
export ES_HOME=/Applications/devOps/bigData/ELK/elasticsearch
export PATH=$PATH:$ES_HOME/bin
```

配置环境变量成功后，在控制台中输入 elasticsearch -V 命令，显示如下信息表示 ES 的环境搭建成功。

```
elasticsearch -V
#执行如上命令后显示如下输出信息
Version: 6.1.1, Build: bd92e7f/2017-12-17T20:23:25.338Z, JVM: 1.8.0_241
```

ES 配置成功后，在 config 配置目录下编辑配置文件 elasticsearch.yml，主要是指定集群信息、结点信息、日志存储路径，配置文件的信息如下。

```
#集群唯一名称
cluster.name: elasticsearch
#结点唯一名称
node.name: es1
#数据存储路径
path.data: /Applications/devOps/bigData/ELK/elasticsearch/data
#日志存储路径
path.logs: /Applications/devOps/bigData/ELK/elasticsearch/logs
#访问地址设置
network.host: 0.0.0.0
#外网浏览器访问端口
http.port: 9200
#转发端口
transport.tcp.port: 9301
```

```
#设置集群最小 master 结点
discovery.zen.minimum_master_nodes: 1
#设置当前结点是否为 master
node.master: true
#设置当前结点是否作为数据结点
node.data: true
#设置为 false，防止系统级别出错
bootstrap.memory_lock: false
bootstrap.system_call_filter: false
```

在使用 ES 的过程中需要安装 X-Pack 插件，该插件主要用来监控 ES 集群的信息，也可以和 ES 进行集成，在 ES 的 bin 目录下执行如下命令安装插件。

```
elasticsearch-plugin install x-pack
#执行命令后，输出如下安装过程信息
-> Downloading x-pack from elastic
[=================================================] 100%
@@@@@@@@@@@@@@@@@@@@@@@@@@@@@@@@@@@@@@@@@@@@@@@@@@@@@@@@@@@
@     WARNING: plugin requires additional permissions     @
@@@@@@@@@@@@@@@@@@@@@@@@@@@@@@@@@@@@@@@@@@@@@@@@@@@@@@@@@@@
* java.io.FilePermission \\.\pipe\* read,write
* java.lang.RuntimePermission accessClassInPackage.com.sun.activation.
registries
* java.lang.RuntimePermission getClassLoader
* java.lang.RuntimePermission setContextClassLoader
* java.lang.RuntimePermission setFactory
* java.net.SocketPermission * connect,accept,resolve
* java.security.SecurityPermission createPolicy.JavaPolicy
* java.security.SecurityPermission getPolicy
* java.security.SecurityPermission putProviderProperty.BC
* java.security.SecurityPermission setPolicy
* java.util.PropertyPermission * read,write
See http://docs.oracle.com/javase/8/docs/technotes/guides/security/
permissions.html
for descriptions of what these permissions allow and the associated risks.
Continue with installation? [y/N]y
@@@@@@@@@@@@@@@@@@@@@@@@@@@@@@@@@@@@@@@@@@@@@@@@@@@@@@@@@@@
@       WARNING: plugin forks a native controller       @
@@@@@@@@@@@@@@@@@@@@@@@@@@@@@@@@@@@@@@@@@@@@@@@@@@@@@@@@@@@
This plugin launches a native controller that is not subject to the Java
security manager nor to system call filters.

Continue with installation? [y/N]y
Elasticsearch keystore is required by plugin [x-pack], creating...
-> Installed x-pack
```

插件安装成功后，会在ES的bin目录下新增x-pack目录。在X-Pack插件安装成功的前提下，下面初始化elastic、kibana和logstash_system的账户和密码，进入ES的bin目录下的x-pack目录，执行如下命令即可初始化账户和密码。

```
#执行命令初始化密码
./setup-passwords interactive
#执行后的输出信息
Initiating the setup of passwords for reserved users elastic,kibana,
logstash_system.
You will be prompted to enter passwords as the process progresses.
Please confirm that you would like to continue [y/N]y

Enter password for [elastic]:
Reenter password for [elastic]:
Enter password for [kibana]:
Reenter password for [kibana]:
Enter password for [logstash_system]:
Reenter password for [logstash_system]:
Changed password for user [kibana]
Changed password for user [logstash_system]
Changed password for user [elastic]
```

下面启动ES服务，在控制台输入elasticsearch命令就会成功启动ES服务。显示ES启动成功后的PID信息的命令如下。

```
jps -l
#显示ES的PID信息
9855 org.elasticsearch.bootstrap.Elasticsearch
```

在浏览器中访问http://localhost:9200/，输入ES初始化的账户和密码会显示如下信息。

```
{
  "name" : "es1",
  "cluster_name" : "elasticsearch",
  "cluster_uuid" : "em_lnrZaSqOs2f_A4vWLYA",
  "version" : {
    "number" : "6.1.1",
    "build_hash" : "bd92e7f",
    "build_date" : "2017-12-17T20:23:25.338Z",
    "build_snapshot" : false,
    "lucene_version" : "7.1.0",
    "minimum_wire_compatibility_version" : "5.6.0",
    "minimum_index_compatibility_version" : "5.0.0"
  },
  "tagline" : "You Know, for Search"
}
```

2. 安装 Skywalking

在 Skywalking 官网下载 apache-skywalking-apm-8.3.0.tar.gz，文件解压后在 config 目录下编辑 application.yml 文件，数据存储方式选择 ES 并且填写 ES 的地址信息，配置信息如下。

```
storage:
  selector: ${SW_STORAGE:h2}
  elasticsearch:
    nameSpace: ${SW_NAMESPACE:""}
    clusterNodes: ${SW_STORAGE_ES_CLUSTER_NODES:localhost:9200}
```

编辑配置文件成功后，在 bin 目录下执行 startup.sh 命令来启动 Skywalking（当监听的端口是 8080 时，如果 8080 端口被占用，建议修改成其他端口），启动成功后的提示信息如下。

```
./startup.sh
#Skywalking 启动成功后的输出信息
Skywalking OAP started successfully!
Skywalking Web Application started successfully!
```

在浏览器的地址栏中输入 http://localhost:8080 并按 Enter 键，就会看到 Skywalking 的主页信息，如图 8-10 所示。

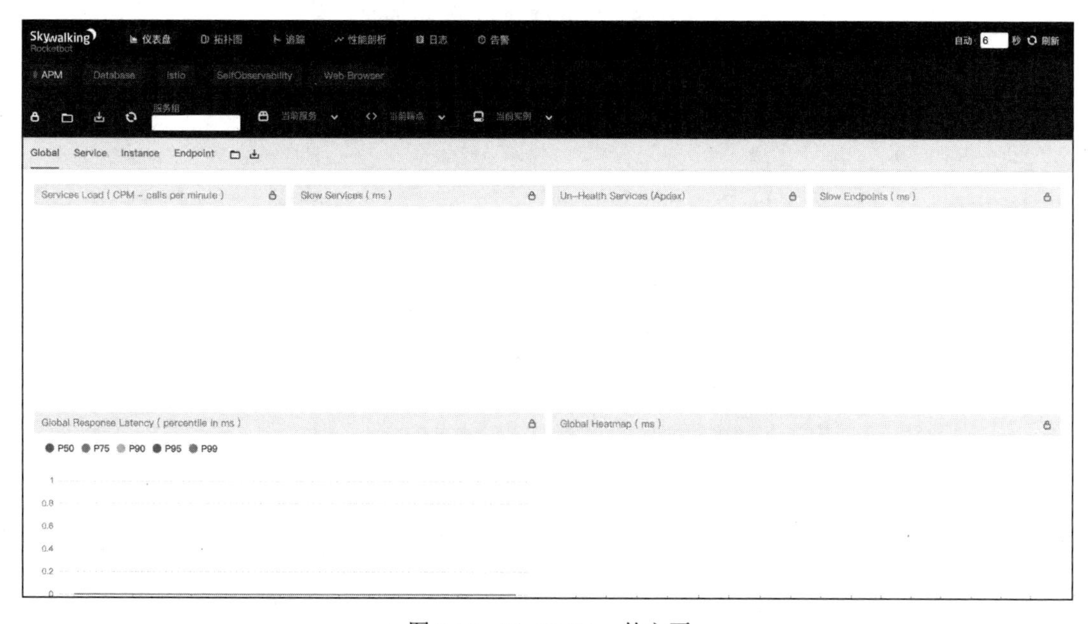

图 8-10　SkyWalking 的主页

8.2.2 Spring Boot 整合 Skywalking

创建 Spring Boot 项目后编写 Controller 层的 API。下面把 Skywalking 整合到 Spring Boot 的项目中。先在 IDEA 的配置中单击 Edit Configurations，然后加载 Skywalking 的 agent 和被监控的程序信息，如图 8-11 所示。

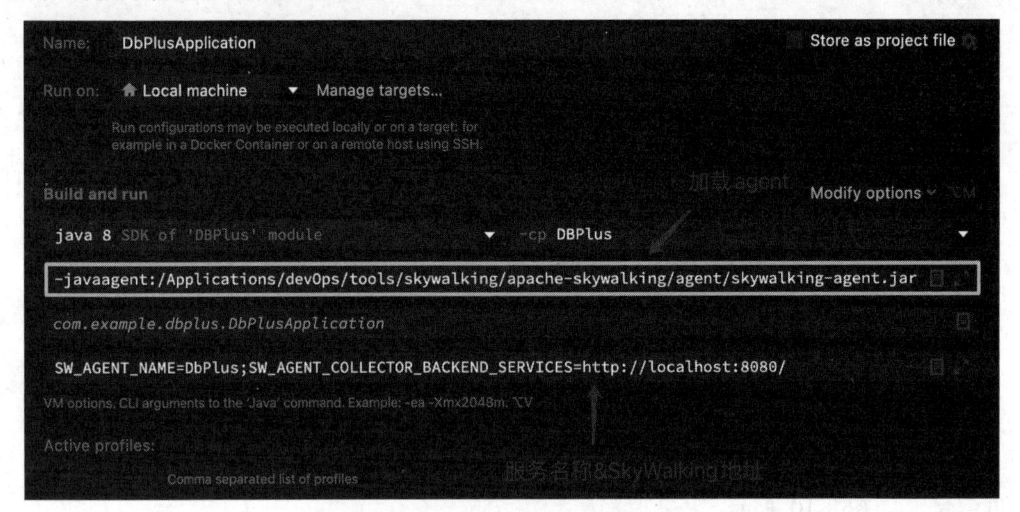

图 8-11　Spring Boot 整合 Skywalking

如图 8-11 所示，在 VM options 中加载 Skywalking 的 agent 内容如下。

```
-javaagent:/Applications/devOps/tools/skywalking/apache-skywalking/agent/
skywalking-agent.jar
```

在 Program arguments 中填写服务名称信息以及 Skywalking 的地址，填写信息如下。

```
SW_AGENT_NAME=DbPlus;SW_AGENT_COLLECTOR_BACKEND_SERVICES=http://localhost:
8080/
```

启动应用程序成功后，就会显示 Skywalking 被加载成功的信息，加载成功的输出信息如下。

```
DEBUG 2022-11-13 21:21:27:379 main AgentPackagePath : The beacon class
location is jar:file:/Applications/devOps/tools/skywalking/apache-
skywalking/agent/skywalking-agent.jar!/org/apache/skywalking/apm/agent/
core/boot/AgentPackagePath.class.
INFO 2022-11-13 21:21:27:382 main SnifferConfigInitializer : Config file
found in /Applications/devOps/tools/skywalking/apache-skywalking/agent/
config/agent.config.
```

这时发送 API 的请求，在 Skywalking 平台就会显示请求链路的信息以及其他指标的数据，发送请求后的 Skywalking 主页如图 8-12 所示。

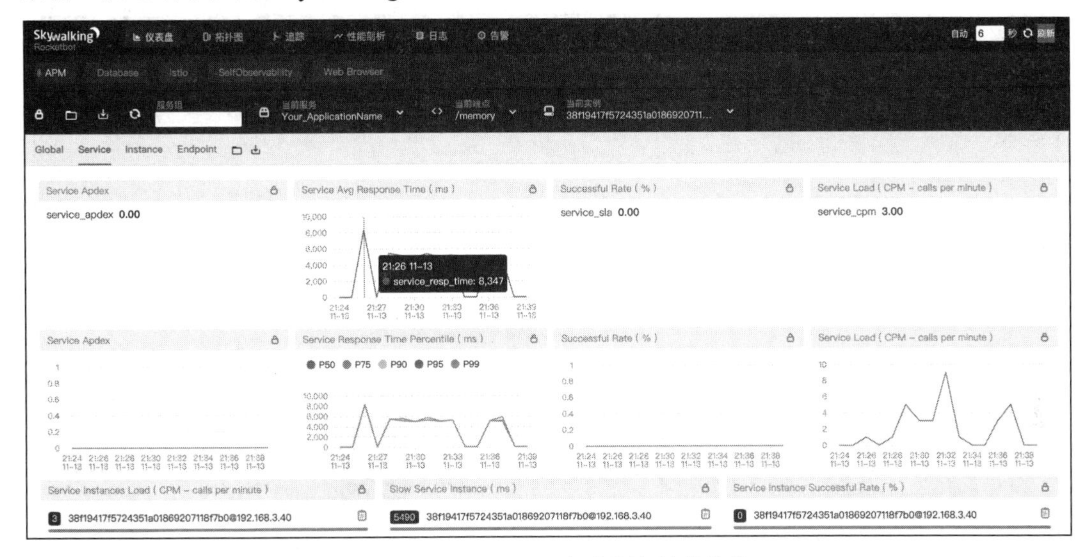

图 8-12　Skywalking 加载服务请求信息

也可以查看服务请求过程中 Instance 的信息，如图 8-13 所示，可以看到 GC 加载的次数以及 JVM CPU 的使用情况。

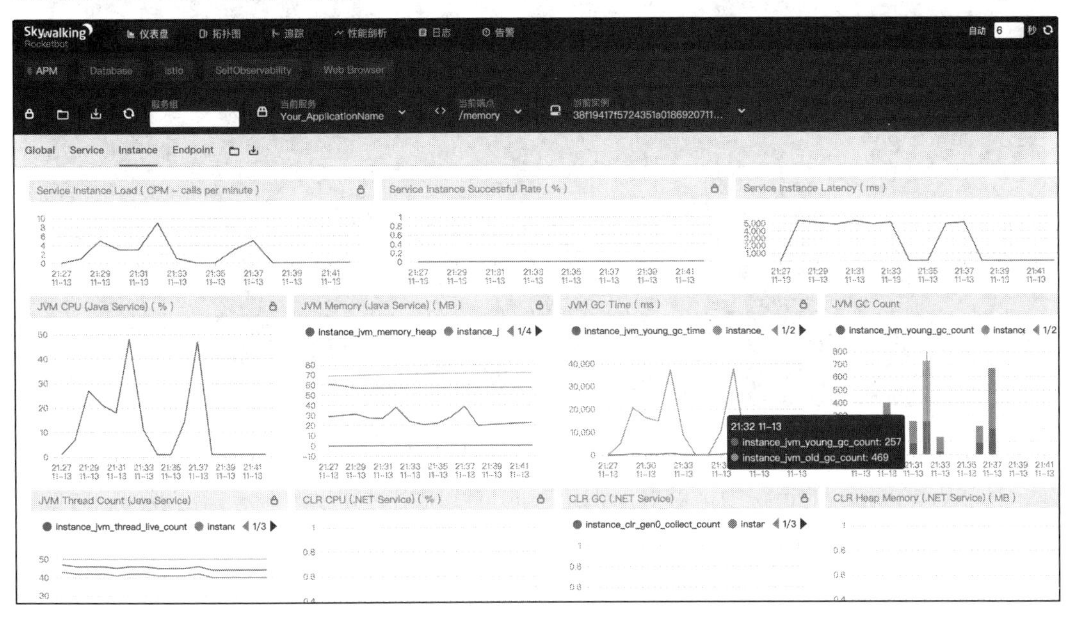

图 8-13　显示服务的 Instance 的信息

服务的 Endpoint 信息如图 8-14 所示，在 Endpoint 中能够显示不同路由信息中不同百分位的响应时间。

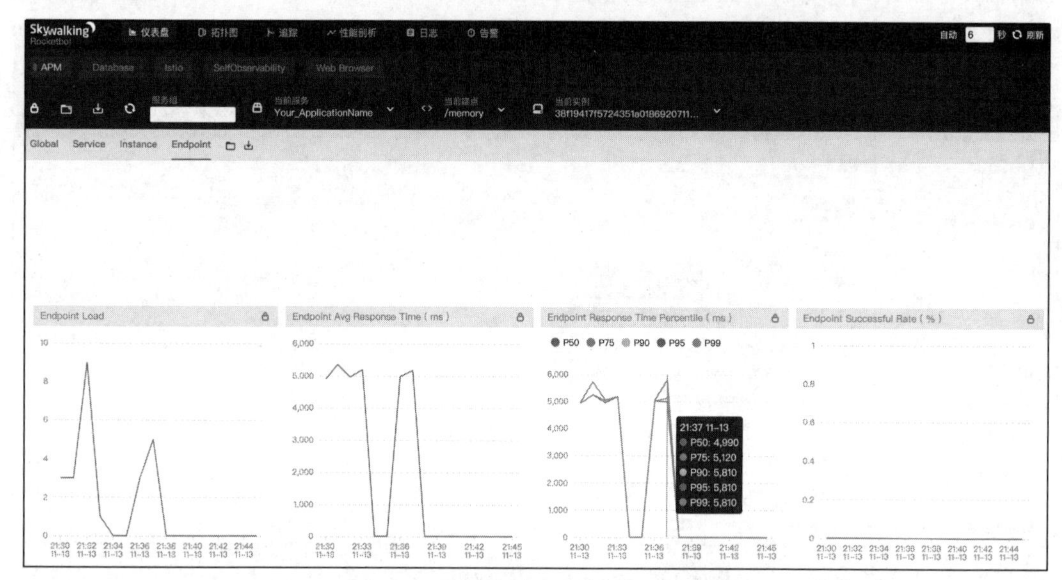

图 8-14　显示服务的 Endpoint 信息

在拓扑图中展示调用链的服务以及服务的各个性能指标，如图 8-15 所示。

图 8-15　显示服务的拓扑图

在 Skywalking 的追踪中能够显示调用链的持续调用时间以及服务在出现问题时的错误信息，如图 8-16 所示。

可以看到路由/memory 显示红色警告错误信息，单击该路由信息后，就会显示详细的错误信息，如图 8-17 所示。

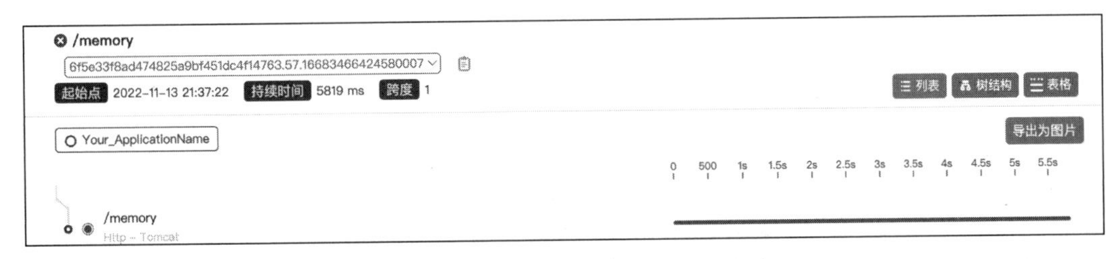

图 8-16　显示持续调用时间和错误信息

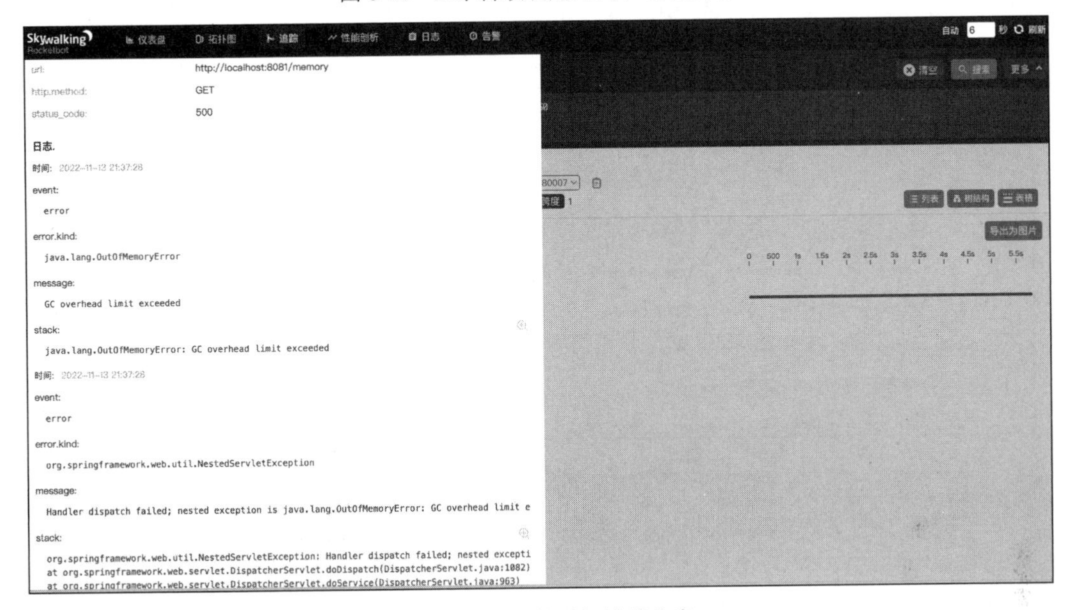

图 8-17　路由的详细错误信息

从图 8-17 中可以看到路由/memory 中的错误是由于 java.lang.OutOfMemoryError 错误导致的，即被请求的服务发生了内存溢出的问题。

在性能剖析中可以先创建任务，然后持续不断地监控需要被剖析的程序，单击“性能剖析”中的“分析”按钮，如图 8-18 所示。

图 8-18　单击“分析”按钮

单击“分析”按钮后，就会显示针对该任务的详细的性能剖析情况，如图 8-19 所示。

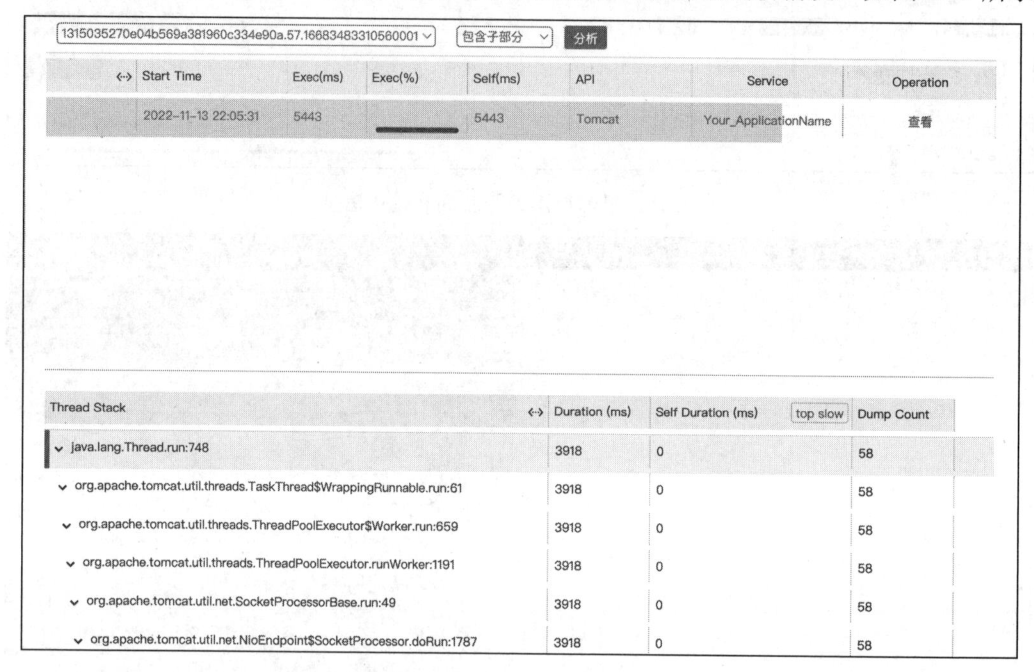

图 8-19　详细性能剖析情况

如果被请求的 API 与 Database 有关联，那么可以在 Database 上查看过程中的耗时信息，如图 8-20 所示。

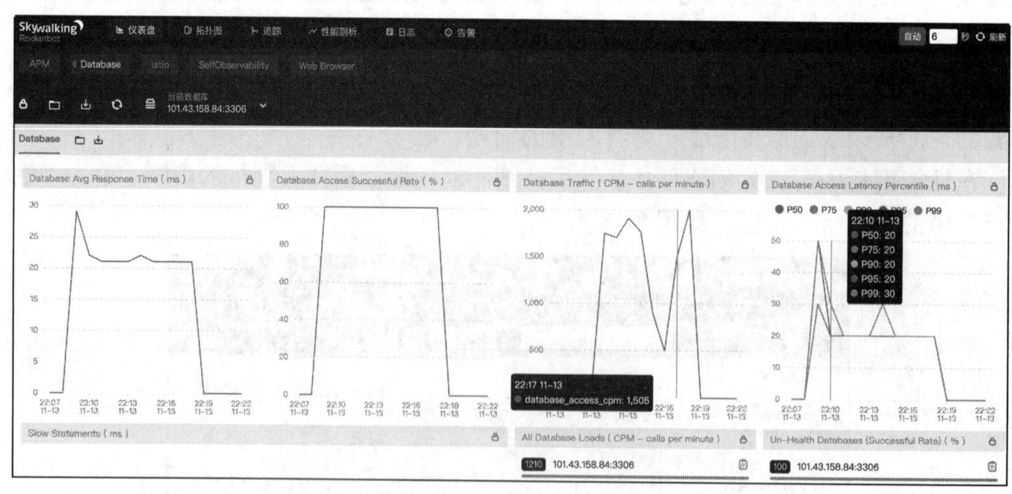

图 8-20　查看与 Database 有关联的性能指标数据

在拓扑图的调用链中也会显示 Database 的调用链，如图 8-21 所示。

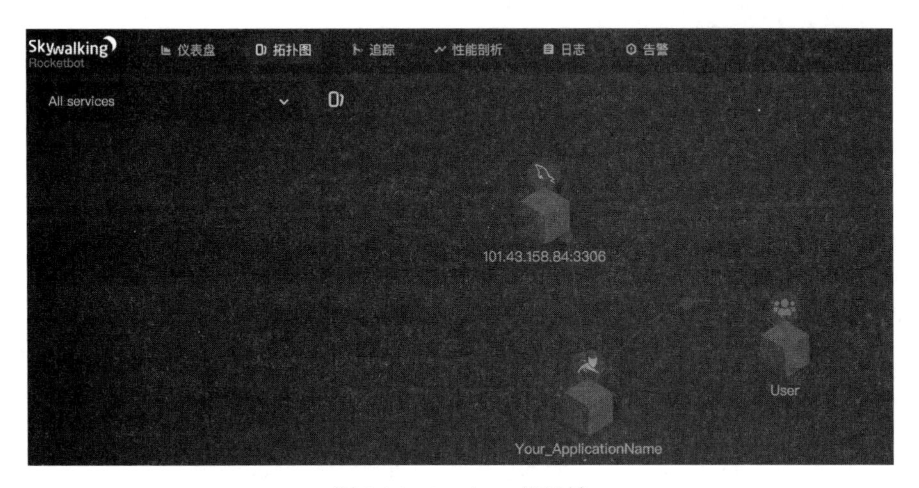

图 8-21　Database 调用链

8.3　分布式追踪监控

在系统向微服务架构演变的过程中，随着系统中业务复杂性的提高以及系统中的服务越来越多，导致系统的维护成本也越来越高。研发人员首先要面对的是服务与服务间复杂的调用链关系，特别是在线上出问题的情况下，研发人员会面临在线上追踪定位调试问题困难的情况，为了解决这个问题，需要引进一套全链路分布式追踪监控系统。

8.3.1　分布式追踪系统

分布式追踪系统（distributed tracing system，DTS），主要应用在微服务架构中，用来实现微服务系统中服务的故障跟踪与定位，以及服务请求过程中网络结构分析等。分布式追踪系统主要包含如下几个部分。

☑ Trace：追踪，即系统中客户端调用服务端后的一个完整的请求链路，每条追踪信息都有一个独立并且完整的追踪 ID。

☑ Span：跨度，在分布式系统中一个调用单位可以是一个服务，也可以是一个具体的方法（函数）。在一个跨度中包含了开始和结束的时间戳，以及日志信息，当然每个跨度也都是具有一个独立的跨度 ID。

☑ Span Context：跨度上下文，主要是指一条独立的追踪信息的完整追踪数据结构，在跨度上下文中包含了追踪 ID、跨度 ID 以及服务与服务之间调用链的追踪信息。

分布式追踪系统解决的是生成服务调用链的关系，以及分析应用程序的性能瓶颈，从而为程序的性能优化提供参考数据，当然其核心是提供了完整的调用链路来分析用户的行为路径，从而让研发人员使用这些信息来优化服务。

8.3.2 Jaeger 实战

Jaeger 是非常优秀的分布式追踪系统，下面详细介绍 Jaeger 的搭建过程，以及与主流语言整合后的实战案例。

1. 安装 Jaeger

在 https://www.jaegertracing.io/download/ 中下载最新版本的 Jaeger。由于 Jaeger 的组件特别多，所以使用 Docker 的方式安装所有的组件，安装过程如下。

```
docker pull jaegertracing/all-in-one:1.39
#执行以上命令后就会获取 Jaeger 的镜像文件
1.39: Pulling from jaegertracing/all-in-one
213ec9aee27d: Pull complete
e30958ba9c7f: Pull complete
1e6b0dd061da: Pull complete
af8e3d7edbda: Pull complete
6cea4c3f056a: Pull complete
Digest: sha256:2c610c909455dfd7eaa0361873e85a8a518c2e837f8800519b979828
2439c998
Status: Downloaded newer image for jaegertracing/all-in-one:1.39
docker.io/jaegertracing/all-in-one:1.39
```

获取镜像成功后，执行如下命令启动 Jaeger 容器。

```
#启动 Jaeger 容器
docker run -d --name jaeger \
  -e COLLECTOR_ZIPKIN_HOST_PORT=:9411 \
  -p 5775:5775/udp \
  -p 6831:6831/udp \
  -p 6832:6832/udp \
  -p 5778:5778 \
  -p 16686:16686 \
  -p 14250:14250 \
  -p 14268:14268 \
  -p 14269:14269 \
  -p 9411:9411 \
  jaegertracing/all-in-one:1.39

#查看 Jaeger 在容器中的记录信息
```

```
docker ps -a | grep jaeger
7a1b9d954a3d        jaegertracing/all-in-one:1.39
"/go/bin/all-in-one-…"   14 seconds ago     Up 12 seconds
0.0.0.0:5775->5775/udp, 0.0.0.0:5778->5778/tcp, 0.0.0.0:9411->9411/tcp,
0.0.0.0:14250->14250/tcp, 0.0.0.0:14268-14269->14268-14269/tcp,
0.0.0.0:6831-6832->6831-6832/udp, 0.0.0.0:16686->16686/tcp   jaeger

#查看容器占用的端口信息
docker port 7a1b9d954a3d
14268/tcp -> 0.0.0.0:14268
14269/tcp -> 0.0.0.0:14269
16686/tcp -> 0.0.0.0:16686
5775/udp -> 0.0.0.0:5775
6832/udp -> 0.0.0.0:6832
14250/tcp -> 0.0.0.0:14250
5778/tcp -> 0.0.0.0:5778
6831/udp -> 0.0.0.0:6831
9411/tcp -> 0.0.0.0:9411
```

Jarger 容器启动成功后，在浏览器中访问 http://localhost:16686，显示的 Jarger 主页信息如图 8-22 所示。

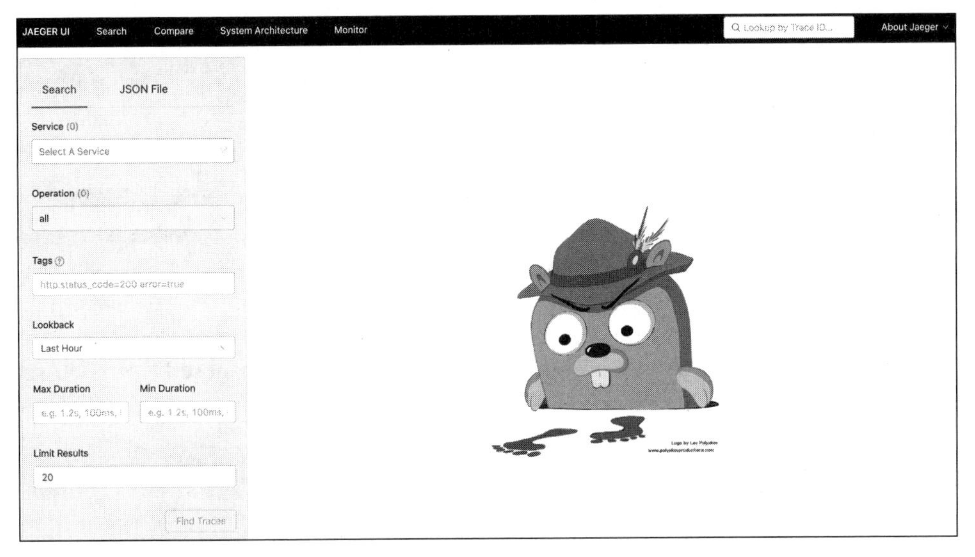

图 8-22　Jarger 的主页信息

2．初识 HotROD

为了更加详细地认识 Jaeger，我们使用官方自带的 HotROD 的 demo，将其集成到 Jaeger 的分布式追踪系统。下面通过 Docker 的方式来运行 HotROD 程序，命令如下。

```
docker run --rm -it --link jaeger -p8080-8083:8080-8083 jaegertracing/
example-hotrod:1.6 all --jaeger-agent.host-port=jaeger:6831
#执行命令后输出如下信息
Unable to find image 'jaegertracing/example-hotrod:1.6' locally
1.6: Pulling from jaegertracing/example-hotrod
fc3f05c4537a: Pull complete
Digest: sha256:01349990c6662d6a77aa92b2a69a826d1961be3d8258cc31f74dd273
aa5a6e9b
Status: Downloaded newer image for jaegertracing/example-hotrod:1.6
2022-11-15T13:36:09.121Z  INFO  cmd/root.go:74  Using expvar as metrics
backend
2022-11-15T13:36:09.122Z  INFO  cmd/all.go:25 Starting all services
2022-11-15T13:36:09.289Z  INFO  log/logger.go:37  Starting  {"service":
"frontend", "address": "http://0.0.0.0:8080"}
2022-11-15T13:36:09.292Z  INFO  log/logger.go:37  Starting  {"service":
"route", "address": "http://0.0.0.0:8083"}
2022-11-15T13:36:09.404Z  INFO  log/logger.go:37  TChannel listening
{"service": "driver", "hostPort": "[::]:8082"}
2022-11-15T13:36:09.406Z  INFO  log/logger.go:37  Starting  {"service":
"customer", "address": "http://0.0.0.0:8081"}
```

在浏览器中访问 http://localhost:8080/，就会看到 HotROD 的主页，如图 8-23 所示。

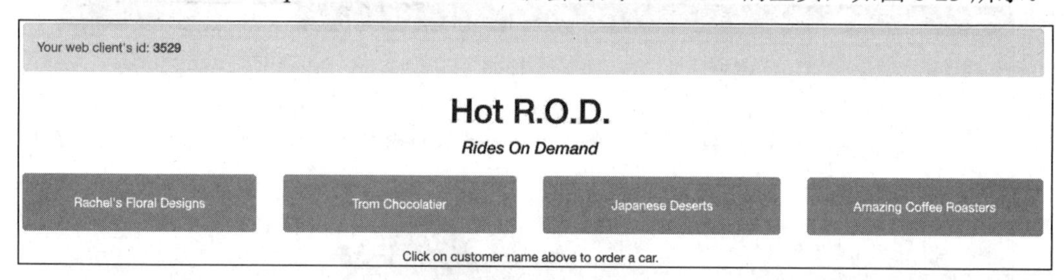

图 8-23 HotROD 的主页

对图 8-23 中的 Rachel's Floral Designs、Trom Chocolatier、Japanese Deserts、Amazing Coffee Roasters 分别进行单击发送请求，输出的信息如图 8-24 所示。

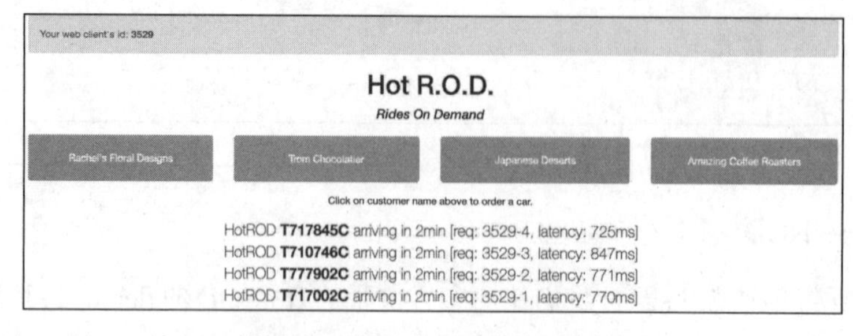

图 8-24 发送请求后输出的信息

此时刷新 Jaeger 的主页，在 Jaeger 平台中会展示 HotROD 涉及的服务，如图 8-25 所示。

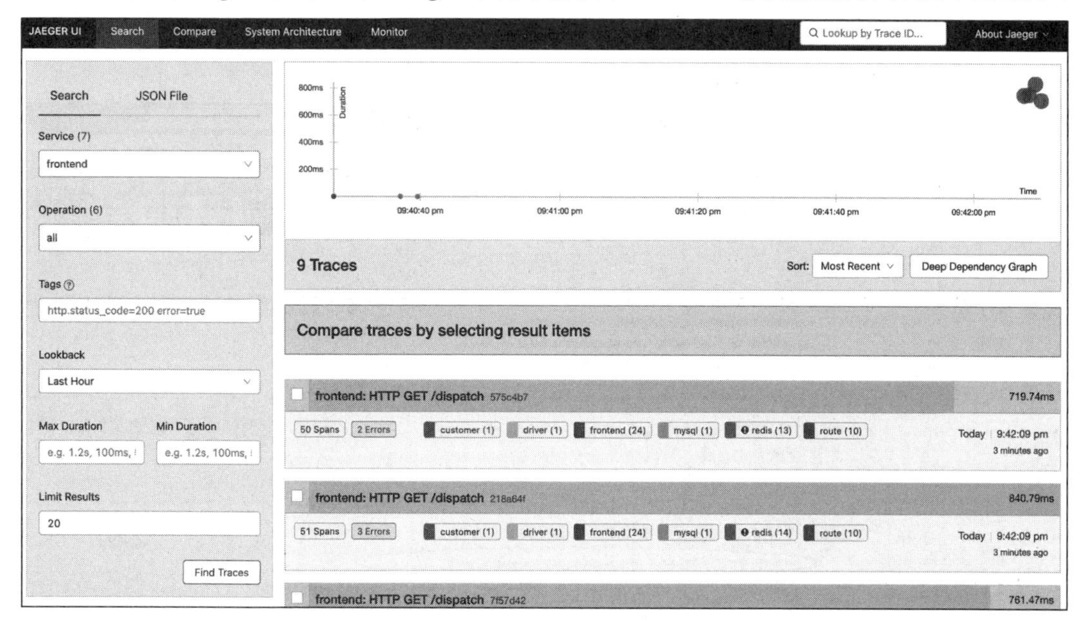

图 8-25　HotROD 集成到 Jaeger 平台

单击 frontend 的请求信息，就能看到发送请求后的完整链路信息，如图 8-26 所示。

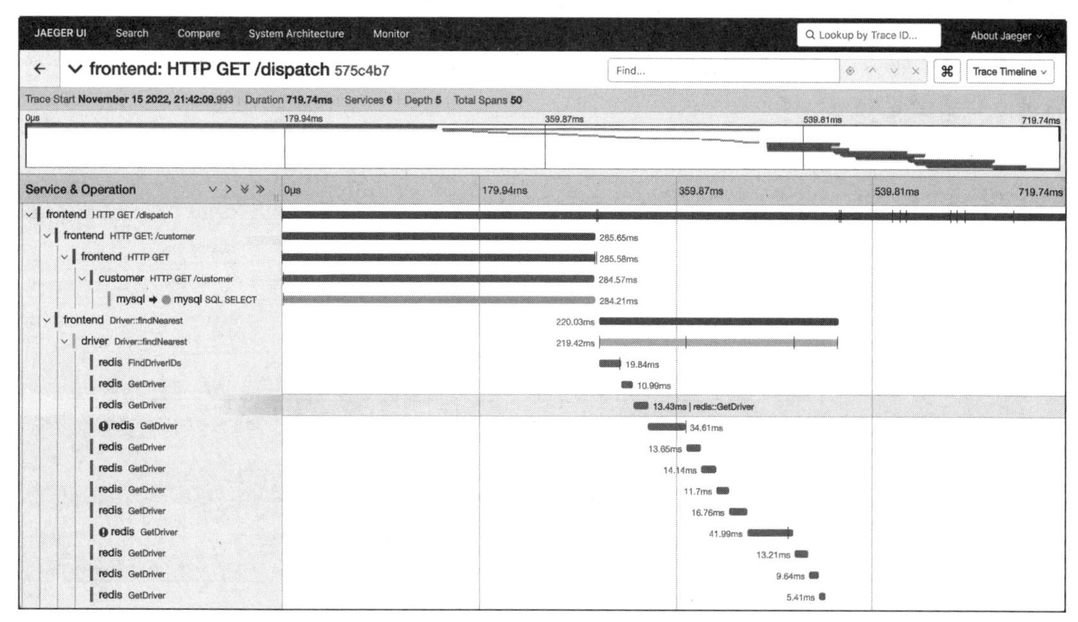

图 8-26　frontend 链路请求后的完整链路信息

从图 8-26 中可以看到，请求响应时间是 719.74ms，在链路信息中也可以看到 Total Spans 是 50。在链路请求中涉及 MySQL 数据库和 Redis 的中间件的操作，单击 MySQL 部分，就会显示链路请求中完整的 SQL 语句，如图 8-27 所示。

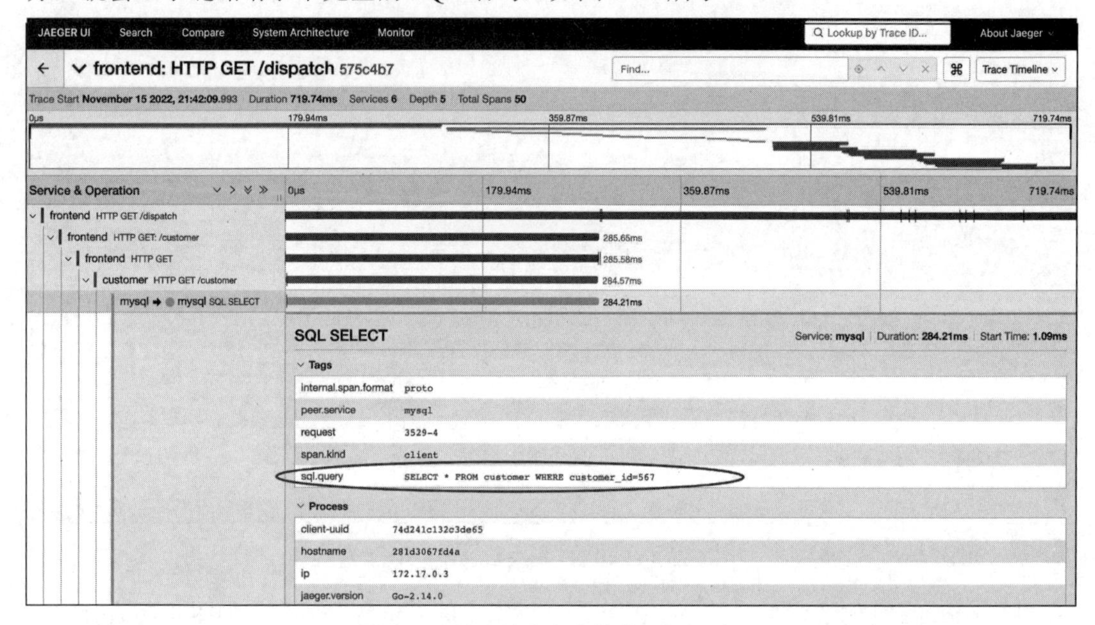

图 8-27 链路请求中完整的 SQL 语句

在 Redis 部分显示了错误信息，单击 Redis 可以看到是由于 Redis 服务超时请求而导致的错误，如图 8-28 所示。

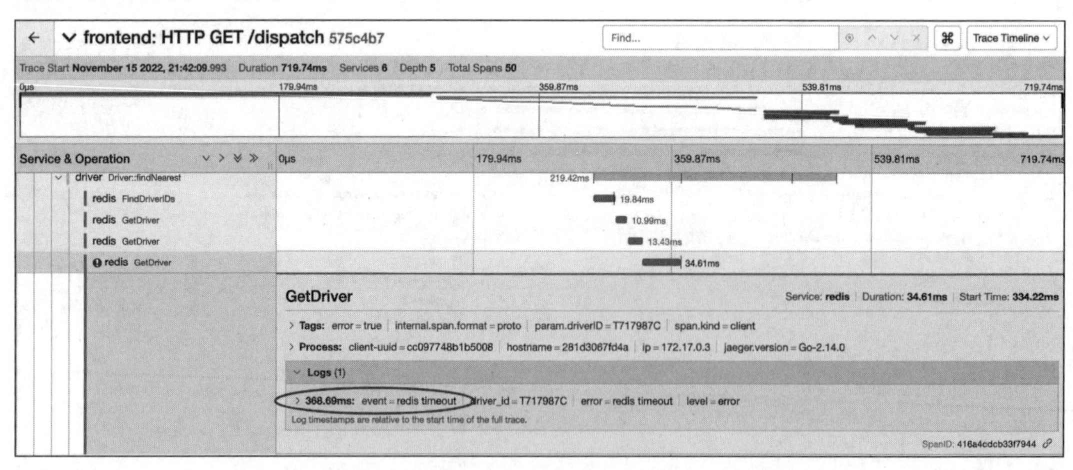

图 8-28 Redis 超时错误信息

在视图展示中选择 Trace Statistics，可以看到每个链路请求中详细的请求响应时间，如图 8-29 所示。

frontend: HTTP GET /dispatch 575c4b7

Trace Start November 15 2022, 21:42:09.993 | Duration 719.74ms | Services 6 | Depth 5 | Total Spans 50

Trace Statistics

Group By: Service Name　No item selected　Color by: Count

Name	Count	Total	Avg	Min	Max	ST Total	ST Avg	ST Min	ST Max	ST in Duration
frontend	24	2589.81ms	107.91ms	41.00ms	719.74ms	104.38ms	4.35ms	0.04ms	83.84ms	14.50%
redis	13	216.65ms	16.67ms	5.41ms	41.99ms	216.65ms	16.67ms	5.41ms	41.99ms	30.10%
route	10	520.94ms	52.09ms	40.19ms	68.69ms	520.94ms	52.09ms	40.19ms	68.69ms	72.38%
customer	1	284.57ms	284.57ms	284.57ms	284.57ms	0.36ms	0.36ms	0.36ms	0.36ms	0.05%
mysql	1	284.21ms	284.21ms	284.21ms	284.21ms	284.21ms	284.21ms	284.21ms	284.21ms	39.49%
driver	1	219.42ms	219.42ms	219.42ms	219.42ms	2.77ms	2.77ms	2.77ms	2.77ms	0.38%

图 8-29　各个链路请求中详细的请求响应时间

如果想查看各个服务之间的调用关系，先单击菜单栏中的 System Architecture，然后单击 DAG，就能看到各个链路请求之间的 DAG 图，如图 8-30 所示。

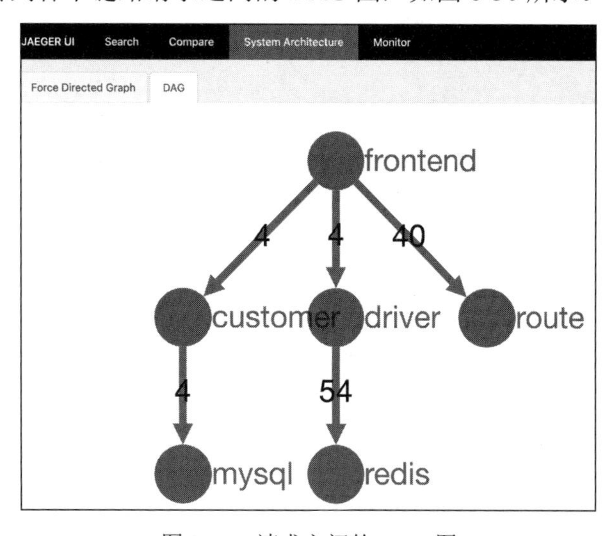

图 8-30　请求之间的 DAG 图

3. Spring Boot 集成 Jaeger

创建 Spring Boot 项目后，在 pom.xml 文件中新增 Jaeger 的依赖项，内容如下所示。

```
<dependency>
    <groupId>io.opentracing.contrib</groupId>
    <artifactId>opentracing-spring-jaeger-web-starter</artifactId>
    <version>3.3.1</version>
</dependency>

<dependency>
```

```
    <groupId>io.jaegertracing</groupId>
    <artifactId>jaeger-client</artifactId>
    <version>1.6.0</version>
</dependency>
```

下面在 Spring Boot 的配置层中加载 Jaeger 的信息（该步操作不可省略），涉及的源码如下。

```
package com.example.dbplus.config;

import io.jaegertracing.internal.MDCScopeManager;
import io.opentracing.contrib.java.spring.jaeger.starter.
TracerBuilderCustomizer;
import org.springframework.context.annotation.Bean;
import org.springframework.context.annotation.Configuration;

@Configuration
public class MDCScopeManagerConfig
{
  @Bean
  public TracerBuilderCustomizer mdcBuilderCustomizer()
  {
    return builder -> builder.withScopeManager(new MDCScopeManager.
Builder().build());
  }
}
```

在 Controller 中编写的是模拟内存泄露的程序代码，即先加载 Person 对象，然后一直不释放内存资源，涉及的源码如下。

```
package com.example.dbplus.controller;

import com.example.dbplus.model.Person;
import org.springframework.web.bind.annotation.RequestMapping;
import org.springframework.web.bind.annotation.RestController;
import java.util.ArrayList;
import java.util.List;
import java.util.UUID;

@RestController
public class MemoryController
{
  @RequestMapping("/memory")
  public String heap()
  {
```

```
    List<Person> userList=new ArrayList<Person>();

    int i=0;
    while (true)
    {
      userList.add(new Person(i++,UUID.randomUUID().toString()));
    }
  }
}
```

在 Application.yaml 配置文件中指定 Jaeger 分布式追踪系统的配置信息，完整的配置信息如下。

```
spring:
  application:
    name: DbPlus
  devtools:
    restart:
      enabled: true
  profiles:
    active: dev
  datasource:
    driver-class-name: com.mysql.jdbc.Driver
    url: jdbc:mysql://101.43.158.84:3306/book?useUnicode=
true&characterEncoding=UTF-8&useSSL=false&serverTimezone=Asia/Shanghai
    username: root
    password: 123456
    type: com.alibaba.druid.pool.DruidDataSource
    schema: classpath:db/schema.sql

    #druid 的配置信息
    druid:
      initial-size: 10
      max-active: 100
      mid-idle: 10
      max-wait: 6000
      filters: stat, wall
      stat-view-servlet:
        enabled: true
        login-username: admin
        login-password: 123456
server:
  port: 8085

#jaeger 分布式监控配置
```

```
opentracing:
  jaeger:
    enabled: true
    log-spans: true
    const-sampler:
      decision: true
    #Jaeger agent
    udp-sender:
      host: localhost
      port: 6831
```

做好上面的前期工作内容后，启动服务发送请求，就能在 Jaeger 系统中看到服务发送请求的信息，如图 8-31 所示。

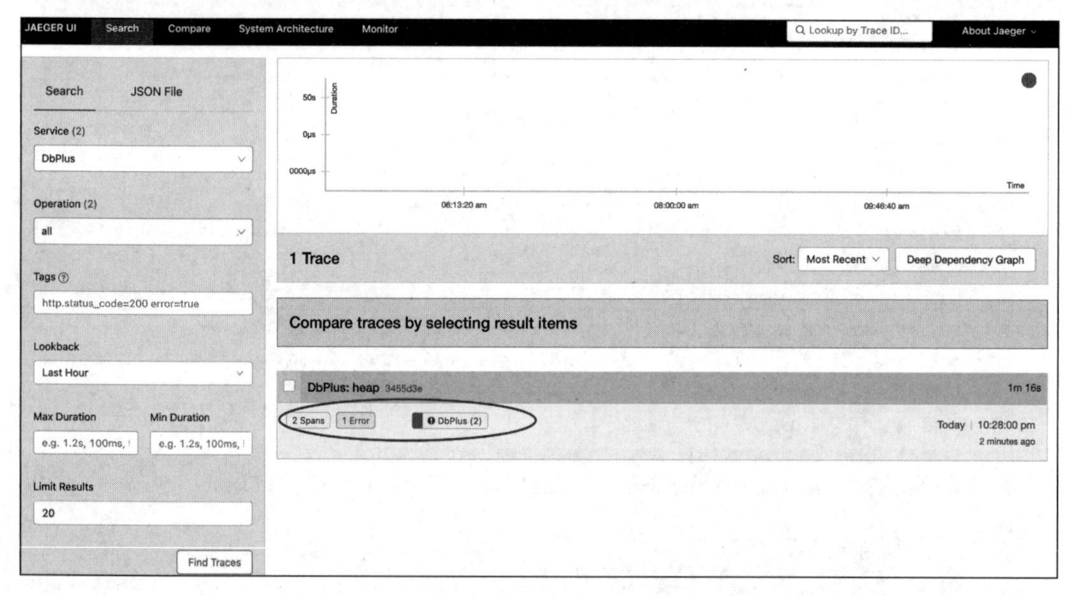

图 8-31　Spring Boot 集成 Jaeger 的案例

先单击 DbPlus 的链路请求，再单击 heap 部分，就能完整地看到该请求信息是由于内存泄露导致的错误，在错误信息中有详细的错误日志以及具体的 Class 文件，如图 8-32 所示。

由此可见 Spring Boot 整合 Jaeger 后，在程序出现问题的情况下，研发人员能够在 Jaeger 平台中查看详细的错误信息。

4．Django 集成 Jaeger

Django 集成 Jaeger，首先要安装涉及的第三方库，安装命令如下。

```
pip3 install jaeger-client
pip3 install django_opentracing
```

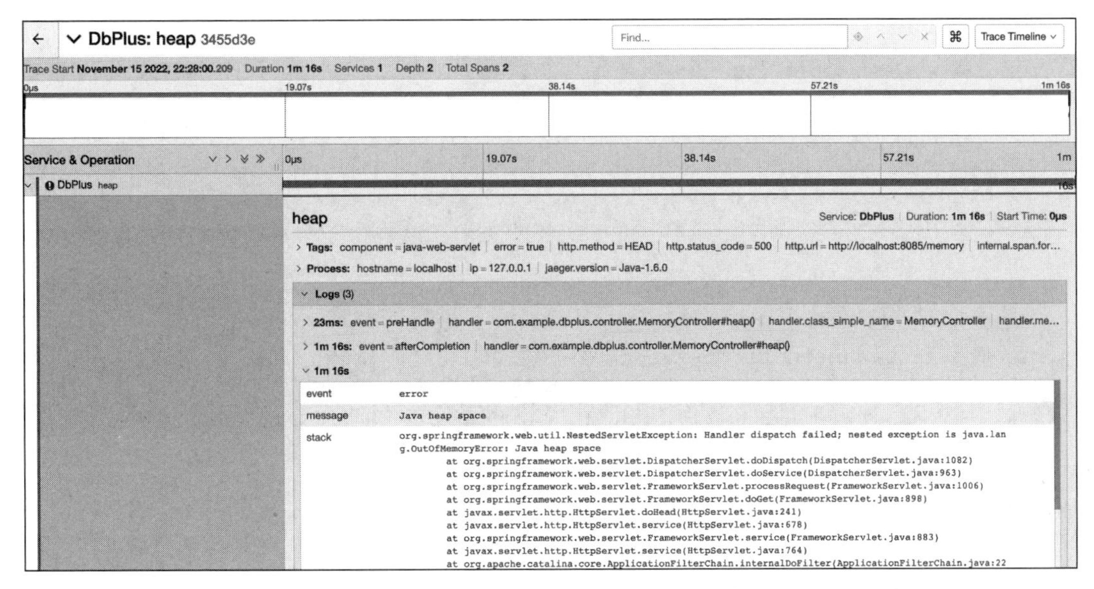

图 8-32　内存泄露信息

第三方库安装成功后，在 Django 项目中更新 settings.py 文件，新增如下内容。

```
import  django_opentracing
import  opentracing
from jaeger_client  import  Config

#在 MIDDLEWARE 中添加的文件内容
   'django_opentracing.OpenTracingMiddleware',

#添加 Jaeger 服务的地址以及服务的名称
#Django 集成 Jaeger
config = Config(
   config={ # usually read from some yaml config
      'sampler': {
         'type': 'const',
         'param': 1,
      },
      'local_agent': {
         'reporting_host': os.environ.get('JAEGER_REPORTING_HOST',
'localhost'),
         'reporting_port': os.environ.get('JAEGER_REPORTING_PORT',
'6831'),
      },
      'logging': True,
      'enabled': True,
```

```
    },
    service_name=os.environ.get('JAEGER_SERVICE_NAME',
'test-sparrow-promotion'),
    validate=True,
)
# generate a Jaeger tracer
tracer = config.initialize_tracer()

# trace all views
OPENTRACING_TRACE_ALL = True
# attributes need to be traced, e.g. ['path', 'method']
OPENTRACING_TRACED_ATTRIBUTES = ['META']
# will use Jaeger tracer
OPENTRACING_TRACING = django_opentracing.DjangoTracing(tracer)
```

通过如上代码，就能把 Django 编写的项目集成到 Jaeger 中了。

第 9 章 JVM 性能测试实战

在性能测试的过程中，针对 IO 密集型程序的测试要特别注意被测试程序出现内存溢出的情况。下面介绍 JVM 中针对内存溢出情况的主流监控工具的实际案例应用与实战。通过对本章内容的学习，读者可以掌握以下知识。

☑ JVM 常用命令行参数与应用。

☑ JVM 中主流监控工具与分析。

☑ GC 日志获取与分析 GC 性能瓶颈。

9.1 JVM 概述

Java 是跨平台的语言，这主要体现在 Java 语言的虚拟机的设计上，虚拟机这一层的核心是 JVM（Java Virtual Machine，Java 虚拟机）。JVM 是 Java 语言的运行环境，它是一个虚拟的计算机，引入了 JVM 后，Java 语言编写的代码在不同平台运行时不需要重新编译，JVM 屏蔽了与具体平台相关的信息，这样 Java 语言编写的代码就能够跨平台执行。下面详细介绍 JVM、JRE 和 JDK 之间的区别。

☑ JVM：JVM 可以理解为一个虚拟的计算机，Java 语言编写的代码都运行在 JVM 上，JVM 是 JRE 的一部分。

☑ JRE：JRE（Java Runtime Environment，Java 运行环境）主要用来执行 Java 程序，除此之外，JRE 还包含 Java 基础的 API，JRE 是 JDK 的一部分。

☑ JDK：JDK（Java Development Kit，Java 开发工具包）提供了 Java 的开发环境和运行环境，开发环境主要包含开发工具，如 JAVAC、JAR 打包执行程序和 JVM 常用监控工具。

目前 Java 使用的虚拟机主要是 HotSpot（TM），在控制台输入命令 java -version 查看 Java 版本，如图 9-1 所示。

```
java version "1.8.0_241"
Java(TM) SE Runtime Environment (build 1.8.0_241-b07)
Java HotSpot(TM) 64-Bit Server VM (build 25.241-b07, mixed mode)
```

图 9-1　查看 Java 版本

在 Java 程序测试中，常见的错误类型有两种，即栈溢出和内存溢出，下面详细介绍这两种类型的错误。

- ☑ 栈溢出：栈溢出错误信息的关键字是 StackOverFlowError，即当栈深度超过 JVM 虚拟机分配给线程的栈大小时，就会出现该错误信息。一般在循环调用方法而无法退出时，容易出现栈溢出的错误信息。
- ☑ 内存溢出：内存溢出错误信息的关键字是 java.lang.OutOfMemoryError，简称 OOM 错误。OOM 一般分为堆溢出和非堆溢出，这里主要介绍的是堆溢出。出现 OOM 主要指 Java 虚拟机栈的内存大小允许动态扩展，但是当线程请求栈时，内存已被消耗完，无法进行动态扩展，此时就会抛出 OutOfMemoryError 错误信息。

Java 是支持多线程的编程语言，所以在实际执行程序的过程中，当同时启动的线程数超过了终端服务器 CPU 的个数，线程之间会根据时间片轮询来抢占系统的 CPU 资源。对单核的 CPU 而言，在同一个时刻，只能有一个线程来运行，而其他的线程只能被切换出去。从应用程序的角度，不管是多线程模式还是单线程模式，每个程序执行时只能有一个程序计数器，每个线程的程序计数器都是独立且互相不依赖，没有任何影响的，即它是线程私有的内存空间。但是应用程序在客户端高并发以及持续的请求下，服务端可能会出现堆内存溢出的情况。9.2 节会详细介绍 JVM 中内存溢出的监控和过程中资源信息的查看。

9.2　JVM 资源监控

9.2.1　内存溢出案例

要监控 JVM 的内存溢出，首先结合具体的案例介绍内存溢出输出的详细错误信息和内存溢出后服务端应用程序的具体现象。内存溢出主要有两个维度，分别是堆内存溢出和非堆内存溢出，下面的案例介绍的是堆内存溢出的情况，即加载了很多的实例但是并没有释放资源而导致内存溢出。创建 Spring Boot 的应用，编写的 controller 层的代码如下。

```
package com.example.dbplus.controller;
```

```
import com.example.dbplus.model.Person;
import org.springframework.web.bind.annotation.RequestMapping;
import org.springframework.web.bind.annotation.RestController;
import java.util.ArrayList;
import java.util.List;
import java.util.UUID;

@RestController
public class MemoryController
{

  @RequestMapping("/response")
  public String response()
  {
    return "Response Time";
  }

  @RequestMapping("/memory")
  public String heap()
  {
    List<Person> userList=new ArrayList<Person>();

    int i=0;
    while (true)
    {
      userList.add(new Person(i++,UUID.randomUUID().toString()));
    }
  }
}
```

在如上程序中主要提供了两个接口：第一个接口/response 主要用来测试在服务端出现内存溢出时，再次访问该接口是否还可以正常访问；第二个接口/memory 是集合加载 Person 类的对象，但是没有释放，而这样的设计必然会导致内存溢出。启动应用程序后，在 PostMan 中访问 http://localhost:8080/memory 接口后会一直处于加载中状态，访问后就会加载很多 Person 对象，直到程序出现堆内存溢出，堆内存溢出的详细错误信息如下。

```
*** java.lang.instrument ASSERTION FAILED ***: "!errorOutstanding" with
message can't create name string at JPLISAgent.c line: 807
Exception in thread "File Watcher" java.lang.OutOfMemoryError: Java heap
space
```

```
2022-12-03 22:04:59.160 ERROR 52877 --- [nio-8080-exec-2] o.a.coyote.
http11.Http11NioProtocol      : Failed to complete processing of a request

java.lang.OutOfMemoryError: Java heap space
  at java.util.jar.Manifest$FastInputStream.<init>(Manifest.java:367)
~[na:1.8.0_241]
  at java.util.jar.Manifest$FastInputStream.<init>(Manifest.java:362)
~[na:1.8.0_241]
```

当被访问的服务出现内存溢出时，再次访问该服务就会提示超出 GC 开销限制，提示信息如下。

```
java.lang.OutOfMemoryError: GC overhead limit exceeded
```

可以看到，当被测试的服务出现内存溢出时，就会出现 java.lang.OutOfMemory 错误信息。对于一般测试的程序，如果是 I/O 密集型的程序，要特别关注被测程序是否会出现内存溢出，如果出现内存溢出，就需要先调整 JVM 的具体参数进行调优，然后再次进行验证。

对一个服务而言，分配太多的内存资源就会涉及资源的浪费，如果分配太少的资源，又会导致在业务具体执行的过程中出现内存泄露。例如，针对一个文件上传的服务，在产品规定的范围内，如果最大只能上传 1GB 的文件，那么就需要验证上传的文件大小为 500MB 时是否会出现 OOM 和 SocketError 的错误信息，如果出现内存泄露，就需要先调整最大内存的参数，然后再次验证，在验证的过程中同时还需要考虑如果单任务能够处理最大 500MB 的文件上传，多任务时是否也会出现内存溢出，因此需要在设计时考虑最多只能处理一个文件上传，其他待处理的文件上传都使用排队的策略机制处理。

9.2.2 XX 参数

9.2.1 节详细地介绍了内存溢出，当出现内存溢出时需要先调整 JVM 的最大内存和最小内存参数再进行不断地验证、调整。XX 参数主要是指用于内存的 XX 参数，具体如下。

☑ -Xmx：最大内存。

☑ -Xms：最小内存。

针对编写的程序，在 IDEA 中设置程序的最大内存和最小内存，设置步骤为单击菜单栏 Run 下的 Edit Configurations，填写最大内存和最小内存，如图 9-2 所示。

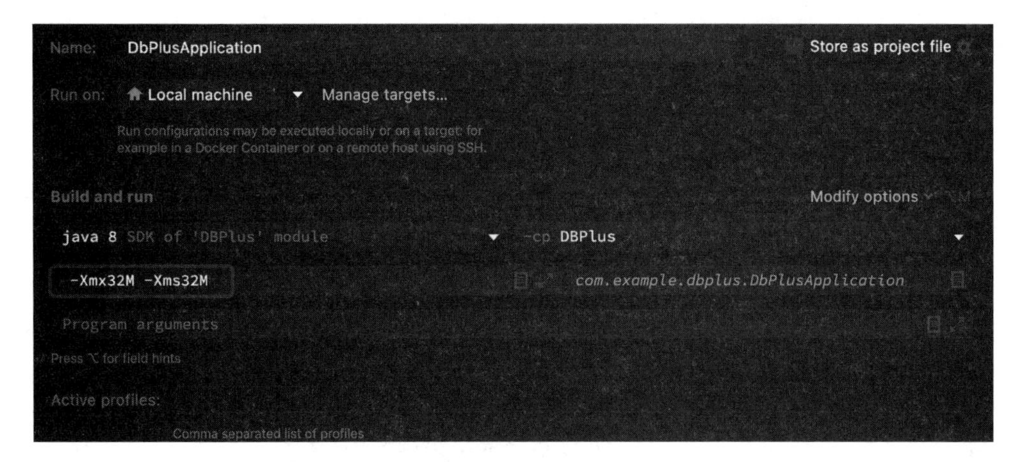

图 9-2　填写分配的 JVM 内存信息

设置成功后执行程序，然后使用 jps 查看程序的 PID，使用 jinfo 命令就可以查看程序分配的最大内存和最小内存，涉及的操作如下。

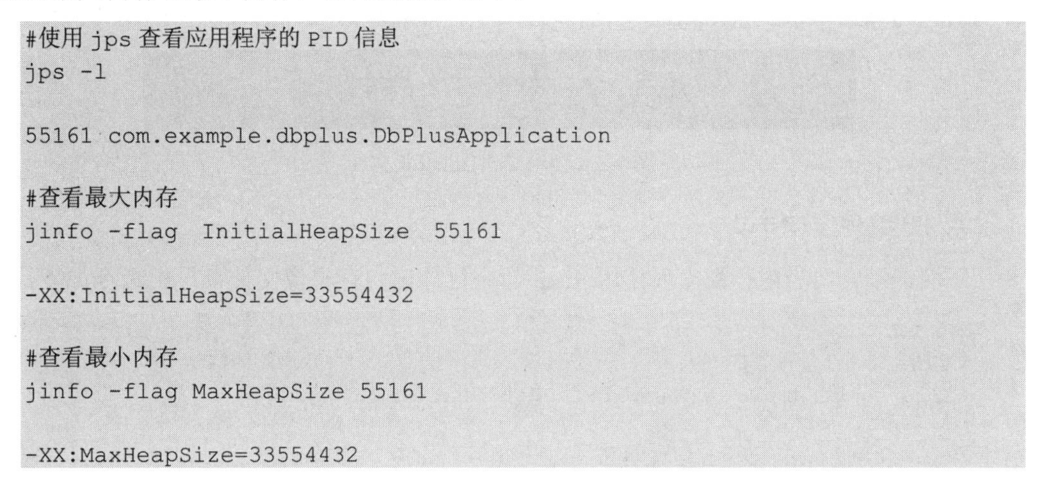

```
#使用 jps 查看应用程序的 PID 信息
jps -l

55161 com.example.dbplus.DbPlusApplication

#查看最大内存
jinfo -flag  InitialHeapSize  55161

-XX:InitialHeapSize=33554432

#查看最小内存
jinfo -flag MaxHeapSize 55161

-XX:MaxHeapSize=33554432
```

9.2.3　导出内存映像文件

在生产环境中，当出现内存溢出时需要导出内存映像文件（dump 文件）来分析是什么原因导致的内存溢出。下面介绍导出内存映像文件的两种方式，分别是自动导出和 jmap 命令行导出。

1. 自动导出

当运行的应用程序出现内存溢出时，自动导出内存映像文件，需要在 VM options 中添加内存溢出自动导出 dump 文件和文件导出的存储路径，具体内容如下。

```
-XX:+HeapDumpOnOutOfMemoryError
-XX:HeapDumpPath=./
```

在 VM options 中添加如上内容后，再次启动应用程序，当出现内存溢出时会显示 dump 文件导出的过程以及文件的信息，输出日志如下。

```
java.lang.OutOfMemoryError: Java heap space
Dumping heap to ./java_pid62820.hprof ...
Heap dump file created [43387296 bytes in 0.313 secs]
Exception in thread "http-nio-8080-exec-2" java.lang.OutOfMemoryError:
Java heap space
Exception in thread "http-nio-8080-Acceptor"
Exception: java.lang.OutOfMemoryError thrown from the
UncaughtExceptionHandler in thread "http-nio-8080-Acceptor"
```

在如上日志信息中可以看到，当应用程序出现内存溢出时会自动导出 dump 文件，文件的名称为 java_pid62820.hprof，在当前目录下也能看到该文件的信息，如图 9-3 所示。

图 9-3　自动导出的.hprof 文件

2．jmap 命令行导出

下面详细介绍当内存溢出后使用 jmap 命令行导出内存映像文件，导出命令如下。

```
jps -l
#通过 jps -l 获取 PID 的信息
62820 com.example.dbplus.DbPlusApplication

jmap  -dump:format=b,file=heap.hprof 62820
#通过 jmap 导出内存映像文件
Dumping heap to /Users/liwangping/Desktop/heap.hprof ...
Heap dump file created
```

执行如上命令后，就会把.hprof 文件导出到桌面上了。

9.2.4　MAT 分析内存泄露

当内存泄露后，不管是通过自动导出还是通过 jmap 命令行方式导出内存映像文件，都是为了分析是什么原因导致内存溢出。可以使用 MAT 工具打开.hprof 文件。下面使用

MAT 工具打开自动导出的 java_pid62820.hprof 文件，如图 9-4 所示。

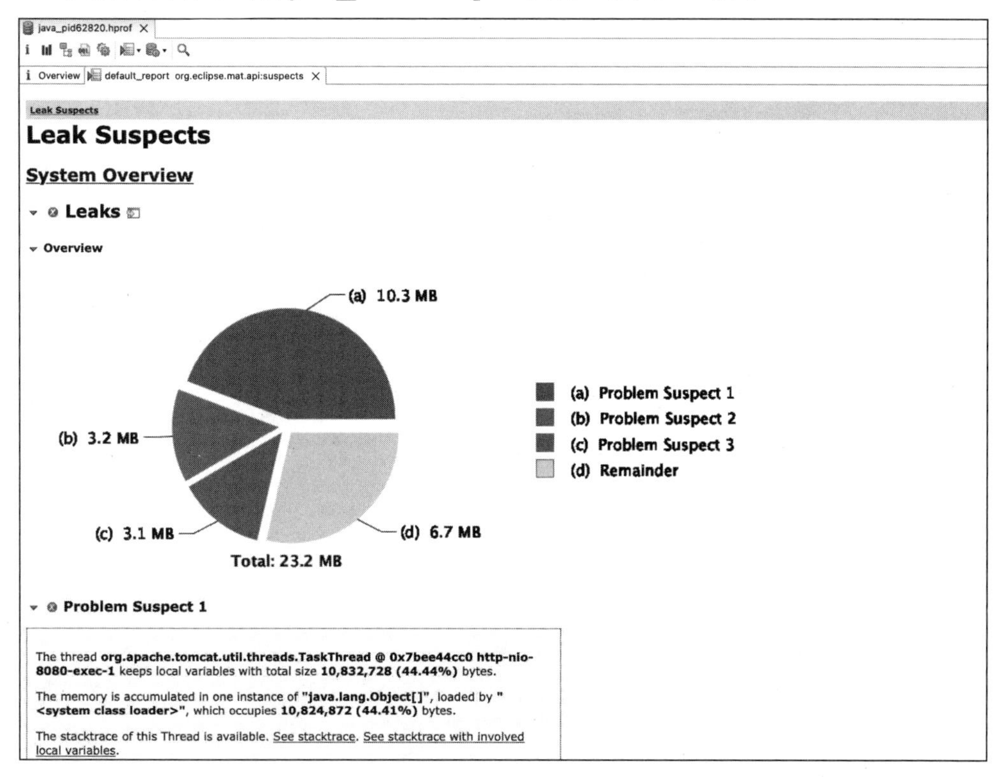

图 9-4　使用 MAT 打开.hprof 文件

如图 9-4 所示，还不能明确是什么原因导致了内存溢出，下面先查看对象的数量，然后在 Regex 中搜索关键字 Person，Person 对象的数量信息如图 9-5 所示。

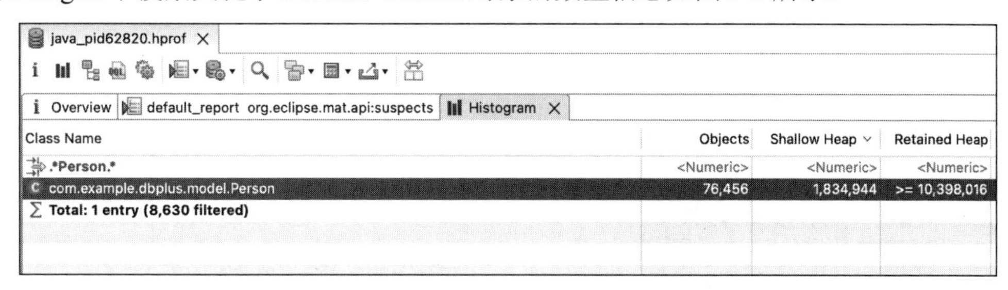

Class Name	Objects	Shallow Heap	Retained Heap
.*Person.*	<Numeric>	<Numeric>	<Numeric>
com.example.dbplus.model.Person	76,456	1,834,944	>= 10,398,016
Total: 1 entry (8,630 filtered)			

图 9-5　Person 对象的数量信息

在图 9-5 中可以看到 Person 类对象占用了 10MB 以上的内存资源，下面查看 Person 是被哪个对象引用的，以及它的 GC Roots，如图 9-6 所示。

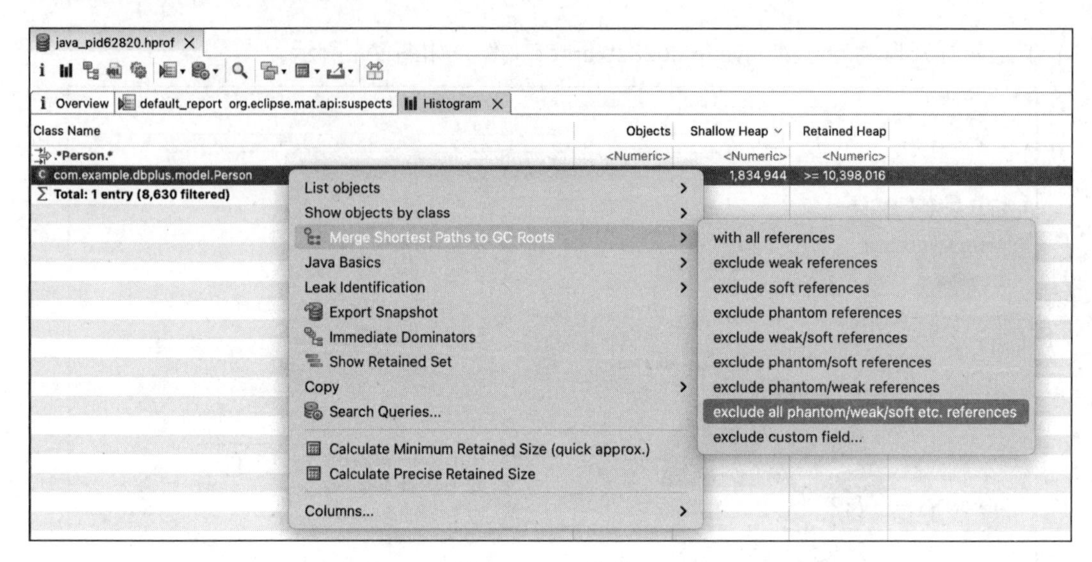

图 9-6　查看 Person 对象的 GC Roots

Person 对象的引用关系如图 9-7 所示。

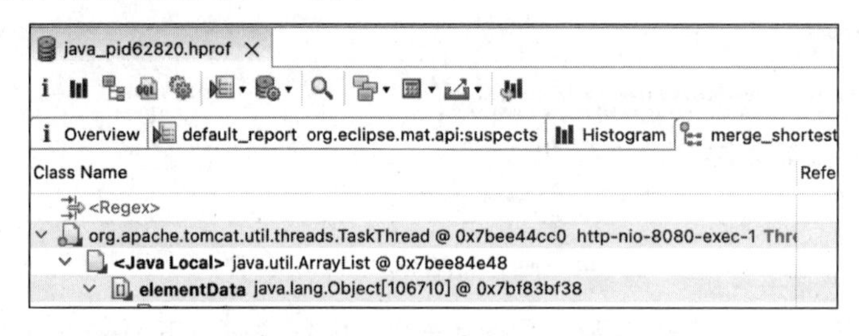

图 9-7　Person 对象的引用关系

也可以查看对象栈的信息，如图 9-8 所示。

java_pid62820.hprof

Overview | default_report org.eclipse.mat.api:suspects | Histogram | merge_shortest_paths [selection of 'Person'] -excludes java.lang.ref.I

Class Name	Shallow Heap	Retained Heap	Percentage
<Regex>	<Numeric>	<Numeric>	<Numeric>
org.apache.tomcat.util.threads.TaskThread @ 0x7bee44cc0 http-nio-8080-exec-1 Thre	128	10,832,728	44.44%
<Java Local> java.util.ArrayList @ 0x7bee84e48	24	10,824,896	44.41%
elementData java.lang.Object[106710] @ 0x7bf83bf38	426,856	10,824,872	44.41%
com.example.dbplus.model.Person @ 0x7bee85270	24	136	0.00%

图 9-8　对象栈的信息

通过图 9-8 可以看到，TaskThread 的占比是 44.44%，引用关系是 List 集合引用了 Person 类的对象，但是没有被释放，所以导致了内存溢出。单击查看详情也能看到具体是哪些代码导致了内存溢出，如图 9-9 所示。

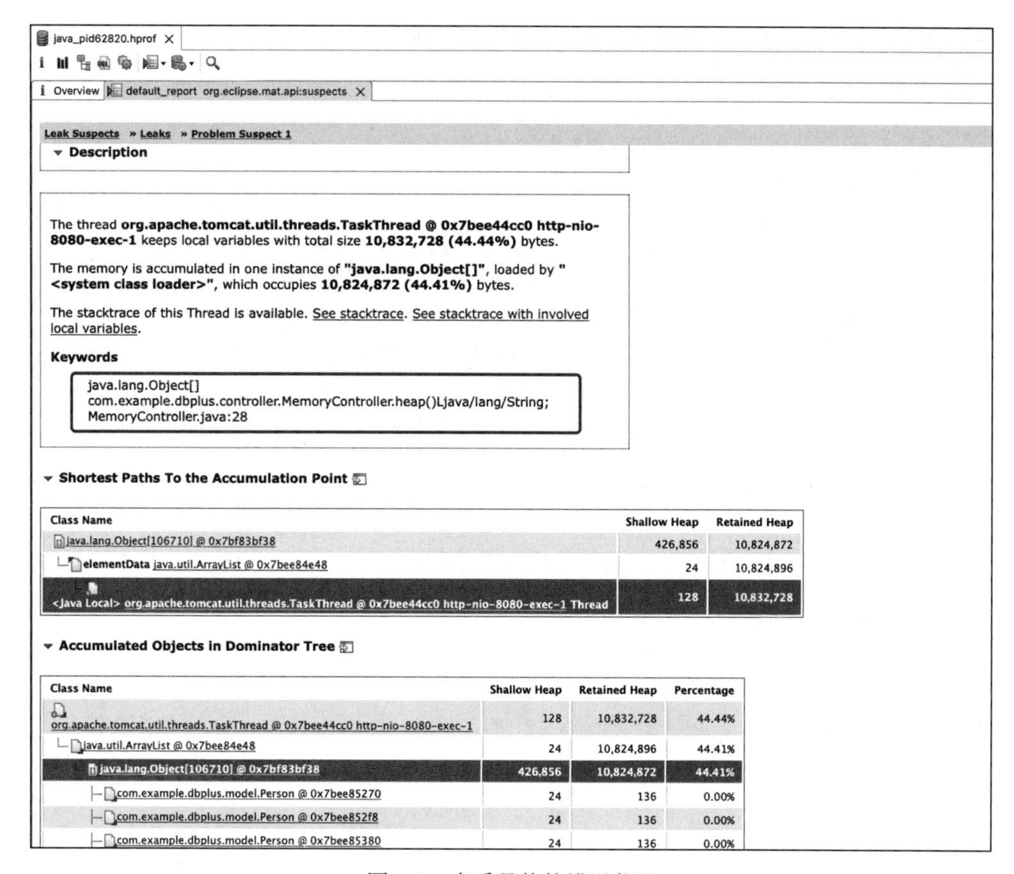

图 9-9　查看具体的错误代码

9.2.5　JVisualVM 监控

在实际工作中，针对资源监控，JDK 提供了很多的命令行以及可视化的监控工具，如 JVisualVM 就是基于 JVM 可视化的监控工具之一，使用它可以监控本地的 Java 应用程序，也可以监控远程的应用程序，主要监控应用程序在实际运行过程中的 CPU、堆内存使用情况等数据变化的趋势图。使用 JVisualVM 的步骤比较简单，只要本地搭建了 JDK 环境，在控制台中输入 jvisualvm 就会显示 JVisualVM 的主页面，如图 9-10 所示。

1. 监控本地程序

首先启动本地的应用程序，然后启动 JVisualVM，下面就可以监控本地的应用程序了。清楚了具体的思路后，我们先启动本地的应用程序，打开 JVisualVM 就能看到本地被监控的应用程序，如图 9-11 所示。

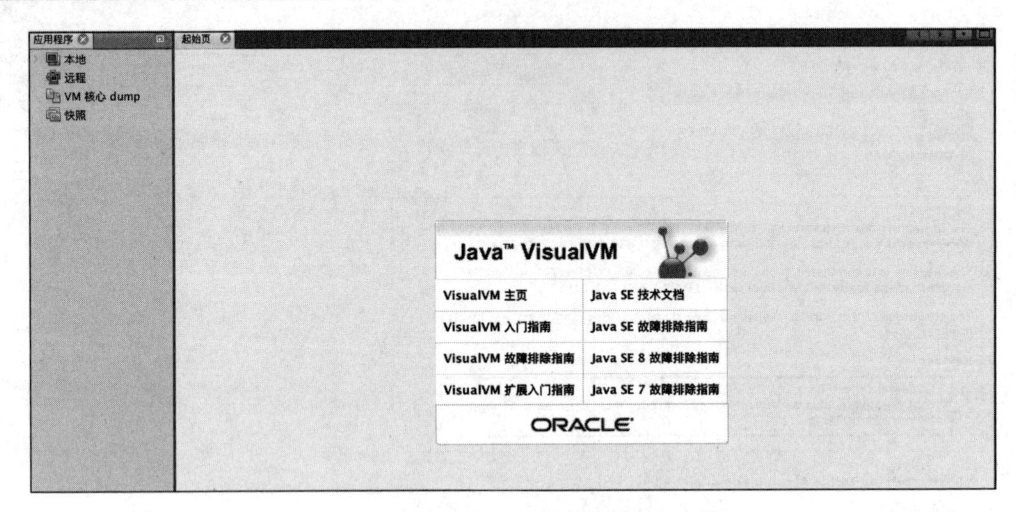

图 9-10 JVisualVM 的主页面

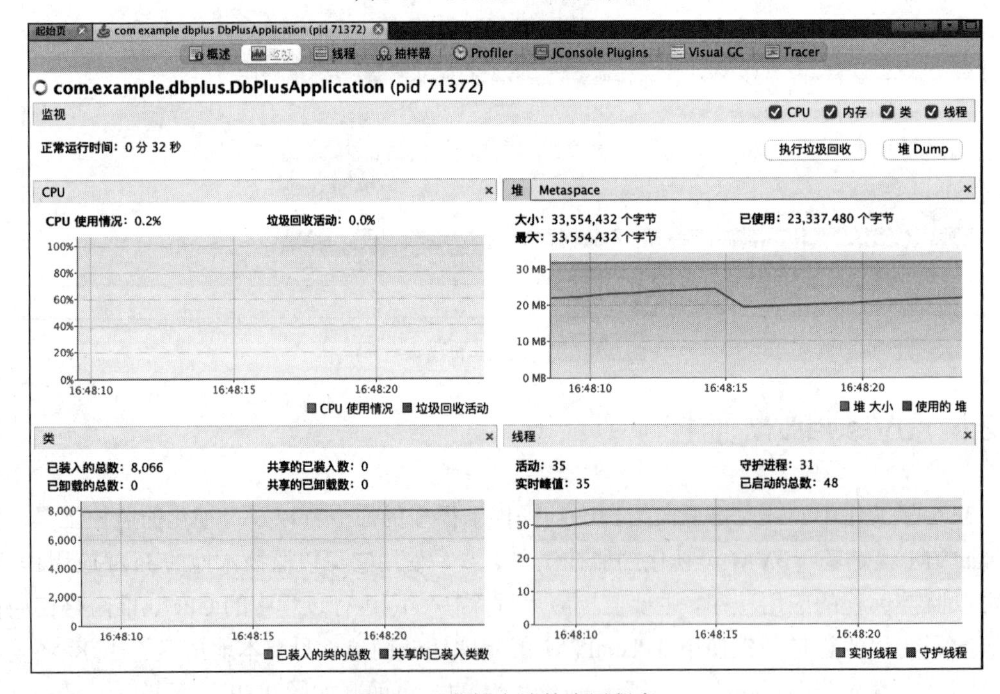

图 9-11 监控本地的应用程序

图 9-11 中显示了已监控的本地应用程序，即监控应用程序在运行过程中的 CPU 使用率、堆内存使用情况、互动的线程数等。下面继续访问 http://localhost:8080/memory，该接口会导致应用程序出现内存溢出，在程序运行的过程中，JVisualVM 监控到的资源信息如图 9-12 所示。

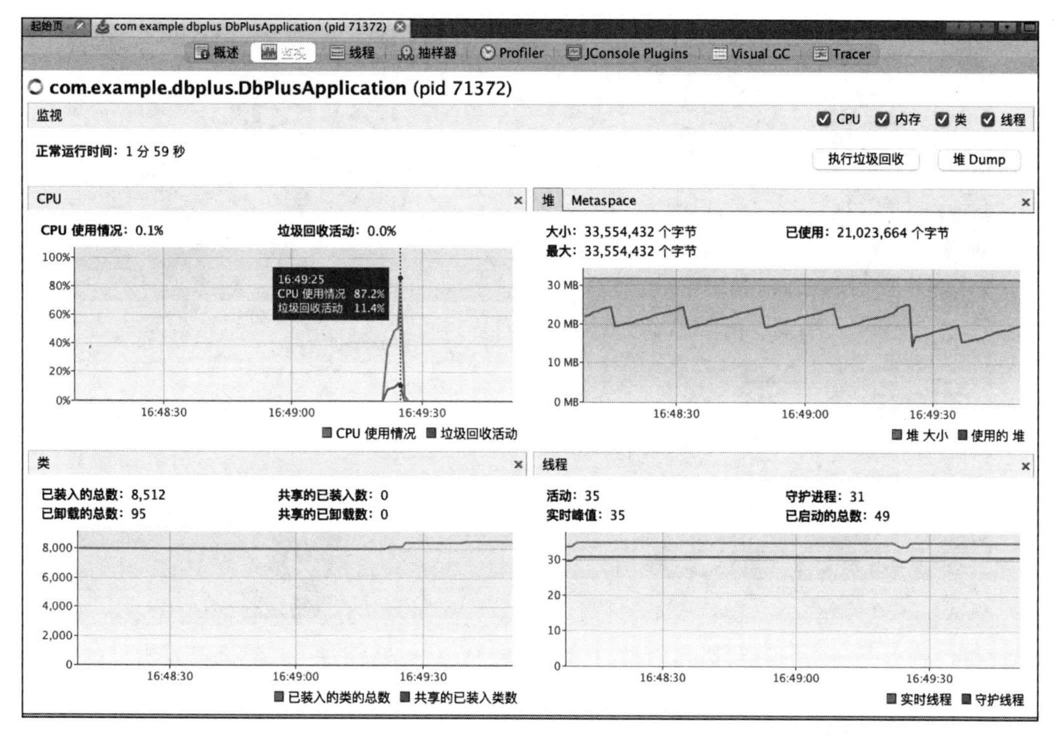

图 9-12　JVisualVM 监控到的资源信息

在图 9-12 中可以看到，CPU 使用率达到了 87.2%，使用的堆内存接近 30MB，而此时应用程序日志中输出了内存溢出的错误信息。在工作中使用 JVisualVM 监控应用程序时，要特别关注 CPU 的使用率和堆内存使用率，在正常的情况下，堆内存的使用率是呈正态分布的，即在没使用时，资源使用率是呈最低状态的；在使用的过程中，资源一直处于上升的趋势，但不会出现内存溢出，程序处理结束后资源又会得到释放，从而呈现一个正态分布的趋势。

2．监控远程 Tomcat

了解了 JVisualVM 如何监控本地应用程序后，下面介绍 JVisualVM 监控远程 Tomcat 的应用程序。在 Tomcat 的 bin 目录下的 catalina.sh 中添加如下内容就可以实现远程连接了。

```
JAVA_OPTS="$JAVA_OPTS -Dcom.sun.management.jmxremote -
Dcom.sun.management.jmxremote.port=9004 -
Dcom.sun.management.jmxremote.authenticate=false -
Dcom.sun.management.jmxremote.ssl=false -Djava.net.preferIPv4Stack=true -
Djava.rmi.server.hostname=101.43.158.84"
```

配置远程监控信息如图 9-13 所示。

```
fi

if [ -z "$JSSE_OPTS" ] ; then
  JSSE_OPTS="-Djdk.tls.ephemeralDHKeySize=2048"
fi
JAVA_OPTS="$JAVA_OPTS $JSSE_OPTS"



JAVA_OPTS="$JAVA_OPTS -Djava.protocol.handler.pkgs=org.apache.catalina.webresources"

JAVA_OPTS="$JAVA_OPTS -Dcom.sun.management.jmxremote -Dcom.sun.management.jmxremote.port=9004 -Dcom.sun.management.jmxremote.authenticate=false -Dcom.sun.management.jmxremote.ssl=false -Djava.net.preferIPv4Stack=true -Djava.rmi.server.hostname=101.43.158.84"


if [ -z "$CATALINA_LOGGING_CONFIG" ]; then
  if [ "${LOGGING_CONFIG#*-D}" != "$LOGGING_CONFIG" ]; then
    CATALINA_LOGGING_CONFIG="$LOGGING_CONFIG"
  fi
fi
```

图 9-13　在 catalina.sh 中配置远程监控信息

如图 9-13 所示，主要配置远程连接的 IP 地址为 101.43.158.84，远程连接时不需要账户和密码。下面在 JVisualVM 监控工具中操作，在“远程”中添加远程主机的 IP 地址，如图 9-14 所示。

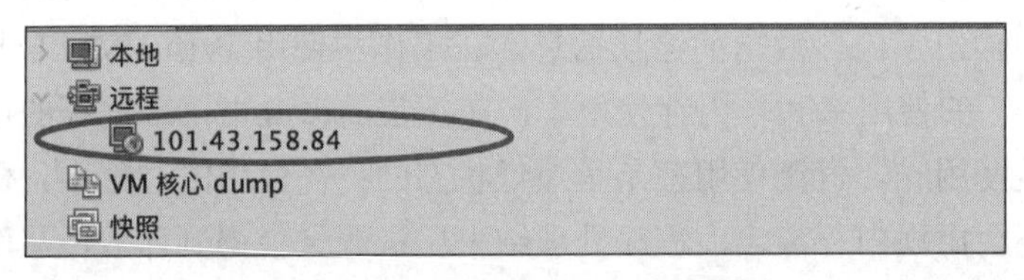

图 9-14　添加 JVisualVM 远程连接 IP 地址

下面需要开放 9004 端口，并且相关联的端口都是需要开放的。9004 端口是固定的，关联的端口在每次程序启动后都是随机的，可以通过命令 lsof -i | grep java 查询需要开放的端口，如图 9-15 所示。

```
[root@k8s-node1 bin]#  lsof -i | grep java
java      6598 root   20u  IPv4  64065      0t0  TCP *:38222 (LISTEN)
java      6598 root   21u  IPv4  64066      0t0  TCP *:9004 (LISTEN)
java      6598 root   22u  IPv4  63277      0t0  TCP *:46721 (LISTEN)
java      6598 root   63u  IPv4  63383      0t0  TCP *:webcache (LISTEN)
java      6598 root  249u  IPv4 119457      0t0  TCP localhost:mxi (LISTEN)
```

图 9-15　查询需要开放的端口

在图 9-15 中可以看到，需要开放的端口是 38222、9004 和 46721，在云服务器开放这三个端口后，就可以使用 JMX 的方式连接程序。右击“远程”下的 IP 地址，在“添加 JMX 连接”对话框中填写端口 9004，如图 9-16 所示。

JMX 连接成功后的显示状态如图 9-17 所示。

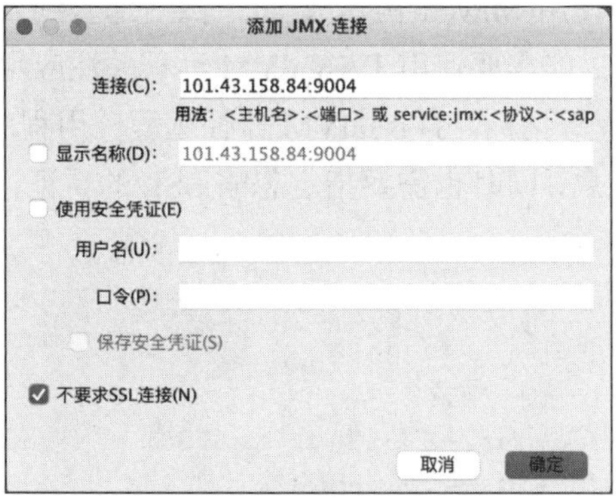

图 9-16　配置 JMX 信息

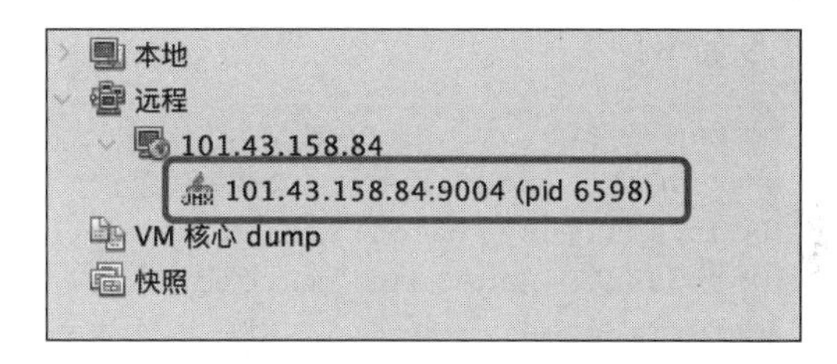

图 9-17　JMX 连接成功

单击该连接后就会显示监控到的 Tomcat 资源信息，如图 9-18 所示。

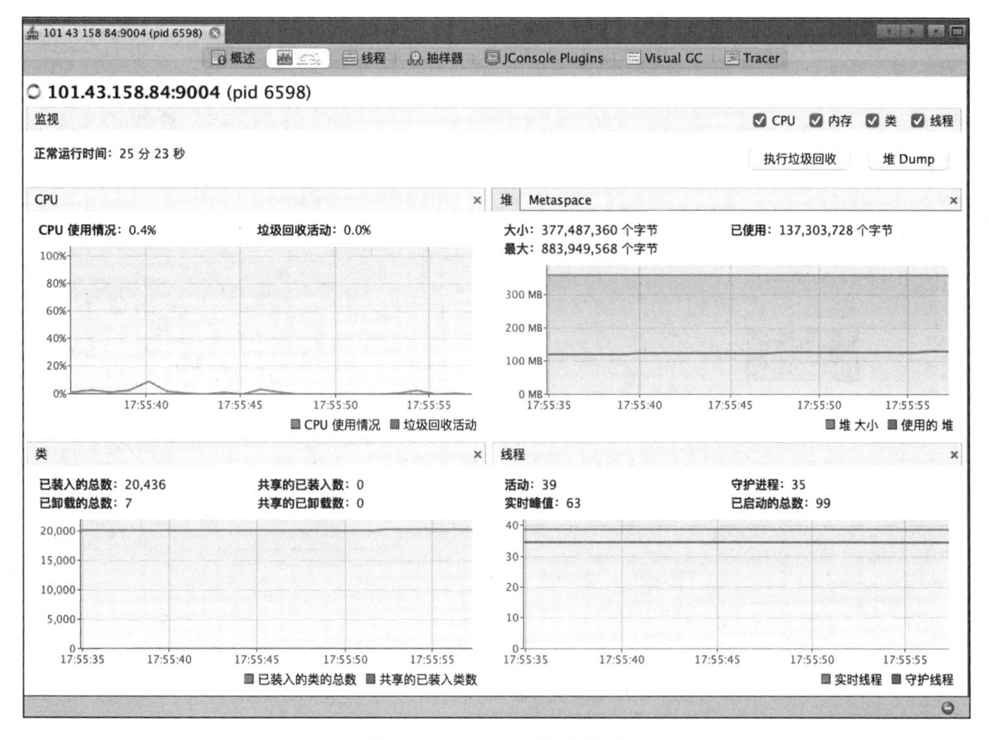

图 9-18　Tomcat 资源信息

在图 9-18 中显示了远程 Tomcat 资源信息，这样我们就可以实时地关注 Tomcat 应用程序的 CPU 使用率和堆内存的使用情况了。

3. 监控远程程序

在实际应用中，往往会先把编写的应用程序使用 Maven 构建成 jar，然后部署到云服务器上。如果被测试的程序是 I/O 密集型的程序，就需要使用 JVisualVM 远程关注应用程序的 CPU 使用率和堆内存使用情况以及活跃线程等指标。JVisualVM 监控远程应用程序，需要在启动时加入 JMX 的端口以及 Hostname 信息，同时也需要指定忽略 SSL 的认证，启动命令如下。

```
java -Djava.rmi.server.hostname=101.43.158.84 -Dcom.sun.management.
jmxremote -Dcom.sun.management.jmxremote.port=9004 -
Dcom.sun.management.jmxremote.authenticate=false -
Dcom.sun.management.jmxremote.ssl=false -jar -Xms128m -Xmx128m -
XX:PermSize=128M -XX:MaxPermSize=256M DBPlus-0.0.1-SNAPSHOT.jar
```

JVisualVM 启动成功后，就可以监控远程应用程序的资源信息了。监控思路和监控 Tomcat 远程的思路一致，远程监控程序资源如图 9-19 所示。

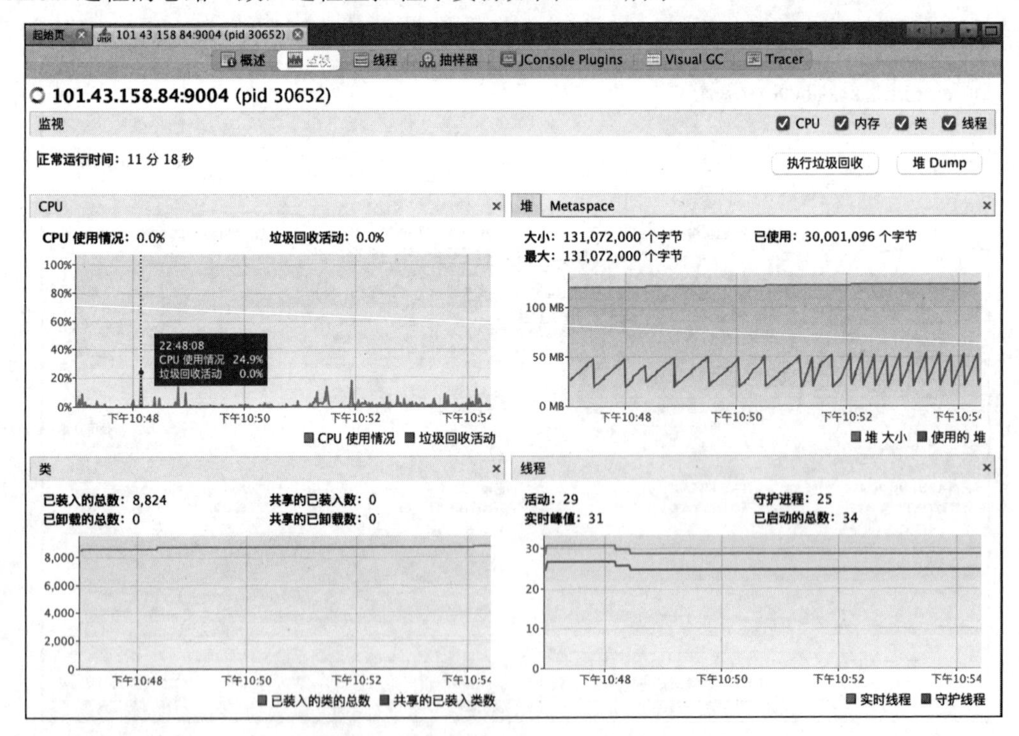

图 9-19 JVisualVM 远程监控程序资源

9.2.6　JConsole 监控

JConsole 是基于 JMX 协议的一款工具，也是 JDK 自带工具的一种，主要用于监控 JVM 应用程序在运行过程中 JVM 应用程序的 CPU 使用率和堆内存使用量，可以对 JVM 的信息进行可视化管理。JConsole 既可以监控本地应用程序，也可以监控远程应用程序。

1．监控本地应用程序

本地应用程序启动后，先使用 jps 命令获取应用程序的 PID 信息，然后启动 JConsole 就可以对本地应用程序进行监控了。JConsle 启动后加载的 PID 信息如图 9-20 所示。

图 9-20　JConsole 加载的 PID 信息

选择应用程序的连接后，单击连接就会进入 JConsole 监控的主页，监控 JVM 的信息呈现可视化的状态，JConsole 监控的主页面如图 9-21 所示。

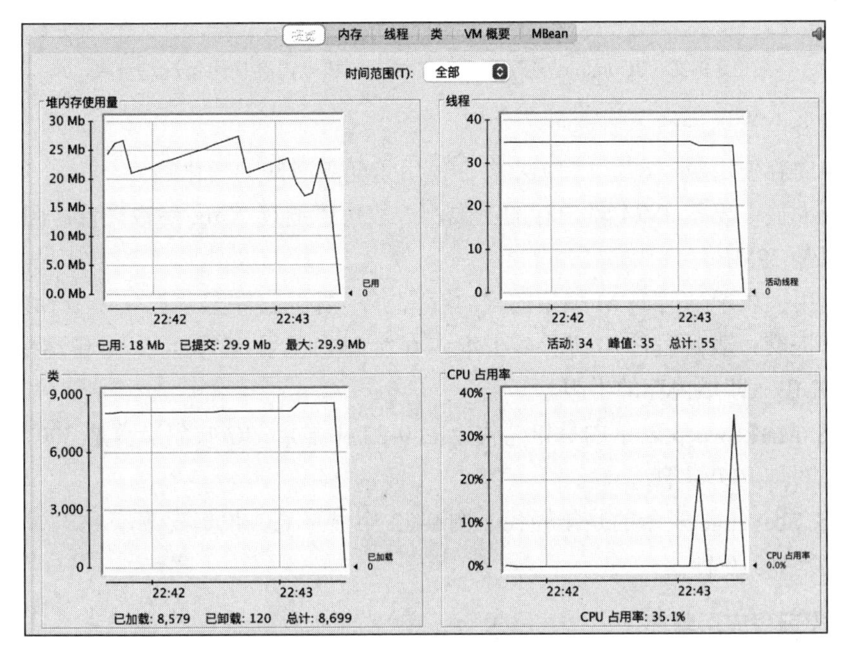

图 9-21　JConsole 监控的主页面

图 9-21 中显示的是堆内存使用量、CPU 占用率、线程以及类加载数。在 JConsole 工

具中也可以看到 GC 收集的时间以及次数。继续对程序发送高并发请求后，就可以查看 GC 收集的次数以及堆内存使用情况的趋势，如图 9-22 所示。

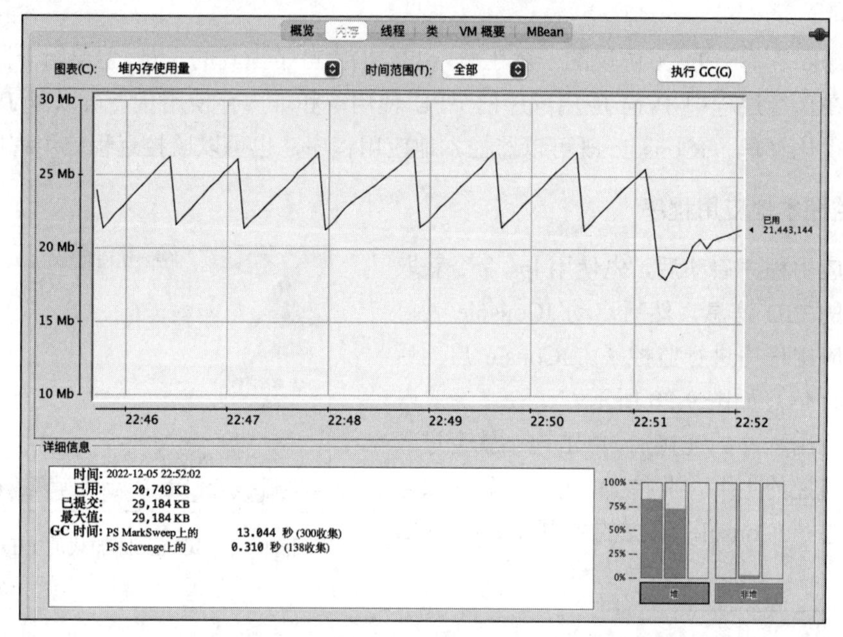

图 9-22　JConsole 中查看 GC 收集次数和堆内存使用情况趋势

下面对各个指标进行详细说明。

- ☑ 堆内存使用量：显示了 JVM 内存使用量随着时间的变化趋势。
- ☑ 最大值：表示 JVM 堆内存的上限，一般可以通过-Xmx 参数设置，图 9-22 中上限是 29MB。
- ☑ 已用：表示当前 JVM 使用的堆内存大小，图 9-22 中显示已使用 20MB。
- ☑ 已提交：表示程序申请了多少堆内存空间来使用，图 9-22 中申请的堆内存是 29MB，即堆内存的上限。
- ☑ PS MarkSweep 表示的是年老代，图 9-22 中显示 GC 收集次数是 300，垃圾回收时间是 13.044 秒。
- ☑ PS Scavenge 表示的是年轻代，图 9-22 中显示 GC 收集次数是 138，垃圾回收时间是 0.310 秒。

2．监控远程应用程序

下面详细介绍通过 JConsole 远程监控应用程序。首先启动应用程序，需要忽略 SSL，以及指定连接的端口，具体信息如下。

```
java -Djava.rmi.server.hostname=101.43.158.84 -Dcom.sun.management.
jmxremote -Dcom.sun.management.jmxremote.port=9004 -Dcom.sun.management.
jmxremote.authenticate=false -Dcom.sun.management.jmxremote.ssl=false
-jar -Xms128m -Xmx128m -XX:PermSize=128M -XX:MaxPermSize=256M DBPlus-
0.0.1-SNAPSHOT.jar
```

应用程序启动成功后，在 JConsole 中选择远程连接，先在远程进程中填写 IP 地址和端口号，如图 9-23 所示。

然后单击“连接”按钮，如此操作就会远程连接到具体的应用程序，远程连接成功后界面如图 9-24 所示。

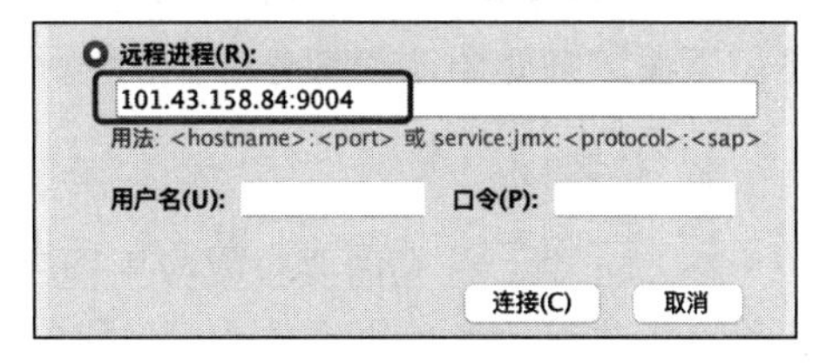

图 9-23　填写远程连接信息

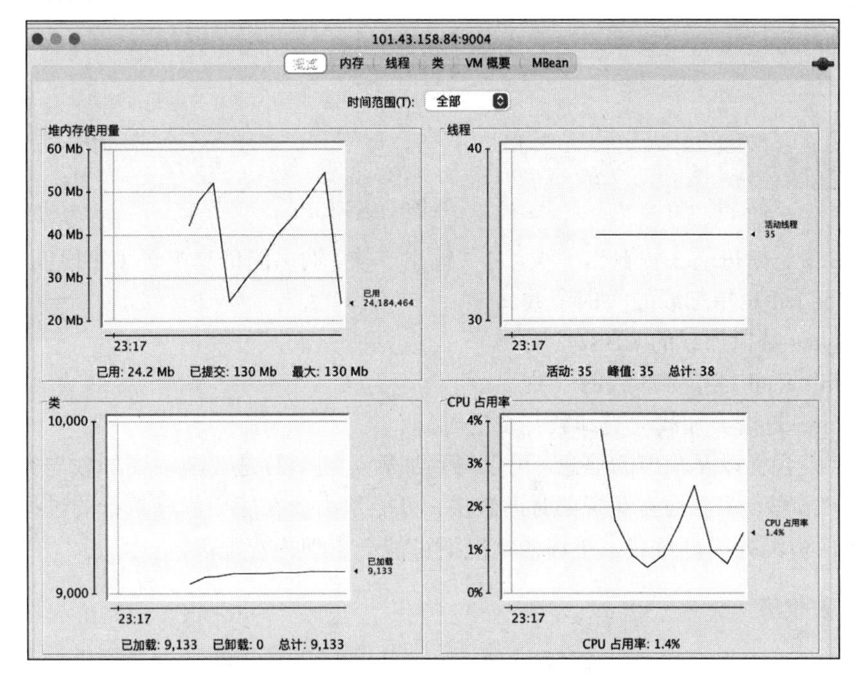

图 9-24　JConsole 远程连接成功后界面

接下来可以先运行具体的程序，然后针对 JVM 进行可视化的资源监控。

9.2.7　jstat 监控

jstat 是 JVM 中的一个命令行工具，使用 jstat 能够查看类装载以及应用程序垃圾收集的信息。在控制台中执行 jstat --help 命令就会显示 jstat 的帮助信息，输出信息如下。

```
[root@k8s-node1 ~]# jstat --help
invalid argument count
Usage: jstat -help|-options
       jstat -<option> [-t] [-h<lines>] <vmid> [<interval> [<count>]]
```

在 options 中使用-class 命令可以查看类加载信息，使用-gc 命令可以查看垃圾回收信息。下面详细介绍这两部分的案例应用。

1. 类装载

在 jstat 中，首先需要获取应用程序的 pid，结合 jstat 命令行工具就能获取运行中的应用程序类装载信息。执行命令以及执行命令后的输出信息如下。

```
[root@k8s-node1 ~]# jps -l | grep DBPlus-0.0.1-SNAPSHOT.jar
23077 DBPlus-0.0.1-SNAPSHOT.jar
[root@k8s-node1 ~]# jstat -class 23077 3000 5
Loaded  Bytes  Unloaded  Bytes     Time
  8339 15336.8        0     0.0       9.26
  8339 15336.8        0     0.0       9.26
  8339 15336.8        0     0.0       9.26
  8339 15336.8        0     0.0       9.26
```

如上命令是指每隔 3 秒输出一次，总共输出 5 次。输出的信息中每个字段的含义如下。

- ☑ Loaded 是指加载的类的个数。
- ☑ Bytes 是指加载的 KBS。
- ☑ Unloaded 是指类卸载的个数。
- ☑ Time 是指类加载与类卸载花费的时间。

根据字段含义以及输出的信息，可以得到加载类的个数是 8339，类加载与类卸载花费的时间是 9.26 秒。相对而言花费的时间较多，可能是由于在应用程序执行的过程中程序的内存与 CPU 资源处于高负载，更坏的情况下可能会出现内存泄露。

2. 垃圾收集

下面通过 jstat 命令行工具查看应用程序执行过程中的垃圾收集信息。执行命令以及执行命令后的输出信息如下。

```
[root@k8s-node1 ~]# jstat -gc 23077 3000 5
 S0C     S1C     S0U     S1U       EC        EU         OC          OU         MC       MU
CCSC    CCSU    YGC      YGCT     FGC     FGCT      GCT
12288.0  12800.0   0.0     448.0   219136.0  44959.3    50176.0       23180.8
48472.0 45206.7 6232.0 5634.5     17     0.283    2       0.324    0.607
12288.0  12800.0   0.0     448.0   219136.0  46330.8    50176.0       23180.8
48472.0 45206.7 6232.0 5634.5     17     0.283    2       0.324    0.607
12288.0  12800.0   0.0     448.0   219136.0  47691.3    50176.0       23180.8
```

```
48472.0 45206.7 6232.0 5634.5    17    0.283   2      0.324    0.607
12288.0  12800.0   0.0    448.0   219136.0  50438.4    50176.0      23180.8
48472.0 45206.7 6232.0 5634.5    17    0.283   2      0.324    0.607
12288.0  12800.0   0.0    448.0   219136.0  51801.0    50176.0      23180.8
48472.0 45206.7 6232.0 5634.5    17    0.283   2      0.324    0.607
```

上面命令的含义是每隔 3 秒输出一次，共输出 5 次。每个字段的含义如下。

☑ SOC 与 SOU 是指 SO 的总量与使用量。
☑ S1C 与 S1U 是指 S1 的总量与使用量。
☑ EC 与 EU 是指 Eden 区的总量与使用量。
☑ OC 与 OU 是指 Old 区的总量与使用量。
☑ MC 与 MU 是指 Metaspace 的总量与使用量。
☑ CCSC 与 CCSU 是指压缩类空间的总量与使用量。
☑ YGC 与 YGCT 是指 YoungGC 的次数与时间。
☑ FGC 与 FGCT 是指 FullGC 的次数与时间。
☑ GCT 是指总 GC 的时间。

9.2.8　GC 日志

在应用程序中也可以通过打印 GC 日志来分析导致应用程序内存泄露等问题的原因。下面介绍 GC 日志的打印以及 GC 日志的分析。

1．GC 日志打印

可以通过在 IDEA 的 VM options 中填写命令行的方式来打印 GC 的日志，如下是打印 GC 日志的常用命令。

☑ -XX:+PrintGCDetails 是指打印 GC 的详细日志信息。
☑ -XX:+PrintGCTimeStamps 是指打印 GC 的时间戳。
☑ -XX:+PrintGCDateStamps 是指打印 GC 的开始时间。
☑ -Xloggc:$CATALINA_HOME/logs/gc.log 是指将 gc 日志输出到 gc.log 文件中。
☑ XX:+PrintHeapAtGC 是指发生 GC 时打印堆的使用情况。
☑ -XX:+PrintTenuringDistribution 是指发生 GC 时打印新生代年龄的分区。

在 IDEA 的 VM options 中加入如下命令，应用程序执行时会打印 GC 日志信息，同时把 GC 的日志信息输出到当前目录下的 gc.log 文件中。

```
-XX:+PrintGCDetails
-XX:+PrintGCTimeStamps
```

```
-XX:+PrintGCDateStamps
-Xloggc:./logs/gc.log
```

执行应用程序的过程中会输出 GC 日志，GC 日志是基于 ParallerGC 的日志格式，如下是输出的部分 GC 日志。

```
2022-11-10T21:51:27.906-0800: 0.430: [GC (Allocation Failure) [PSYoungGen:
8696K->1003K(9728K)] 8696K->1629K(31744K), 0.0019427 secs] [Times: user=
0.01 sys=0.01, real=0.00 secs]
```

在以上 GC 日志中能获取发生 GC 的原因是 Allocation Failure，垃圾回收所消耗的时间为 0.0019427 秒，Young 区总的大小为 9728KB。

下面来看如下部分 GC 日志内容。

```
2022-11-10T21:51:28.822-0800: 1.347: [Full GC (Metadata GC Threshold)
[PSYoungGen: 624K->0K(8192K)] [ParOldGen: 10966K->6765K(22016K)] 11591K->
6765K(30208K), [Metaspace: 20210K->20210K(1067008K)], 0.0217789 secs]
[Times: user=0.07 sys=0.00, real=0.02 secs]
```

从以上 GC 日志信息可以发现，导致 Full GC 的原因是 MetaSpace 空间不够。

相对而言，根据输出的 gc.log 文件来分析 GC 不是很高效，很难得出吞吐量以及 GC 消耗的时间。下面介绍通过可视化的方式来分析 GC 日志。

2. 分析 GC 日志

1）gceasy 分析 GC 日志

打开 https://gceasy.io/网站，加载 gc.log 日志文件后，就会显示 GC 吞吐量与响应时间的信息，如图 9-25 所示。

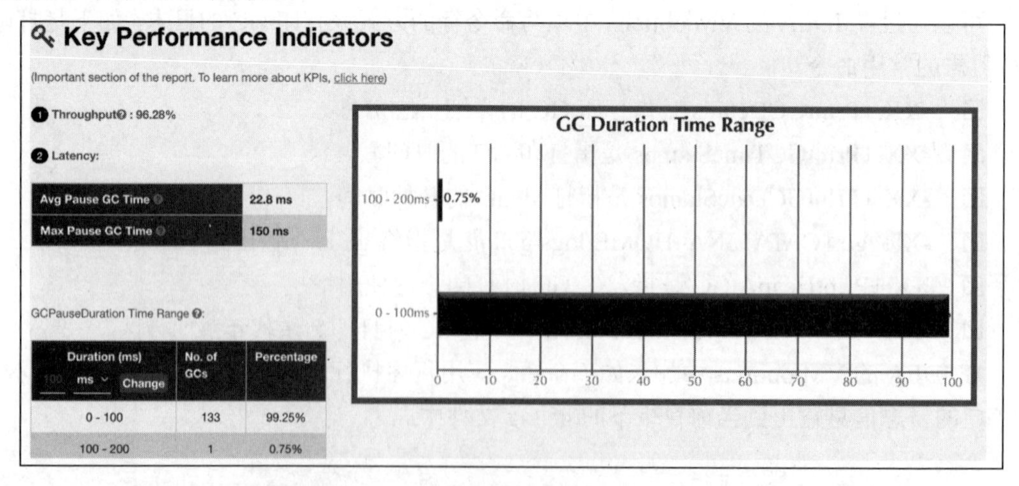

图 9-25　gceasy 分析 GC 吞吐量与响应时间

我们也可以查看是什么原因导致了 GC，如图 9-26 所示。

GC Causes

(What events caused GCs & how much time they consumed?)

Cause	Count	Avg Time	Max Time	Total Time
Ergonomics	60	46.5 ms	150 ms	2 sec 790 ms
Allocation Failure	70	2.57 ms	10.0 ms	180 ms
Metadata GC Threshold	4	22.5 ms	70.0 ms	90.0 ms

GC Causes (Total Time)

2 sec 790 ms

180 ms

90.0 ms

Ergonomics　Allocation Failure　Metadata GC Threshold

图 9-26　显示导致 GC 的原因

2）GCViewer 分析 GC 日志

下载 gcviewer-1.37-SNAPSHOT.jar 工具后，先在控制台中输入 java -jar gcviewer-1.37-SNAPSHOT.jar 运行 GCViewer，然后打开 gc.log 文件，单击 Summary 查看 GC 日志的概要信息，如图 9-27 所示。

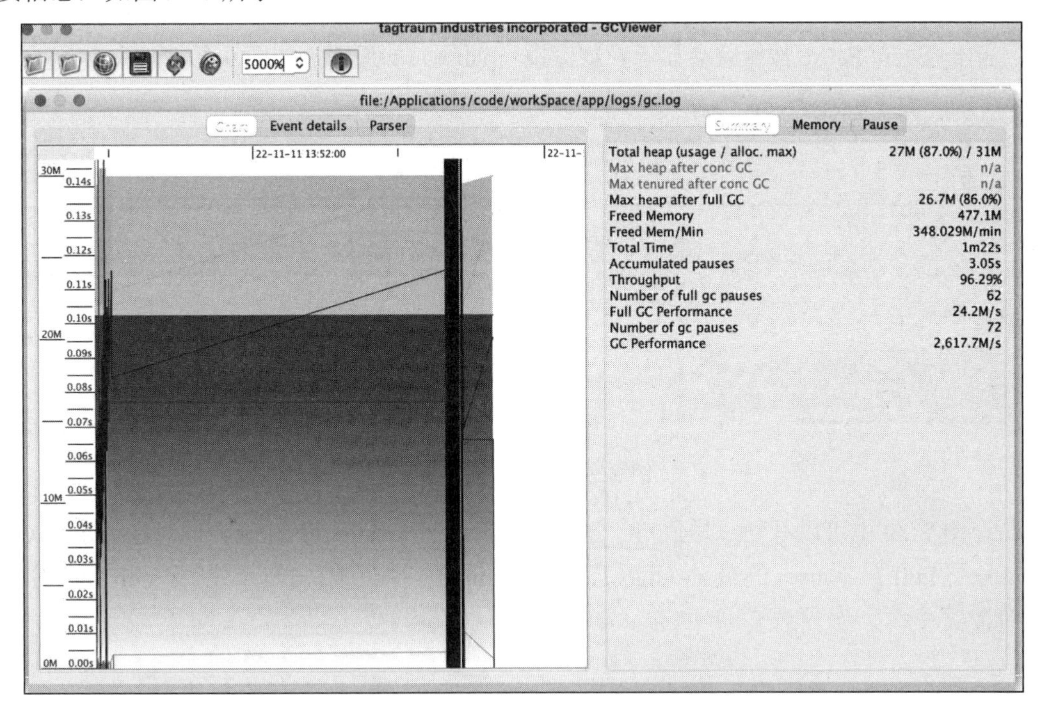

图 9-27　GCViewer 中 GC 日志的概要信息

在图 9-27 中显示的吞吐量（Throughput）是 96.29%。单击 Memory 按钮显示的是内存信息，单击 Pause 按钮显示的是停顿响应时间，如图 9-28 所示。

Total pause

Accumulated pauses	3.05s
Number of pauses	134
Avg Pause	0.02276s (σ=0.02559)
Min / Max Pause	0.00082s / 0.1479s
Avg pause interval	0.61845s (σ=6.00387)
Min / max pause interval	0.001s / 69.078s

Full gc pauses

Accumulated full GC	2.89s (94.9%)
Number of full gc pauses	62
Avg full GC	0.04668s (σ=0.01848)
Min / max full gc pause	0.02178s / 0.1479s
Min / max full gc pause interval	0.039s / 70.517s

Gc pauses

Accumulated GC	0.16s (5.1%)
Number of gc pauses	72
Avg GC	0.00216s (σ=0.00186)
Min / max gc pause	0.00082s / 0.01338s

图 9-28　GC 停顿响应时间

在图 9-28 中可以看到，平均停顿（Avg Pause）响应时间是 0.02276s，最大停顿（Max Pause）响应时间是 0.1479s，其中，GC 的平均停顿（Avg GC）响应时间是 0.00216s，最小停顿（Min gc pause）响应时间是 0.00082s，最大停顿（max gc pause）响应时间是 0.01338s。

单击 Event Pause 按钮就会显示导致停顿（pause）的原因，如图 9-29 所示。

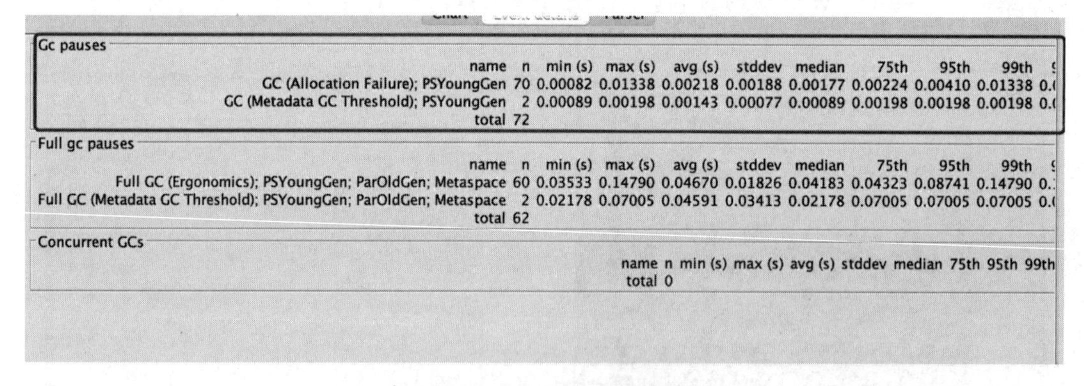

Gc pauses

name	n	min (s)	max (s)	avg (s)	stddev	median	75th	95th	99th
GC (Allocation Failure); PSYoungGen	70	0.00082	0.01338	0.00218	0.00188	0.00177	0.00224	0.00410	0.01338
GC (Metadata GC Threshold); PSYoungGen	2	0.00089	0.00198	0.00143	0.00077	0.00089	0.00198	0.00198	0.00198
total	72								

Full gc pauses

name	n	min (s)	max (s)	avg (s)	stddev	median	75th	95th	99th
Full GC (Ergonomics); PSYoungGen; ParOldGen; Metaspace	60	0.03533	0.14790	0.04670	0.01826	0.04183	0.04323	0.08741	0.14790
Full GC (Metadata GC Threshold); PSYoungGen; ParOldGen; Metaspace	2	0.02178	0.07005	0.04591	0.03413	0.02178	0.07005	0.07005	0.07005
total	62								

Concurrent GCs

name	n	min (s)	max (s)	avg (s)	stddev	median	75th	95th	99th
total	0								

图 9-29　导致停顿的原因

在图 9-29 中可以看到，导致 GC 停顿的原因是 Allocation Failure，同时也显示了 GC pauses 与 Full gc pauses 的最大（max）、最小（min）、中位数（avg），以及 99th 的百分位耗时情况。

第 10 章 微服务质量体系保障

随着微服务架构在企业中的大规模落地，作为测试开发工程师需要掌握微服务架构内部的细节知识与质量体系建设。通过对本章内容的学习，读者可以掌握以下知识。

☑ 微服务架构演变的过程。
☑ 微服务架构下通信模式。
☑ 微服务架构下服务注册与发现机制。
☑ 微服务架构下质量体系建设。
☑ 微服务架构下质量保障策略与实施过程。
☑ 微服务架构下稳定性体系建设策略。

10.1 微服务架构的前世今生

微服务架构与单体架构相比，不仅是架构上的颠覆，更是使用架构的思维模式颠覆了新的商业思维。与传统单体架构产品相比，使用 SaaS 化的架构模式，可以通过租户订阅的模式来服务客户，这样的优势是将底层服务进行了共享，同时实现一个产品服务众多的用户。基于微服务架构的产品重新定义了组织模式让企业更好地应对面向未来的战略调整，从而赢得更大的市场。

1. 什么是微服务

微服务通俗地讲，就是使用一套小服务来开发单个应用程序，每个微服务都运行在独立的进程中，微服务采用的是轻量级的通信模式，并且微服务通过容器化的方式来实现自动化部署。微服务中的“微”是一种设计思想，不能使用代码数量的多少或者开发时间的占比多少来衡量它。

2. 微服务的诞生背景

早期的架构模式主要是以单体架构为主，这种架构模式无法适应市场的快速迭代和针对产品进行快速地扩展。因此，基于市场的快速交付、敏捷开发模式的落地和容器技术的发展，也相应地催生了微服务架构在企业的落地。微服务架构快速落地的背景如下。

☑ 互联网行业的发展速度导致需要快速交付来应对用户的变化。

☑ 敏捷开发模式的落地和应用，即快速迭代、快速交付，用最小的代价来做最快的迭代，进行频繁的修改、测试和上线。

☑ Docker 以及 K8S 容器技术的发展，解决了微服务架构部署困难的问题，特别是容器技术的发展，在真正意义上解决了微服务架构在企业落地的“最后一公里”的问题。

3．微服务的特点

与单体架构相比，微服务架构的特点如下。

☑ 单一职责，根据业务的独立性设计成一个微服务，如登录业务是一个服务、支付业务是一个服务、订单业务是一个服务。

☑ 微服务中采用轻量级的 REST API 或者 RPC 通信模式。

☑ 每个微服务进程之间都是独立的，微服务与微服务之间互相隔离，互相不会有任何的干扰。

☑ 每个微服务都有自己的数据库。

☑ 微服务架构中可以采用多种技术选型，如登录服务使用 Go 语言、支付服务使用 Java 语言，而订单服务使用 Python 语言。技术多样性，选择也可以有更多的扩展性。

4．互联网架构演变

微服务架构经历了从单体架构逐步演变的过程，简单来说，从单体架构演变成垂直架构，再从垂直架构演变成 SOA 架构，最后演变成微服务架构。互联网架构的演变过程如图 10-1 所示。

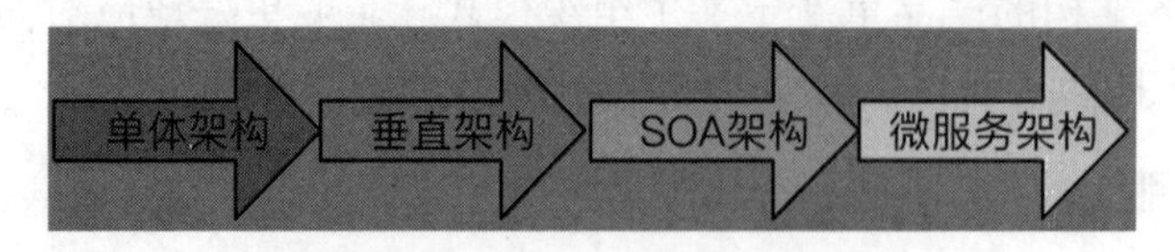

图 10-1　互联网架构的演变过程

在单体架构中各个模块间是紧耦合的关系，系统中的各个模块运行在一个进程中，系统在进行升级以及问题修复时都需要重新启动整个应用程序，如果其中某个模块存在问题，就会导致系统整体不可使用。从质量管理角度而言，单体架构的产品在测试资源投入的成本上是比较高的。如开发某在线课堂的系统，基于单体架构的思想，会把前后端看成是一个系统的属性，它的整体架构如图 10-2 所示。

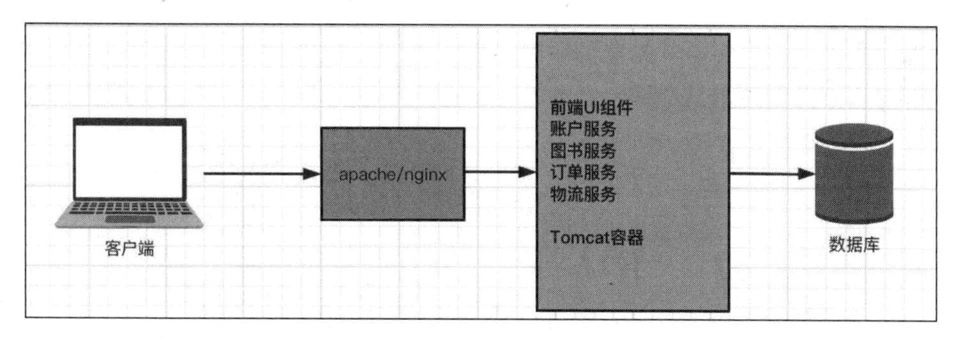

图 10-2　单体架构

单体架构也有它的优势，如开发模式简单，开发人员都可以在一个模块中开发相关的业务功能，而且容易部署，同时在单体架构中可以轻松地实现缩放，即可以将应用程序的单一程序复制到多个运行的终端来设置负载均衡。在垂直架构中会针对单体架构进行业务模块的拆分，这样会导致数据的冗余问题，因此业务之间需要进行数据同步来解决该问题。SOA 架构是在垂直架构的基础上把系统分为系统层、访问层、服务层和数据层，它的核心思想是先把重复性的功能抽取成对应的服务，然后通过 ESB 服务总线进行访问。

5．微服务访问模式

在微服务架构中会针对业务的特性把一个大的服务拆分成一个独立的服务，服务与服务之间是通过轻量级的 REST API 通信方式进行通信的，同时每个微服务都有自己独立的数据库来存储数据。图 10-3 显示的是微服务架构下客户端与服务端的交互模式。

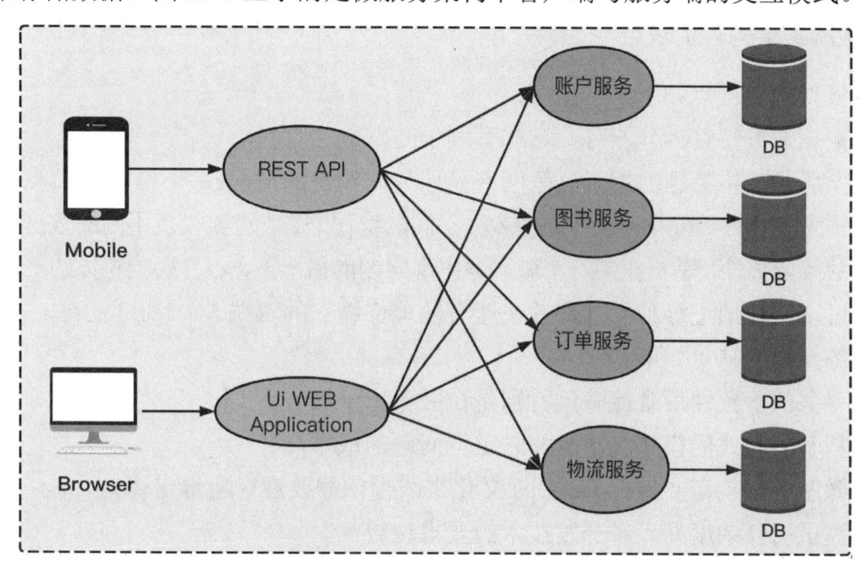

图 10-3　微服务架构下客户端与服务端的交互模式

在微服务架构中为了不暴露服务端的 API，引入了网关调用（见图 10-4），这样做的优势是针对客户的的请求只暴露一套 API，方便客户端的统一调用和 API 管理。

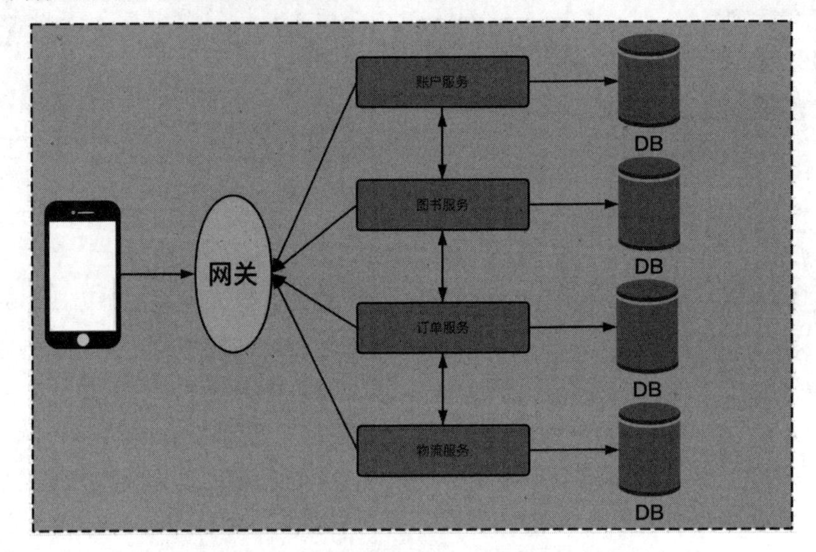

图 10-4　微服务架构中引入网关调用

如图 10-4 所示，在微服务架构中引入了网关，统一了访问的入口。网关的核心是所有的客户端请求都会通过统一的网关接入微服务，在网关层处理所有的非业务功能。网关也可以通过提供 REST API 通信的方式被访问。

6．微服务架构的优缺点

微服务架构的优点如下。

☑　根据业务特性拆分服务，这样有利于开发。

☑　微服务架构特别适用于互联网产品迭代周期快的情况。

☑　技术多样性，微服务允许选择多种不同的编程语言、框架以及不同的数据存储引擎。

☑　故障隔离性，是指在某一个微服务出现问题的情况下，不会影响整体的产品可用性。

☑　可以快速地进行独立部署并快速有效地伸缩它的资源。

微服务架构的缺点如下。

☑　服务的一致性很难保障，特别是在服务原子性方面。

☑　基于分布式的模式在出故障时定位问题的成本高。

☑　微服务架构需要结合 DevOps 文化来践行，需要遵守康维定律。

☑　测试的复杂度高，对开发技术的要求也较高。

7. 微服务的通信

在微服务架构模式中，服务部署在多个不同终端的服务器上，通过协作的模式处理客户端的请求，服务之间的调用链关系如图 10-5 所示。

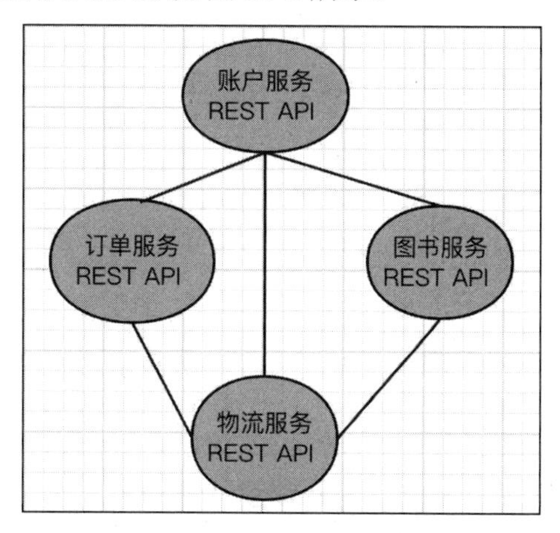

图 10-5 微服务架构中服务之间的调用链

在服务之间调用的通信模式中，主要分为同步通信和异步通信，下面详细介绍同步通信与异步通信在微服务架构中的应用。

1）同步通信

在同步通信机制中，客户端发送请求后必须得到服务端的回应，如图 10-6 所示为通过可视化的方式来展示同步通信中服务与服务之间的交互。

图 10-6 微服务架构中的同步通信模式

在图 10-6 中，订单服务发送请求给图书服务，如果图书服务不可用就会导致订单服务超时，订单服务与图书服务之间的耦合关系导致图书服务在不可用的情况下订单服务也是不可用的，此时可以使用 Hystrix 来解决这个问题。在实际的业务形态中，客户端发送请求后更多的是多个服务之间的交互，如下单购买书籍的业务流程，涉及的链路是在图书有库存的情况下才可以提交支付请求，交互流程如图 10-7 所示。

在微服务架构中很多时候需要考虑多服务的实例，如果是单一的服务实例，在服务出现不可用情况下就会导致业务链路请求出现堵塞，从而引发其他的问题。所以一般使用多服务实例的模式解决这个问题，这样设计的好处是，在主服务出现异常的情况下可以切换到备用的服务中。

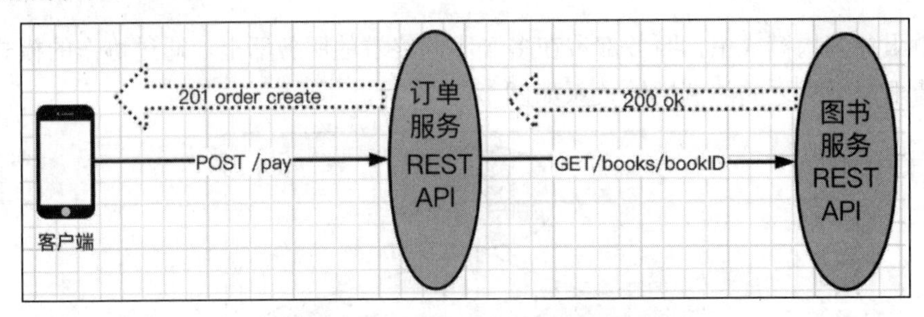

图 10-7　微服务架构中多服务请求交互流程

2）异步通信

异步通信主要是基于消息代理来实现客户端与服务端之间的通信，如订单服务与图书服务异步通信模式交互，如图 10-8 所示。

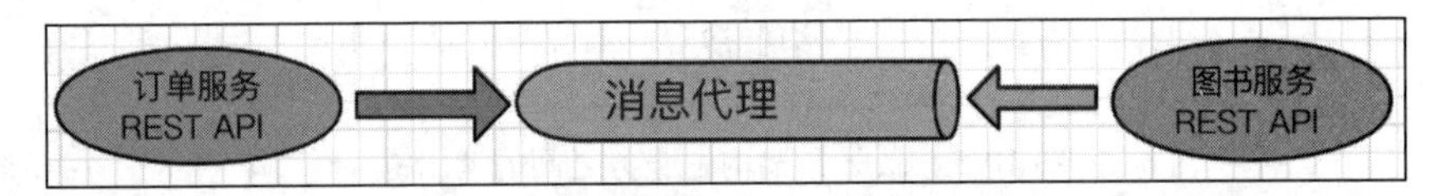

图 10-8　微服务架构中的异步通信模式

在异步通信机制中，会存在一对一的通信方式，也会存在一对多的通信方式。异步通信主要基于主流的消息代理 RabbitMQ 等来实现发布/订阅。

10.2　微服务的注册与发现机制

1. 服务发现需求

在传统的应用程序架构中，应用服务的 IP 地址和端口是固定的，这样客户端向服务端发送请求时就清楚具体的请求地址。但是在微服务架构模式中，IP 地址和端口不是静态的，这就带来了管理成本。具体来说，在微服务架构中每个微服务都是独立部署的，而且针对每个微服务都会通过多个服务的实例部署模式来提供分布式应用程序的扩展性。因此服务的 IP 地址是动态的，在进行缩放时会频繁地更改，这样导致的结果是客户端发送请求后不清楚服务端的 IP 地址和端口，从而导致访问出现问题。

微服务架构中的服务发现需求如图 10-9 所示。由于服务的 IP 地址是动态的，因此客户端在这种模式下向服务端发送请求时就不清楚被请求服务的 IP 地址是多少，从而导致请求出现问题。

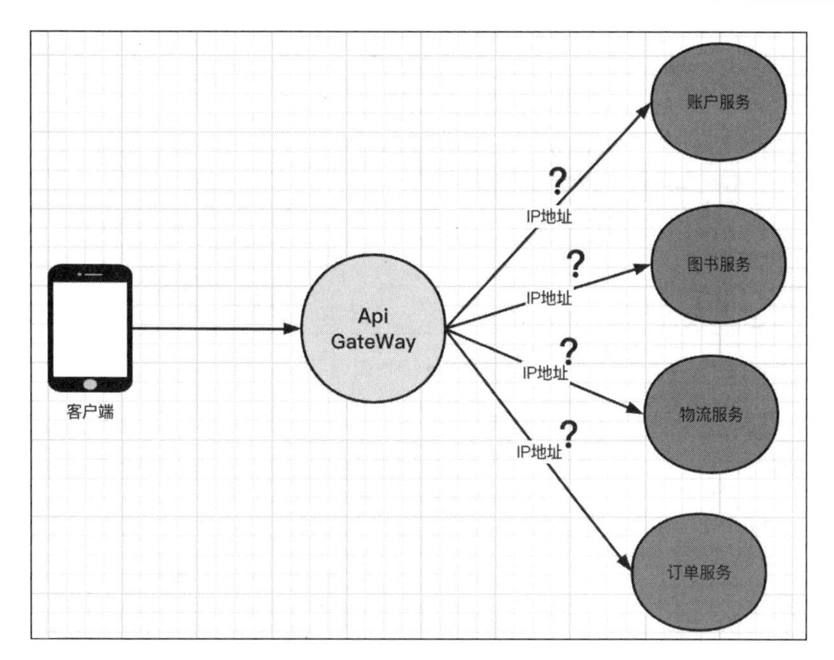

图 10-9　微服务架构中服务发现需求

2．服务发现方式

针对微服务架构中服务的动态 IP 配置属性问题，可以通过客户端发现模式和服务端发现模式来解决。在客户端发现模式中，客户服务通过查询服务注册处来查找被请求服务实例的位置。服务端发现模式是指客户端发送请求后再查询服务注册处，在服务注册处查询到被请求服务的 IP 地址后就可以针对服务发送具体的请求了。

3．服务注册与发现实战

在 Spring Boot 的组件中，可以使用 Eureka 实现服务的注册与发现，整体的交互如图 10-10 所示。

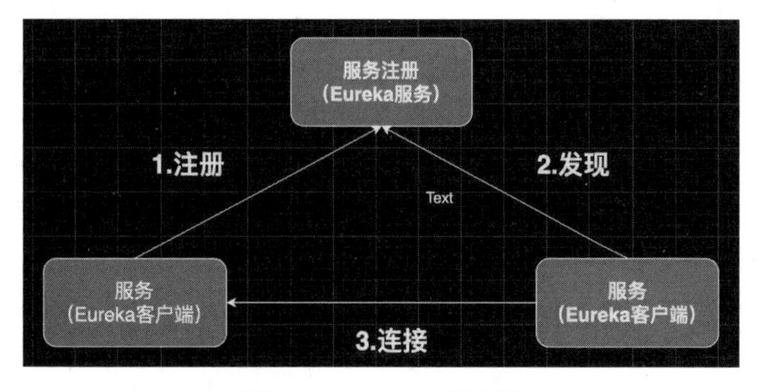

图 10-10　Eureka 交互图

在 IDEA 中创建 maven 项目，项目名称是 app，先删除 app 项目 src 文件夹下的所有文件，然后单击 File→New→Module，如图 10-11 所示。

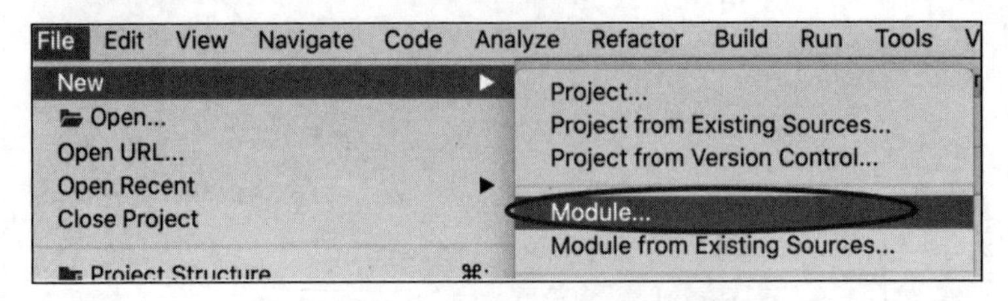

图 10-11　maven 工程新增 Module

选择 Spring Initializr，如图 10-12 所示。

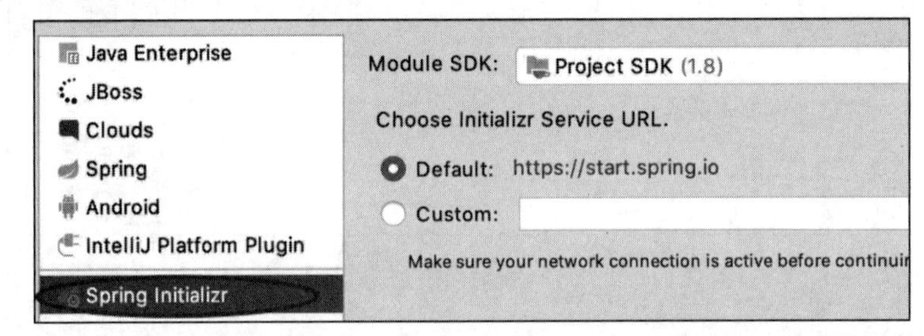

图 10-12　选择 Spring Initializr

创建 Project，名称为 eureka-server，如图 10-13 所示。

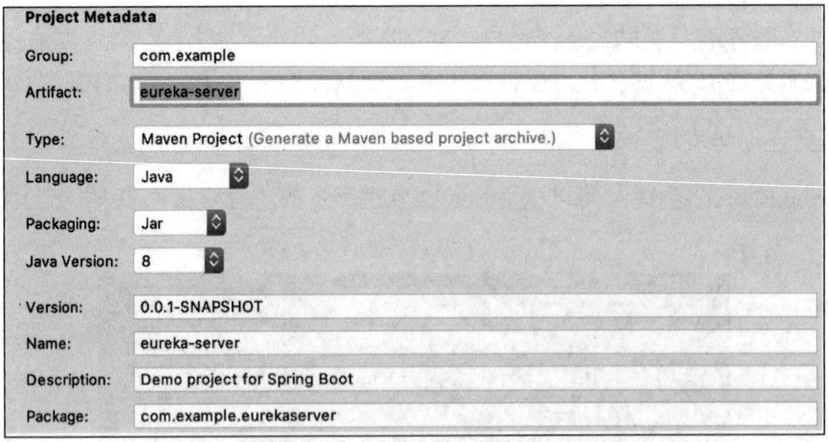

Project Metadata
Group: com.example
Artifact: eureka-server
Type: Maven Project (Generate a Maven based project archive.)
Language: Java
Packaging: Jar
Java Version: 8
Version: 0.0.1-SNAPSHOT
Name: eureka-server
Description: Demo project for Spring Boot
Package: com.example.eurekaserver

图 10-13　创建 eureka-server 项目

接着单击 next，然后在 Spring Cloud Discovery 中选中 Eureka Server 复选框，如图 10-14 所示。

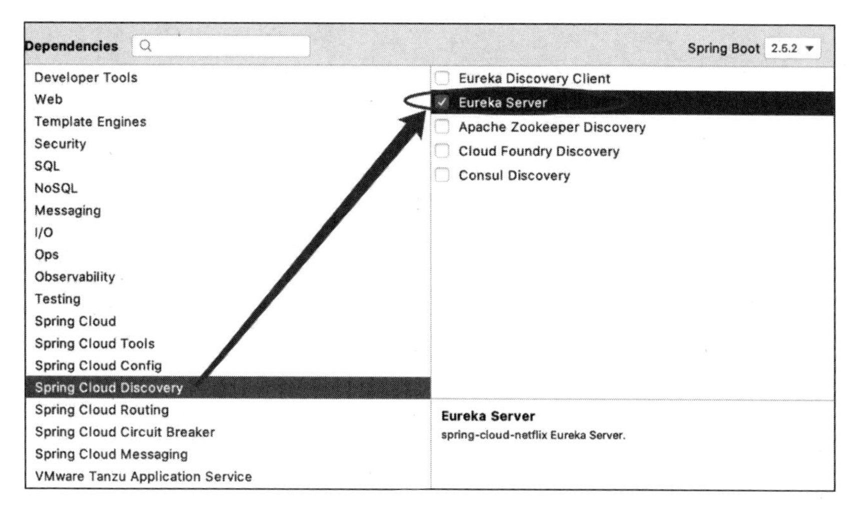

图 10-14　选中 Eureka Server 复选框

在 EurekaServerApplication 文件中新增@EnableEurekaServer，整体代码如下。

```
package com.example.demo;

import org.springframework.boot.SpringApplication;
import org.springframework.boot.autoconfigure.SpringBootApplication;
import org.springframework.cloud.netflix.eureka.server.
EnableEurekaServer;

@SpringBootApplication
@EnableEurekaServer
public class EurekaServerApplication
{

  public static void main(String[] args)
  {
    SpringApplication.run(EurekaServerApplication.class, args);
  }
}
```

把 Resource 下的 application.properties 配置文件修改为 application.yaml，在文件中新增服务端口、服务名称、服务注册 IP 地址与 URL 信息，具体信息如下。

```
server:
  #运行端口
  port: 8888
eureka:
  instance:
    #注册 IP
```

```
    hostname: localhost
  client:
    #禁止自己当作服务注册
    register-with-eureka: false
    #注册信息
    fetch-registry: true
    #注册 URL
    serviceUrl:
      defaultZone: http://${eureka.instance.hostname}:${server.port}/
eureka/
```

下面创建新的 Module，名称为 producer，启动源代码如下。

```
package com.example.producer;

import org.springframework.boot.SpringApplication;
import org.springframework.boot.autoconfigure.SpringBootApplication;
import org.springframework.cloud.netflix.eureka.EnableEurekaClient;

@SpringBootApplication
@EnableEurekaClient
public class ProducerApplication
{
  public static void main(String[] args)
  {
    SpringApplication.run(ProducerApplication.class, args);
  }
}
```

在 producer 的配置文件中新增服务注册中心的地址，以及服务名称，配置信息如下。

```
eureka:
  client:
    serviceUrl:
    #服务注册地址
    defaultZone: http://localhost:8888/eureka/
  server:
    #运行端口
    port: 8081
  spring:
    application:
    #服务注册名称
    name: provider-service
```

启动 eureka-server 服务，服务启动后在浏览器中访问 http://localhost:8888，就会显示 Eureka 服务注册中心主界面，如图 10-15 所示。

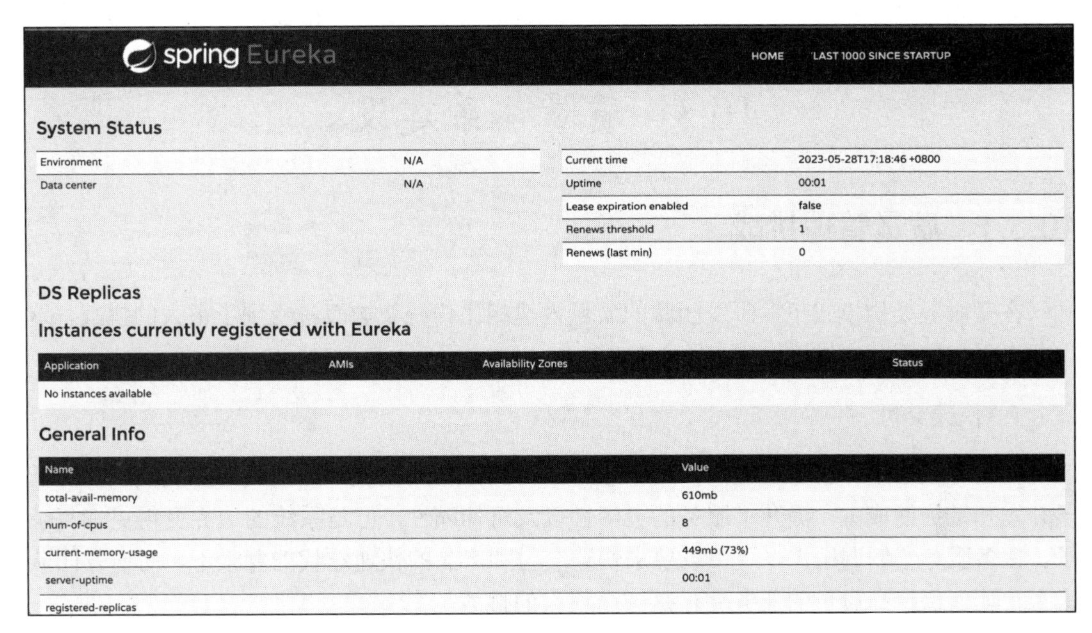

图 10-15　Eureka 服务注册中心主界面

在图 10-15 中可以看到，没有服务注册到 Eureka 服务注册中心，下面启动 PRODUCER，启动成功后 PRODUCER 服务就会注册到 Eureka 服务注册中心，如图 10-16 所示。

Instances currently registered with Eureka

Application	AMIs	Availability Zones	Status
PRODUCER	n/a (1)	(1)	UP (1) - 192.168.0.103:producer:8000

General Info

Name	Value
total-avail-memory	612mb
num-of-cpus	8
current-memory-usage	217mb (35%)
server-uptime	00:08
registered-replicas	
unavailable-replicas	
available-replicas	

Instance Info

Name	Value
ipAddr	192.168.0.103
status	UP

图 10-16　PRODUCER 服务注册到 Eureka 服务注册中心

在图 10-16 中，PRODUCER 服务把它的 URL 与端口注册到 Eureka 服务注册中心，这样当其他服务调用 PRODUCER 服务时，地址信息可以在 Eureka 中获取。

10.3　质量体系建设

10.3.1　质量管理挑战

在微服务架构模式下，研发团队的质量内建相比传统架构而言受到了很大的挑战，这主要表现在如下几个维度。

1．快速交付

在服务架构下，服务之间的调用、服务多实例分布式模式和分模块的开发模式，降低了开发和维护的成本，提升了服务的灵活性以及可伸缩性，但是系统的边界变得更加复杂了。在多服务实例调用，以及市场要求快速交付和产品的快速迭代的背景下，对研发团队来说，如何保持高质量的业务交付是一个很大的挑战。

2．服务组件化

微服务架构带来的另外一个挑战是，技术架构演变的同时组织架构也需要跟着调整，这样才符合康维定律的规则。组织架构要跟着调整主要体现在如下几个维度。

☑ 服务之间的通信成本增加，一个完整的业务链路请求会涉及众多的服务，过程中一个服务出现问题会导致排查和定位问题的成本提高。

☑ 服务调用链导致服务协作的成本非常高，如搭建一套完整的环境涉及多个不同开发人员之间的配合和众多中间件的部署以及配置。

☑ 复杂的环境导致运维的成本大幅度增加，在发生线上事故时排查以及定位问题变得更加复杂。

3．传统测试方法不再适用

单体架构的模式强调的是端到端的测试模式，这种测试思路与模式在微服务架构下要求测试人员具备全局思维以及掌握被测产品的整体架构和架构设计思路，只有在具备这点的基础上才能把测试点考虑得更加周全，当然，除了常规的测试思路，还需要思考如何保障各个组件调用链路不出现问题以及背后的业务场景的稳定性。

10.3.2　测试策略

微服务架构下的产品在进行集群化部署后，在测试时不仅需要保障常规性的业务场景，也需要保障底层服务以及数据引擎和业务涉及的中间件的可用性、稳定性和健康度以及服务之间数据的一致性，数据的持久化和数据的可用性，以及整体系统的高可用。下面主要介绍保障微服务架构下的产品质量体系的测试策略。

1. 分而治之

Mike Cohn 在其著作 *Succeeding with Agile* 中提出了测试金字塔的核心思想，即针对测试对象使用分层的思想进行测试，分层的核心思想总结如下。

（1）针对测试对象分不同层次、不同粒度的测试。

（2）测试对象的层次越高，投入的资源和成本就应该越少，更多的资源应该投入到层次低的地方。

在基于金字塔模型的基础上，测试人员可以把更多的精力应用到 API 的测试上。相对而言，针对单元测试和上层的 UI 自动化测试应投入少量的资源，这是因为 API 测试是目前提升测试效率最有效的手段之一，同时服务端测试领域能够更好地保障底层服务的稳定性、性能和服务的高可用。

2. 自动化测试

微服务架构下更加需要开展自动化测试，自动化测试的覆盖率表现在如下几个维度。

（1）在微服务架构下会搭建多个不同的测试环境来保障被测系统的测试覆盖率，因此要确保编写的测试框架能够使用一套代码在不同环境中实现智能化的测试。

（2）在测试技术的选型上，建议尽量选择主流的编程语言，如 Python、Java，可以使用多种不同层次的自动化测试技术，如 UI、API、性能、稳定性、高并发、mock 服务等。

（3）针对不同的层使用不同的测试方法，特别是针对底层服务更多需要考虑的是功能以及非功能测试用例的覆盖率，而上层测试更多考虑的是基于端到端的测试策略。

3. 循环式调整

对于即将上线的测试任务，建议多使用端到端的测试策略来保障系统整体的质量，在这个基础上针对各个服务以及服务之间的通信应使用 API 和 Mock 测试技术，从而达到不管是在产品的整体上还是局部上都能够很好地进行交付。

10.3.3 构建质量体系

1. 构建质量模型

在一个研发团队中，首要任务是构建起适用于针对本团队的研发体系流程，这个体系中包含了从需求开始一直到业务交付，以及整个过程中关键节点的掌控和测试技术的渗透来提升整体的研发效率，即在这套体系中包含关键节点、测试技术，以及产品质量监控等。微服务架构下的质量模型如图 10-17 所示。

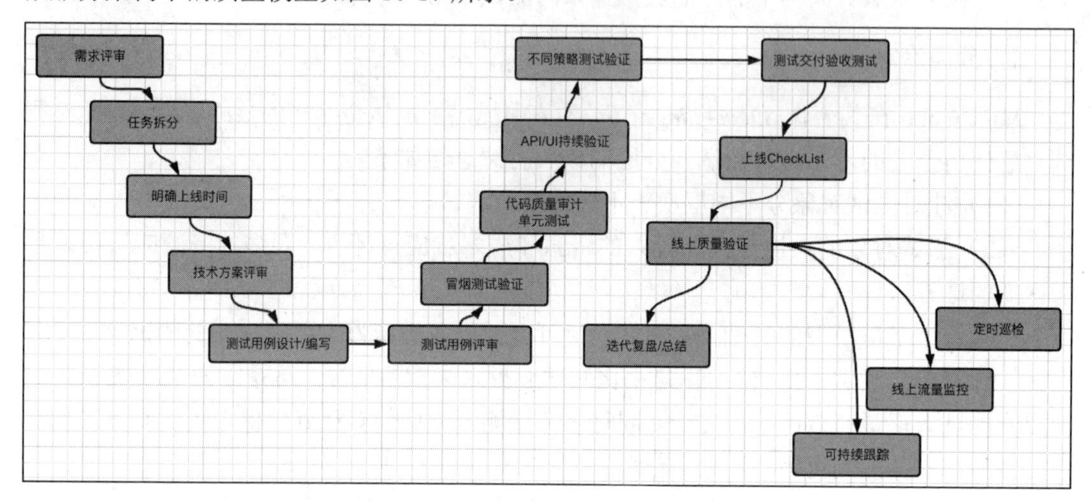

图 10-17　微服务架构下的质量模型

如图 10-17 所示的模型中包含了关键节点的掌控、测试效率的应用和针对产品线上保障的机制。

2．可持续的质量内建

质量模型的关注点是流程化、循环化的一个过程，这个过程需要测试框架化、可持续流水化，以结合不同的技术栈来搭建完整的质量保障体系。质量内建不是一蹴而就的，它需要结合具体的团队以及公司的实际情况来逐步地进行迭代和复盘总结，并完善这些过程。针对测试环境和生产环境以及基础设施，对质量内建再次进行完善，微服务下的质量内建如图 10-18 所示。

下面对图 10-18 中的测试环境、生产环境以及公司基础设施进行介绍。

（1）在测试环境中持续交付对测试而言是非常重要的环节，这样可以避免产生不必要的沟通成本。在测试环境中除了需要考虑可持续交付测试的整个过程，还需要考虑如何在测试环节中保障底层服务的稳定性和高可用，以及业务整体的可用性，从而可以放心地交付到生产环境并且最终交付给市场。

（2）生产环境中质量的持续监控、集群测试、容灾测试和安全审计，以及资源监控报警显得尤为重要。生产环境的核心是安全，以及产品的可持续性使用，所以在这个过程中就需要做到出现问题（可能是服务器本身或者是其他原因导致的问题）时能够第一时间确认问题，并且投入资源来尽快定位问题和解决问题。

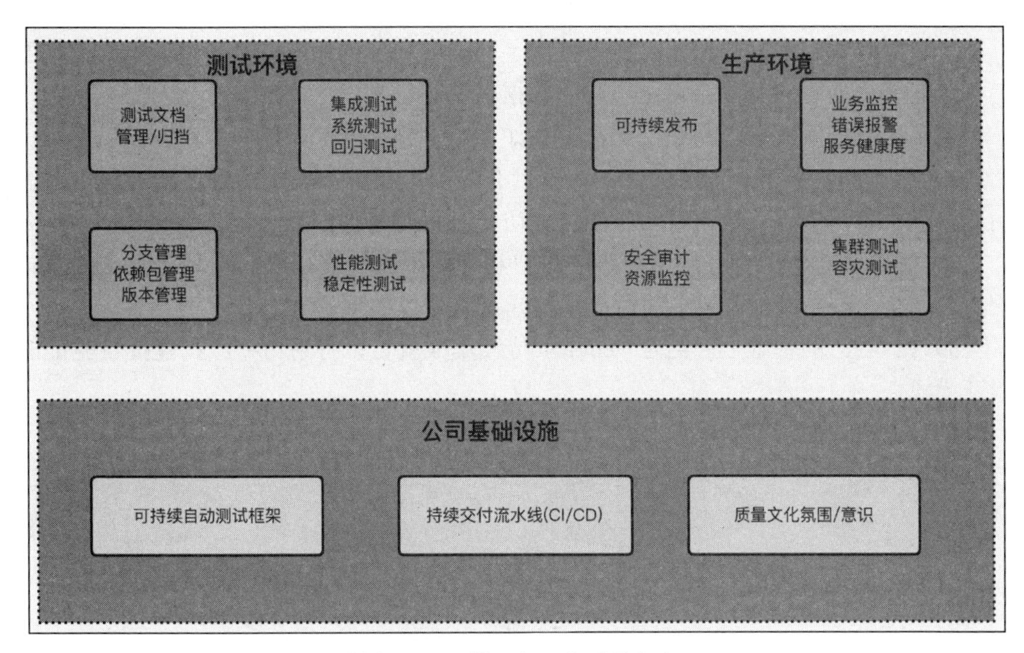

图 10-18　微服务下的质量内建

（3）公司基础设施主要包含公司的文化体系建设，以及公司底层核心技术架构高可用的建设和 DevOps 的基础设施。这部分主要体现在技术和文化氛围上，既重视产品质量和市场，也重视研发内部的质量保障团队。质量文化和氛围完全可以左右业务交付团队的效率和交付产品质量的整体情况。

10.3.4　多集群保障

1．多集群验证

在微服务架构下，会有很多的租户订阅开通产品，当租户少时，可以单独部署在一个集群中，但是集群的计算资源能力是有限的，当租户很多时，需要把租户部署在多个不同的集群中。不管是单集群还是多集群模式，底层服务是共享的，如登录服务是针对所有集群的租户，其他业务涉及的服务都是一致的。多集群不管是从业务测试的角度还是技术保障的思路（如压力测试等），都会带来很多的挑战。多集群验证测试难点总结如下。

☑　在不同的集群中，意味着每次上线都需要针对每个集群的业务进行测试，这样会导致重复的动作被执行多次，而且也提高了测试成本。

☑　在多集群的模式下，如果为了节约测试成本只验证一个集群，其他集群都不做验证，则很难保证其他集群的业务是否可用。

☑ 集群与集群之间的差异点在于使用了同一套底层的服务，但是由于集群与集群计算能力的不同可能会使用不同的数据引擎。

针对多集群的测试难点问题，解决方案如下。

（1）所有的集群都是需要验证的，不管有多少个集群，使用的底层服务是一致的，使用的数据引擎可能不一致，针对不同集群访问时每个集群的租户也是不一致的。

（2）编写测试框架把登录的租户的账户和密码单独分离出来，通过自定义的模式进行配置，结合 pytest 测试框架中的命令行解释器就可以实现。

（3）在（2）的基础上，结合 Jenkins 持续集成就可以打造可持续构建批量验证的集群验证模式。

集群验证模式如图 10-19 所示。

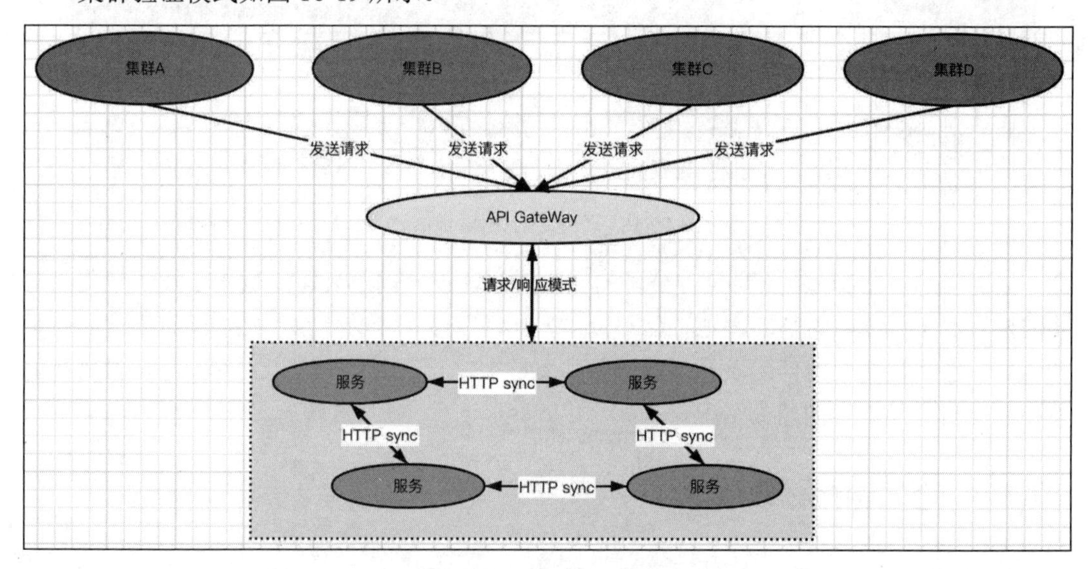

图 10-19　集群验证模式

下面以登录服务为例，使用命令行解释器把登录租户的用户名和密码单独分离出来，在实际进行调用时根据被验证的集群可以传递不同租户登录的用户名和密码，代码如下。

```
import  pytest,requests
from page.book import *
from utils.operationYaml import getUrl
from utils.operationJson import readJson

def pytest_addoption(parser):
   parser.addoption(
      '--username',action='store',default='wuya',help='myoption: type1 or
pyte2'
```

```
    )
parser.addoption(
    '--password',action='store',default='admin',help='myoption: type1 or
pyte2'
)

@pytest.fixture()
def username(request):
    return request.config.getoption('--username')

@pytest.fixture()
def password(request):
    return request.config.getoption('--password')

@pytest.fixture(name='token')
def getToken(username,password):
    r=requests.post(
        url=getUrl()+'auth',
        json=readJson(username,password)['auth'])
    return r.json()['access_token']

@pytest.fixture()
def headers(token):
    return {"Authorization":"jwt {0}".format(token),
            "Content-Type":"application/json"}

@pytest.fixture()
def init(headers,username,password):
    addBook(headers=headers,username=username,password=password)
    yield
    delBook(headers=headers)
```

这样就可以打造针对集群的可持续流水化的集群验证模式，如图 10-20 所示。

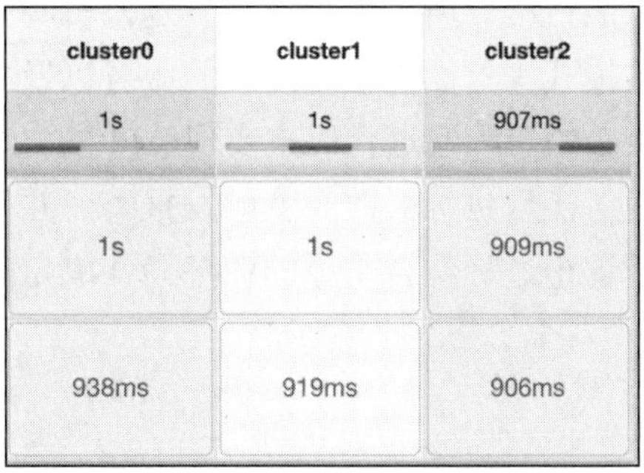

cluster0	cluster1	cluster2
1s	1s	907ms
1s	1s	909ms
938ms	919ms	906ms

图 10-20　可持续流水化的集群验证模式

2．定时巡检

针对集群化验证的模式可以打造成线上巡检的一部分，这样可以根据实际的业务诉求对线上各个集群进行健康度检查，其实现的思路是特别的简单的，只需结合 Jenkins 的构建触发器来打造可持续针对集群定时规模化的验证模式。如设置每隔 5 分钟进行集群健康度检查，集群验证定时巡检配置如图 10-21 所示。

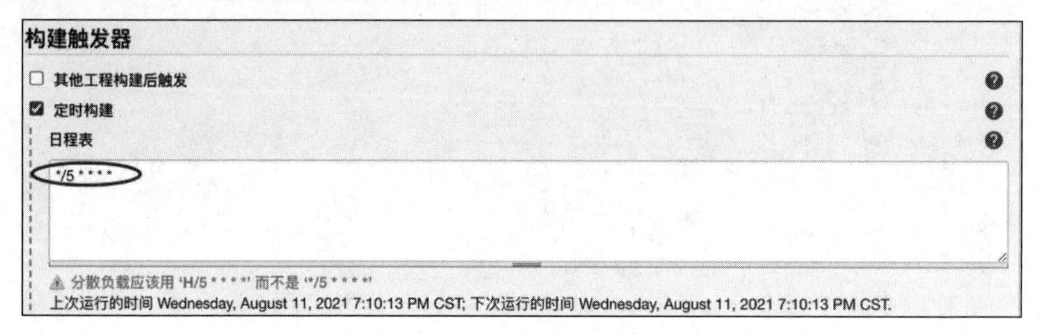

图 10-21　集群验证定时巡检配置

10.3.5　线上巡检机制

1．线上巡检需求

在 SaaS 化以及 PaaS 化的架构体系中，有众多的服务以及服务调用链涉及的 MQ 中间件、数据引擎、服务多实例部署、服务集群化部署模式，这样带来的挑战是，存在很多的不确定性，整个系统处于混沌的状态。在产品运行的过程中，如果云服务器、MQ 组件以及某个具体的服务出现了异常，那么就会影响系统中某一部分的功能。例如，针对支付业务流程而言，当部署支付服务的云服务器资源出现瓶颈，或调用支付服务时 MQ 中间件出现了超时以及支付服务在调用时超时，那么必然会影响支付业务。在微服务架构下，就以上情况而言，这是一个常态的过程。所以就需要线上巡检机制来解决这个问题。在线上巡检机制中，通过业务驱动的模式来检测过程中涉及的服务以及中间件等组件的健康度，即通过代码的方式，把系统核心的流程通过代码来实现 API 的自动化测试验证，每个点都需要它的断言方式，当某个业务流程执行失败时就触发报警，并告诉相关的人员立刻排查问题并解决问题，而且要针对这个过程结合具体的业务设计成定时机制，即每隔多久触发执行一次。

2．线上巡检技术实现

依然以图书服务为例，服务也是通过集群部署，那么就需要把登录的账户和密码通过

HOOK 函数单独地分离出来，即使用命令行解释器的模式，代码如下。

```
#! /usr/bin/env python
# -*- coding:utf-8 -*-
#author:无涯

import  pytest

def pytest_addoption(parser):
   parser.addoption(
      '--username',action='store',default='wuya',help='myoption: type1 or
type2'
   )
   parser.addoption(
      '--password',action='store',default='admin',help='myoption:type1 or
type2'
   )
@pytest.fixture()
def username(request):
   return request.config.getoption('--username')
@pytest.fixture()
def password(request):
   return request.config.getoption('--password')
```

如上代码可以写在 conftest.py 文件中。

接下来编写测试的代码，以查询所有书籍为例，在这个过程中，当结果不符合诉求时触发报警，调用钉钉开发平台的接口可以实现报警功能。具体实现的思路为先在钉钉群添加钉钉机器人，然后获取 access_token，接着调用它的 Open API，实现代码如下。

```
#! /usr/bin/env python
# -*- coding:utf-8 -*-
# author:无涯

import  requests
import json

def sendMsg():
   '''钉钉检测报警'''
   url='https://oapi.dingtalk.com/robot/send?access_token=
767cc8dd8c5469c81e6eff1f9e1ec9120d7e453214559408fcb676bdc89f2432'
   msg='服务异常,请快速检查'
   data = {
      "msgtype": "text",
      "text": {"content": msg},
```

```
        "at": {"atMobiles": ["18294342805"],"isAtAll": 0}}
    r = requests.post(url=url, json=data, headers={'Content-Type':
'application/json ;charset=utf-8'})
    print(r.status_code)

if __name__ == '__main__':
    sendMsg()
```

执行如上代码后，就会在钉钉群@具体的人，被@的人接收到报警消息后，需要立刻去排查和定位问题。钉钉触发报警如图 10-22 所示。

图 10-22　钉钉触发报警

结合被测试的代码，再整合钉钉报警代码，不满足业务特性就触发报警，完整的代码如下。

```
#! /usr/bin/env python
# -*- coding:utf-8 -*-
# author:无涯

import  requests
import json
import  pytest

def sendMsg():
    '''钉钉检测报警'''
    url='https://oapi.dingtalk.com/robot/send?access_token=
767cc8dd8c5469c81e6eff1f9e1ec9120d7e453214559408fcb676bdc89f2432'
    msg='服务异常,请快速检查'
    data = {
        "msgtype": "text",
        "text": {"content": msg},
        "at": {"atMobiles": ["18294342805"],"isAtAll": 0}}
    r = requests.post(url=url, json=data, headers={'Content-Type':
'application/json ;charset=utf-8'})
    print(r.status_code)

def test_login(username,password):
    r=requests.post(
```

```
        url='http://localhost:5000/auth',
        json={"username":username,"password":password})
    json.dump(r.json()['access_token'],open('token','w'))
    return  r.json()['access_token']

def readToken():
    return json.load(open('token'))

def test_all_books():
    r=requests.get(
        url='http://127.0.0.1:5000/v1/api/books',
        headers={'Authorization':'jwt {0}'.format(readToken())})
    if r.json()['status']!=0:
        sendMsg()
    else:pass
    assert len(r.json()['datas'])==2
```

以上代码在实际执行的过程中可以整合到 CI 的持续集成中，命令如下。

```
pytest -s -v test_saas.py  --username=wuya --password=asd888
```

线上巡检具体每隔多久执行一次，还要看具体被保障的产品的业务形态，设置的时间间隔过短会导致服务端承受很大的压力；设置的时间间隔过长会导致问题发现的周期增长。所以最好是结合具体的业务形态，和相关人员一起沟通来设置线上巡检的时间间隔。

10.3.6　稳定性体系建设

在微服务架构下服务端的稳定性体系保障是非常核心的部分，因为在这个过程中可能会发生调用的服务超时、服务器以及数据引擎的计算资源出现问题、服务雪崩，以及服务与数据库之间出现 Connection TimeOut 异常、服务本身出现 OOM 和堵塞等问题。因此服务端的稳定性体系保障是非常有必要的，针对微服务架构下服务端的稳定性保障可以沿着如下两个思路进行开展。

（1）高可用。通过测试的手段来验证服务之间依赖的性能损耗程度、服务过程中需要验证的请求超时、服务请求重试次数，以及服务层在高并发机制下的限流和排队机制。

（2）高并发。需要保障的是服务的吞吐量以及怎样提升消费者的处理速度，即消费能力。

从测试的角度而言，保障底层服务的高可用，即站在整体的产品架构和底层架构的设计上，来保障产品在功能层面以及非功能层面都能够满足用户的常规诉求和特殊场景（如大促）下的使用。

11 chapter

第 11 章 混沌工程实战

系统不仅需要提供满足用户需求的功能，同时需要带来良好的用户体验，并保障系统的稳定性，让系统可持续地提供服务。通过对本章内容的学习，读者可以掌握以下知识。

☑ 混沌工程原则与实施过程。

☑ 混沌工程在企业级的实战与应用。

11.1 混沌工程的前世今生

1. 混沌工程的历史

混沌工程发展至今已有十余年的历史了，在混沌工程领域实践最好的公司有 Netfix、阿里巴巴等，其中最具有代表性的是 Netfix 公司。Netfix 公司自 2008 年把数据中心迁移到云计算中心后就开始构建弹性计算的测试，后来逐步发展成混沌工程，难能可贵的是，该公司持续不断地在混沌工程中探索，并且成为了混沌领域的领导者和创新者。Netfix 公司在混沌工程领域的贡献不仅是最佳实践，还推出了混沌工程中最具有代表性的工具 Chaos Monkey2.0、混沌实验自动化平台 chap 以及 Chaos Mesh。在国内最具有代表性的公司是阿里巴巴，阿里巴巴开源了在混沌工程领域集大成者的工程性产品 chaosblade，本章主要的混沌工程实践都是基于该工具来展开。

2. 混沌工程的诞生背景

在微服务架构下，运行着太多的服务、中间件以及服务与中间件涉及的云服务器，对整个系统而言，保持系统的稳定性尤为重要，但是在这个过程中存在许多的不可控因素，例如，云服务器突然掉线，那么就会导致在云服务器上部署的所有服务以及中间件都不可用。事实上，即使是业内非常知名的云服务器厂商，偶尔也会报云服务器不可用的错误。因为这样的案例实在是太多了，所以开展混沌工程是非常有必要的。在微服务架构以及容器化和弹性计算逐步在企业落地的过程中，更加需要考虑不可控的因素出现时的解决方案，如数据库超时无法访问、应用程序出现内存泄露等情况。综上所述，开展混沌工程的背景总结如下。

☑ 通过使用混沌工程来保障系统在各种应急情况下出现问题时依然能够正常持续提供服务。

☑ 微服务架构、容器化和弹性计算在企业全面的落地，需要某种指导思想和技术来应对这种情况下的不稳定因素以及其他情况。

11.2　混沌工程的原则

混沌不代表杂乱无章，恰恰相反，混沌代表的是秩序以及完善的指导思想，这套独立、完整的指导思想就是混沌工程的执行原则。

1．定义稳定状态

混沌是指一个系统本身是处于稳定运行的状态，即涉及的所有服务、中间件和云服务器都是可用的。在开展混沌前首先定义稳定状态，定义稳定状态主要需要考虑的是包含系统本身以及系统中各种中间件、服务响应时间和服务的各个指标，以及业务被定义的指标。

2．定义改变现实的事件

改变现实的事件是指各种的故障以及问题，如应用程序在执行的过程中可能面临的硬件故障、网络延迟、资源耗尽、服务雪崩、数据库瘫痪、服务访问超时等问题。在执行混沌实验的过程中，不是所有的实验都可以模拟的，所以尽可能地选择有代表性的实验进行模拟并验证程序应对的解决方案。

3．在生产环境中运行

在执行混沌实验的过程中特别需要注意的是，在生产环境中运行表示不是直接在生产环境中开展混沌实验，这是非常不负责的一种行为，所以正确的做法是在测试环境中开展混沌实验。随着实验的逐步完善（针对某一应急方案有成熟的解决方案和应对措施），再逐步地在生产环境中实验，但是前提是不会给实际使用的客户带来产品体验不好的问题。

4．混沌实验持续自动化运行

在混沌实验中，手动执行方式相对而言不是很智能，并且难以持续地执行，所以在进行混沌实验时我们选择使用自动化测试的方式来持续地执行，即自动化运行混沌实验。自动化初始化混沌实验环境，自动化执行混沌实验的过程以及自动化分析混沌实验结果，如可以在整合的 CI 平台中持续地执行，打造基于混沌实验的可持续验证的流水线。

5．最小化爆炸半径

混沌实验的核心是，用假设来探索可能会造成系统故障的未知问题，这个过程含有探索的性质，在进行混沌实验时保持的原则是，能够曝光系统级别问题，又不会导致系统本身大面积的瘫痪。基于这样的前提，混沌实验的最后一个原则是保持最小化爆炸半径，既能验证问题又能缩小问题对系统的影响范围。

11.3　混沌工程实验

混沌工程的核心是对未知的问题进行验证，即先在确定性系统中验证系统的不确定性，然后促进系统的确定性。用混沌的理论来说，系统本身是稳定的，但是这中间存在混沌和无法预知的情况，所以就需要使用混沌实验在这种稳定性中通过寻找不稳定来达到一种确定性。混沌实验不是一蹴而就的，混沌实验是一个持续迭代、持续进行的过程，混沌实验的运行步骤如图 11-1 所示。

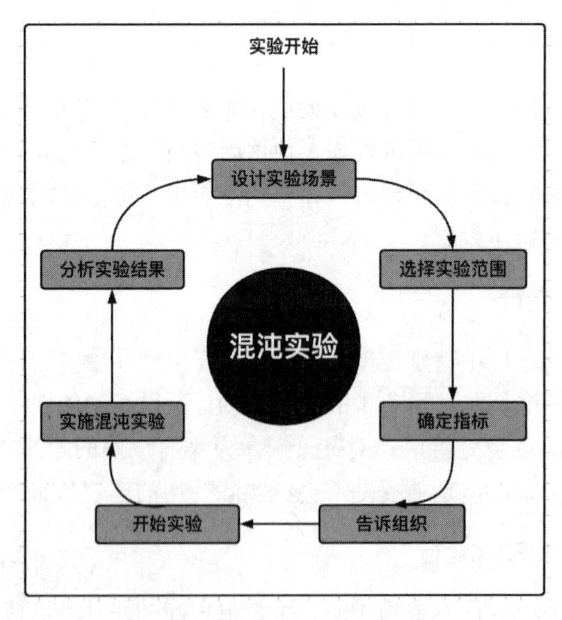

图 11-1　混沌实验的运行步骤

1. 设计实验场景

在进行混沌实验前首先要设计混沌实验的场景。例如，云服务器的 CPU 在 100%负载的情况下，系统中的服务又部署在该云服务器上，那么此时客户端向服务端发送请求，还能够得到服务端的响应吗？答案是可以的，混沌实验的目的是验证服务在不可用的情况下是否可以自动切换到新的服务实例，依然可以对客户的请求进行响应回复，从而保障服务端的可持续性使用。混沌实验场景汇总如表 11-1 所示。

表 11-1　混沌实验场景汇总

场　　景	案　　例
程序层故障	进程无故死亡、服务流量爆增、服务雪崩等
依赖关系故障	依赖服务故障、依赖 MQ 故障、依赖 DB 故障、依赖第三方 OpenAPI 故障、依赖中间件故障
网络层故障	DNS 解析出问题、网络层延迟
基础资源故障	云服务器 CPU/MEM 负载瓶颈、网盘无可用空间、I/O 读写异常、OOM、SocketTimeOut、ConnectionTimeOut 等

2. 选择实验范围

确定好混沌实验的场景后，下面可以选择具体的实验范围进行混沌实验的实施。例如模拟基础故障，在基础资源故障的情况下测试被部署在基础资源的应用程序的稳定性以及容错性。

3. 确定混沌实验的目标

在根据混沌实验选择的范围以及场景来实施实验的过程中，确定想要达成的目标，然后实施混沌实验来验证这个目标是否达成。例如，模拟基础故障的 CPU 是 100%，被部署在上面的应用程序能够自动切换到新的服务实例处理客户的请求。这个场景中要达成的目标是服务自动切换到新的实例，以及服务能够处理客户的请求。

4. 告诉组织

在实施混沌实验的过程中必然会对系统的稳定性造成影响，所以在实施混沌实验前需要把混沌实验执行的场景、混沌实验的范围、混沌实验可能造成的影响范围，以及什么时候开始执行混沌实验、预计什么时候结束混沌实验这些信息告知团队中相关的人员。同时在混沌实验实施结束后，也需要将混沌实验的结果和改进的技术、可落地的方案告诉团队。

5. 实施混沌实验

实施混沌实验时可以选择业界成熟的工具或者平台，如 Netfix 和阿里巴巴的混沌工程工具。

6. 分析混沌实验结果

实施混沌实验结束后，梳理混沌实验实施过程中涉及各个系统以及服务器的指标数据、混沌实验的结果，并对混沌实验的结果给出解决方案和需要改进的技术方案。

11.4 混沌工程实践

前面详细地介绍了混沌工程原则以及混沌工程实验的步骤，下面介绍混沌工程实践，这里主要以阿里巴巴的混沌工程工具 chaosblade 为例进行介绍。

11.4.1 chaosblade 环境搭建

在 https://github.com/chaosblade-io/chaosblade/releases 下载 chaosblade-1.6.1-linux-amd64.tar.gz。下载成功后进行解压，解压后进入 chaosblade-1.6.1 目录下，查看帮助信息使用的命令以及输出的结果如下。

```
[root@k8s-node1 chaosblade-1.6.1]# ./blade --help
An easy to use and powerful chaos engineering experiment toolkit

Usage:
  blade [command]

Available Commands:
  check       Check the environment for chaosblade
  create      Create a chaos engineering experiment
  destroy     Destroy a chaos experiment
  help        Help about any command
  prepare     Prepare to experiment
  query       Query the parameter values required for chaos experiments
  revoke      Undo chaos engineering experiment preparation
  server      Server mode starts, exposes web services
  status      Query preparation stage or experiment status
  version     Print version info
```

```
Flags:
  -d, --debug   Set client to DEBUG mode
  -h, --help    help for blade

Use "blade [command] --help" for more information about a command.
```

如上信息为已经搭建好 chaosblade 的环境，在使用过程中 chaosblade 的常用命令行参数及说明如表 11-2 所示。

表 11-2　chaosblade 的常用命令行参数及说明

参　数	说　明
effect-count	请求次数限制
effect-percent	请求百分比，范围为 0～100
timeout	设置场景运行时间，单位是秒，达到该时间后会自动停止

11.4.2　系统资源负载实践

1．设计系统资源负载场景

作为服务端要能够支持客户端的高并发请求并回应客户端持续的请求。但是在现实场景中由于服务端都部署在云服务器上，如果这个过程中云服务器的系统资源出现负载，如 CPU 的使用率为 100%，那么此时云服务器上被部署的服务端是否能很好地处理客户端的请求，这个过程中要核心验证的是，当一个服务的实例无法访问时，就会切换到备份的服务实例。

2．模拟 CPU 负载场景

下面模拟云服务器的 CPU 使用率达到 100%的情况，命令如下。

```
[root@k8s-node1 chaosblade-1.6.1]# ./blade  create cpu fullload
{"code":200,"success":true,"result":"a66f4777d3c354cc"}
```

命令执行后，使用 top 命令查看 CPU 的使用率，显示为 100%，如图 11-2 所示。

```
1  [||||||||||||||||||||||100.0%]   Tasks: 77, 268 thr; 2 running
2  [||||||||||||||||||||||100.0%]   Load average: 2.04 0.69 0.29
Mem[||||||||||||     ||1.57G/3.70G]   Uptime: 5 days, 02:35:07
Swp[                        0K/0K]
```

图 11-2　查看 CPU 的使用率

此时客户端可以通过发送请求来验证服务实例是否进行了切换，如果需要结束实验，使用的命令如下。

```
[root@k8s-node1 chaosblade-1.6.1]#  ./blade  destroy 18e6ed1e79759a5d
{"code":200,"success":true,"result":{"target":"cpu","action":"fullload",
"ActionProcessHang":false}}
```

结束实验后，CPU 的使用率立刻就会恢复到正常的情况中。

3. 模拟 MEM 负载场景

下面模拟云服务器中 MEM 资源负载，如模拟 MEM 的使用率为 99%，命令如下。

```
[root@k8s-node1 ~]# blade create mem load  --mem-percent 99
{"code":200,"success":true,"result":"4d03348308b79e11"}
```

使用 free 命令查看 MEM 资源情况如下。

```
[root@k8s-node1 ~]# free -h
             total   used    free    shared      buff/cache      available
Mem:         3.7G    3.5G    114M    45M         187M            63M
Swap:        0B      0B
```

实验结束后也可以立刻释放模拟的负载，命令如下。

```
[root@k8s-node1 ~]# blade destroy 4d03348308b79e11
{"code":200,"success":true,"result":{"target":"mem","action":"load",
"flags":{"mem-percent":"99"},"ActionProcessHang":false}}
```

4. 系统资源负载解决方案

针对系统资源出现负载，解决的方案是增加系统触发报警机制，如系统资源达到设定的某一个值时立刻触发报警，相关的人收到报警信息后排查以及定位问题。还需要增加的解决方案是增加服务的多实例，这样做的优势是在服务器上的服务实例不可访问的情况下，可以切换到另外一个云服务器部署的服务实例来处理客户的的请求，同时增加服务启动时的预热环境。

11.4.3 磁盘写满实践

1. 设计磁盘写满场景

数据库服务器以及应用程序服务都部署在云服务器上，如果云服务器在运行的过程中由于服务崩溃以及其他原因导致进行了大量的文件读写操作，最终会导致系统磁盘无可用的空间，那么包含数据库服务器在内的其他服务都会成为只读属性。所以需要模拟当云服务器磁盘写满时的处理机制。

2．模拟磁盘写满场景

下面模拟云服务器磁盘被写满的情况，命令如下。

```
#测试前查看系统资源空间
[root@k8s-node1 ~]# df -h /home/
Filesystem      Size  Used Avail Use% Mounted on
/dev/vda1        79G   20G   57G  26% /

#模拟磁盘写满（填充 50GB）
[root@k8s-node1 ~]# blade create disk fill --path /home --size 50000
{"code":200,"success":true,"result":"0712649052e40659"}

#实验后的磁盘空间
[root@k8s-node1 ~]# df -h /home/
Filesystem      Size  Used Avail Use% Mounted on
/dev/vda1        79G   69G  7.3G  91% /

#销毁磁盘
[root@k8s-node1 ~]# blade destroy 0712649052e40659
{"code":200,"success":true,"result":{"target":"disk","action":"fill","f
lags":{"path":"/home","size":"50000"},"ActionProcessHang":false}}

#销毁后的磁盘空间
[root@k8s-node1 ~]# df -h /home/
Filesystem      Size  Used Avail Use% Mounted on
/dev/vda1        79G   20G   57G  26% /
```

3．磁盘写满解决方案

给服务器设置磁盘空间的预警值，如在磁盘空间达到 80%时触发报警，让运维人员迅速定位以及清理系统中存在的垃圾文件来释放磁盘空间，同时也设计数据库以及服务的主备切换机制。

11.4.4　数据库调用延迟

1．设计数据库调用延迟场景

数据库在运行的过程中，服务本身可能会出现 IOPS、连接数占有率为 100%，以及数据库服务器本身的 CPU 以及 MEM 也会出现瓶颈的情况。

2. 模拟数据库调用延迟

针对一个 Java 应用程序，在运行后，首先获取它的 PID，然后挂载 Java Agent，执行命令如下。

```
[root@k8s-node1 ~]# ps -aux | grep java
root      23214  9.6 12.2 3602500 474800 pts/1  Sl+  16:50   0:18 java -jar
DBPlus-0.0.1-SNAPSHOT.war
root      24053  0.0  0.0 112812   980 pts/2    S+   16:53   0:00 grep
--color=auto java

#挂载 Java Agent
[root@k8s-node1 ~]# blade prepare jvm --pid 23214
{"code":200,"success":true,"result":"a98410e0055e2402"}
```

接下来是模拟数据库延迟。模拟数据库延迟需要指定具体的数据库名称、表名称，以及执行的 SQL 类型，执行模拟数据库延迟的命令如下。

```
[root@k8s-node1 ~]# blade create mysql delay --time 3000 --database book
--port 3306 --sqltype select books --pid 23214

{"code":200,"success":true,"result":"10821db8f5ae97e5"}
```

命令执行后，调用接口 http://101.43.158.84:8080/book/lists，请求耗时如图 11-3 所示。

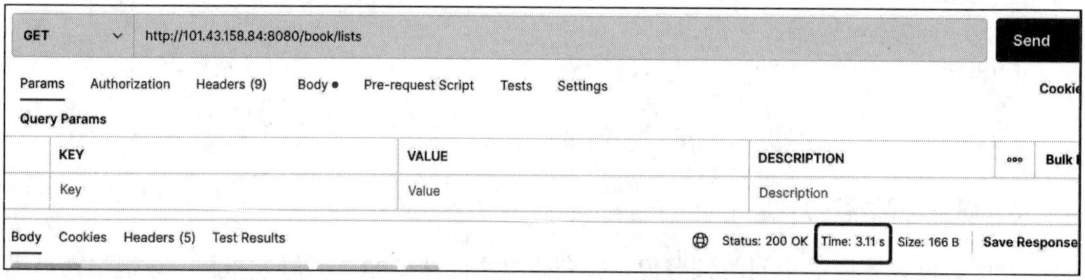

图 11-3　请求耗时

如图 11-3 所示，请求耗时超过了 3 秒，下面销毁实验，命令如下。

```
[root@k8s-node1 ~]# blade destroy 10821db8f5ae97e5
{"code":200,"success":true,"result":{"target":"mysql","action":"delay",
"flags":{"database":"book","pid":"23214","port":"3306","sqltype":
"select","time":"3000"},"ActionProcessHang":false}}
```

销毁实验后，再次访问时请求耗时减少，如图 11-4 所示。

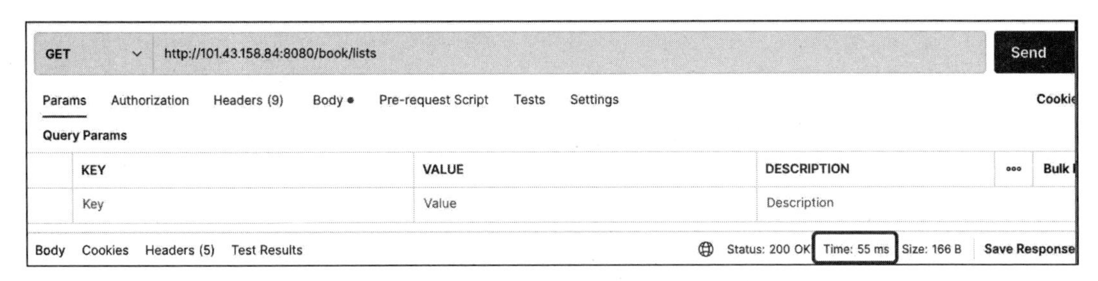

图 11-4　销毁实验后的请求耗时

3．数据库调用延迟解决方案

针对数据库调用延迟，可以在入口处进行限流，这样可以解决客户端高并发的问题，让数据库服务一直运行在可持续提供服务的能力范围之内。当然也可以引入缓存的机制来减少针对数据库的访问。

11.4.5　网络丢包实验

1．设计网络丢包场景

云服务器在运行的过程中可能会由于受到第三方的攻击而导致网络不稳定的情况，这样必然会影响云服务器上部署的服务访问耗时。

2．模拟网络丢包实验

下面通过案例介绍网络丢包的情况，网络未丢包时的服务耗时如图 11-5 所示。

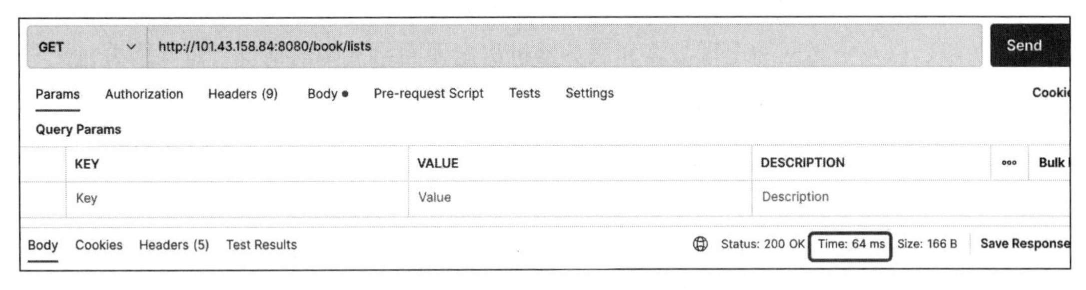

图 11-5　网络未丢包时的服务耗时

下面模拟网络丢包达到 80%（特别强调，网络丢包比例越高，就会导致服务调用越耗时，也有可能导致调用一直在请求中）的情况，实验命令如下。

```
blade create network loss --percent 80 --interface eth0 --local-port 8080
```

再次调用同样的 API，结果如图 11-6 所示。

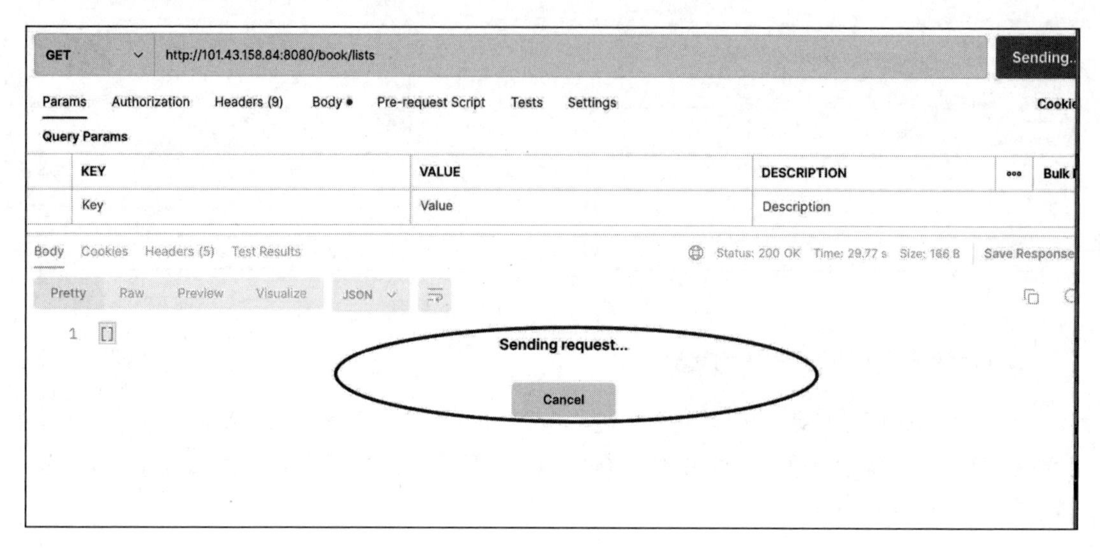

图 11-6　调用 API

从图 11-6 中可以看到，调用服务一直处于请求中，客户端未得到服务端的响应。实验结束后，销毁实验的命令如下。

```
[root@k8s-node1 ~]# blade destroy 802e97be0ef9a1e4
{"code":200,"success":true,"result":{"target":"network","action":"loss"
,"flags":{"interface":"eth0","local-port":"8080","percent":"80"},
"ActionProcessHang":false}}
```

3. 网络丢包解决方案

云服务器丢包的情况是无法避免的，主要是因为云服务器在运行的过程中可能会出现网络层故障，以及中转网络出现故障和服务器机房出现网络故障的情况。在网络丢包无法避免的情况下，增加调用服务耗时的预警机制，如调用耗时大于 5 秒则触发报警机制，如果一直连续地出现报警，就需要立刻检查，或者把客户端请求的流量切换到新的服务实例上。